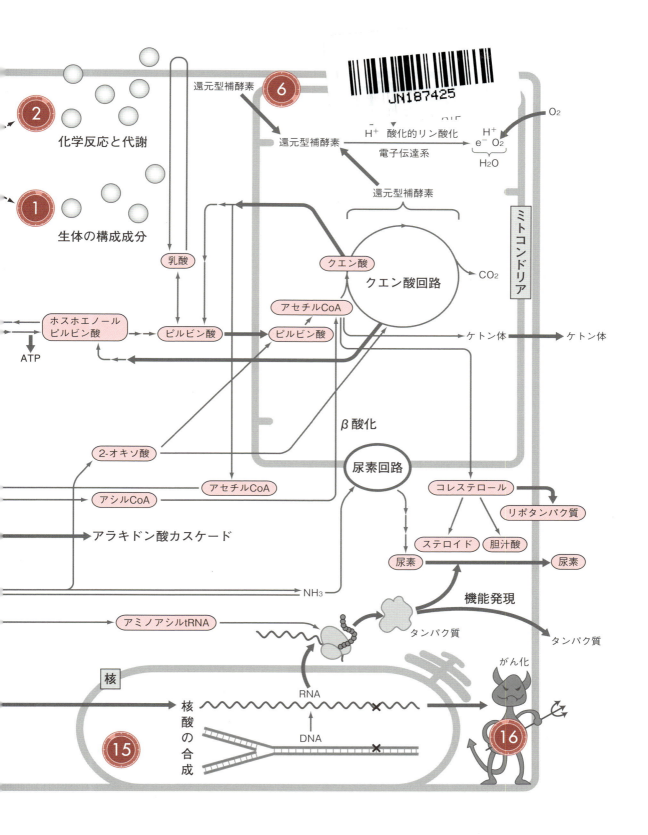

スッキリわかる！グングン身につく！

生化学ドリル

元 千葉大学大学院理学研究科 教授　田村隆明 著

南山堂

序

　このたび，参考書を兼ねた生化学の問題集の書籍「スッキリわかる！ グングン身につく！ 生化学ドリル」を刊行する運びとなった．本書は，生化学を確実に身につけたいと考えている看護・栄養・衛生・保健といった医療技術やコメディカル分野の学生を対象にしているが，大学において入門から教養課程の生化学を学ぶ初学者にとっても，理解度の確認のために最適な1冊になると考えられる．

　本書は，前著「わかる！ 身につく！ 生物・生化学・分子生物学」の生化学を中心に問題集形式にまとめた書籍であり，前著と併せて使用していただければ，より大きな効果が期待できるであろう．基本的に前著の「生化学 編」の章立てを踏襲し，そこに「生物 編」の血液や，「分子生物学 編」の遺伝子とがんにかかわる内容を加えて，さらに広い生化学の領域をカバーできるようにした．

　各章においては，まず冒頭で学ぶべき内容を「この章で学ぶこと」，覚えるべき用語を「必須用語」としてあげ，さらに簡略化された図で要点を示した．つぎに，それぞれの章で理解し覚えるべき内容を文章と図表で丁寧に解説し，一部の重要な用語を空欄にすることで，部分的には問題形式としても仕上げた．解答を記入後には参考書としても使えるよう配慮した．さらに章全体の内容をまとめるため，章末には「学習確認テスト」にて○×形式の設問と選択肢形式の問題を多数用意し，理解がより確実になるよう工夫した．解答はまとめて別冊とし，答えが導き出される理由などを詳しく解説し，単なる答え合わせのみでおわらないよう心がけた．以上のように，「要点つかみ」，「反復学習」，「丁寧な説明」が本書のキーワードである．章を進むにしたがって生化学に関する理解度が上がり，必要な知識が自然に身につくはずである．是非試していただきたい．

　最後になりましたが，本書の企画から制作まで，多大なご尽力をいただいた南山堂編集部スタッフにこの場を借りてお礼申し上げます．

2015年12月

落ち葉舞い散る初冬の西千葉キャンパスにて

田 村 隆 明

目　次

1　生体の構成成分 …………………………………………………………… 1

- Ⓐ 元素と原子 …………………… 2
- Ⓑ 分子と化合物 ………………… 3
- Ⓒ 水，溶液，濃度，浸透圧 …… 4
- Ⓓ 酸と塩基 ……………………… 5
- Ⓔ 共有結合と非共有結合 ……… 6
- Ⓕ 基と化学結合の形式 ………… 6
- ☑ 学習確認テスト ……………… 8

- オリゴ分子 …… 4　　● 極性分子 …… 4　　● 親水性，疎水性 …… 5

2　化学反応と代謝 …………………………………………………………… 11

- Ⓐ 化学反応とその進み方 …… 12
- Ⓑ 化学反応の種類 …………… 14
- Ⓒ 生体内の化学反応：代謝 … 15
- ☑ 学習確認テスト …………… 17

- エネルギーと熱 …… 13　　● 光学異性体 …… 15　　● 二次代謝 …… 16

3　酵　素 ……………………………………………………………………… 19

- Ⓐ 酵素とその特徴 …………… 20
- Ⓑ 酵素反応の理論 …………… 22
- Ⓒ 酵素反応の阻害 …………… 23
- Ⓓ 酵素の分類 ………………… 24
- Ⓔ 酵素活性の調節 …………… 26
- ☑ 学習確認テスト …………… 28

- 耐熱性酵素 …… 21　　● 初速度 …… 23　　● 酵素分類法 …… 26
- 医療と酵素 …… 27

4 糖質 ... 31

- A 糖の基本構造 ... 32
- B 糖の異性体 ... 33
- C 単糖 ... 35
- D 単糖の誘導体 ... 36
- E アルコール ... 37
- F オリゴ糖 ... 37
- G 多糖 ... 38
- H 複合糖質 ... 40
- ☑ 学習確認テスト ... 41

- 糖の環状構造の表示法 ... 35
- もち米とうるち米 ... 40

5 糖質の代謝 ... 44

- A 解糖系によるグルコースの異化 ... 45
- B 発酵 ... 47
- C グリコーゲンの生成・分解とその調節 ... 47
- D クエン酸回路 ... 49
- E グルコースの新生 ... 51
- F ペントースリン酸回路 ... 52
- G グルクロン酸経路 ... 53
- H 糖代謝にかかわる疾患 ... 54
- ☑ 学習確認テスト ... 55

- 「ジ」と「ビス」,「トリ」と「トリス」 ... 46
- グルコース以外の単糖の利用 ... 53
- コリ回路 ... 52

6 生体エネルギーとATP ... 59

- A 生体内における酸化還元反応 ... 60
- B 高エネルギー物質：ATP ... 61
- C 電子伝達系からATP合成まで：酸化的リン酸化 ... 62
- D 糖代謝におけるエネルギー収支 ... 64
- ☑ 学習確認テスト ... 66

- 光リン酸化と光合成 …… 62
- NADHのシャトル機構 …… 63
- 対向輸送に要するエネルギー …… 64

7 脂質 …… 69

- Ⓐ 脂質とは …… 70
- Ⓑ 脂肪酸とその分類法 …… 70
- Ⓒ エイコサノイド …… 72
- Ⓓ 中性脂肪 …… 72
- Ⓔ リン脂質 …… 73
- Ⓕ 糖脂質 …… 74
- Ⓖ ステロイド …… 75
- Ⓗ テルペノイド …… 76
- Ⓘ ヒト体内での脂質の存在形：リポタンパク質 …… 76
- ☑ 学習確認テスト …… 77

8 脂質の代謝 …… 81

- Ⓐ トリグリセリドの分解とアシルCoAの生成 …… 82
- Ⓑ アシルCoAの分解：β酸化 …… 83
- Ⓒ ケトン体の生成 …… 84
- Ⓓ 脂肪酸の合成過程 …… 85
- Ⓔ トリグリセリド，グリセロリン脂質，エイコサノイドの合成 …… 87
- Ⓕ コレステロール，ステロイドホルモン，胆汁酸の合成 …… 88
- Ⓖ 消化・吸収された脂質のその後 …… 89
- Ⓗ 脂質代謝の異常が原因で起こる疾患 …… 90
- ☑ 学習確認テスト …… 91

- 豊富な脂肪酸のエネルギー産生 …… 84
- 中性脂肪と肥満 …… 89

9 アミノ酸とタンパク質 …… 94

- Ⓐ アミノ酸 …… 95
- Ⓑ ペプチド …… 97
- Ⓒ タンパク質 …… 98
- ☑ 学習確認テスト …… 100

10 アミノ酸の代謝 ... 102

- Ⓐ 窒素代謝におけるアミノ酸の意義 ... 103
- Ⓑ アミノ酸の分解 ... 103
- Ⓒ 窒素の同化とアミノ酸の合成 ... 106
- Ⓓ アミノ酸からつくられる含窒素化合物 ... 107
- Ⓔ アミノ酸代謝異常症 ... 109
- ☑ 学習確認テスト ... 110

● 微生物の窒素利用 107

11 ヌクレオチドとポルフィリン ... 113

- Ⓐ ヌクレオチドの構造 ... 114
- Ⓑ ヌクレオチドの新生合成 ... 115
- Ⓒ ヌクレオチドの分解と再利用，および関連する疾患 ... 117
- Ⓓ ヘムの合成 ... 118
- Ⓔ ヘムの分解とビリルビンの代謝 ... 119
- ☑ 学習確認テスト ... 121

12 ホルモンとビタミン ... 123

- Ⓐ 生理機能を調節する因子：ホルモンとビタミン ... 124
- Ⓑ それぞれの器官から分泌されるホルモン ... 124
- Ⓒ ホルモンによる個体内環境の統御 ... 127
- Ⓓ ホルモンに関連する疾患 ... 129
- Ⓔ オータコイドとサイトカイン ... 130
- Ⓕ 水溶性ビタミン ... 131
- Ⓖ 脂溶性ビタミン ... 132
- ☑ 学習確認テスト ... 133

13 血液と生体防御 137

- Ⓐ 血液の成分と役割 138
- Ⓑ 血液によるガス交換 139
- Ⓒ 血液凝固 140
- Ⓓ 免疫系と免疫応答 141
- Ⓔ 抗体とその多様性 142
- Ⓕ 病的免疫反応 143
- Ⓖ 血液型と輸血・移植 143
- ☑ 学習確認テスト 145

14 栄養素の消化・吸収 148

- Ⓐ 栄養の摂取 149
- Ⓑ 消化器官の働き 150
- Ⓒ それぞれの栄養素の消化と吸収 153
- ☑ 学習確認テスト 155

15 遺伝子の生化学 158

- Ⓐ 核酸：DNAとRNA 159
- Ⓑ DNA複製と複製酵素 160
- Ⓒ 突然変異, 組換え, 損傷, 修復 162
- Ⓓ 遺伝子の転写：RNA合成 163
- Ⓔ タンパク質合成 165
- Ⓕ 真核生物のゲノムとクロマチン 166
- Ⓖ 遺伝子組換え実験 167
- ☑ 学習確認テスト 168

16 がんの生化学 172

- Ⓐ がんとがん細胞 173
- Ⓑ がん化の原因 174
- Ⓒ がんウイルス 175
- Ⓓ がん遺伝子, がん抑制遺伝子 176
- ☑ 学習確認テスト 177

別冊【解答・解説 編 目次】

1. 生体の構成成分 ········· 1
2. 化学反応と代謝 ········· 2
3. 酵　素 ········· 3
4. 糖　質 ········· 5
5. 糖質の代謝 ········· 7
6. 生体エネルギーとATP ········· 10
7. 脂　質 ········· 11
8. 脂質の代謝 ········· 14
9. アミノ酸とタンパク質 ········· 16
10. アミノ酸の代謝 ········· 17
11. ヌクレオチドとポルフィリン ········· 19
12. ホルモンとビタミン ········· 21
13. 血液と生体防御 ········· 23
14. 栄養素の消化・吸収 ········· 25
15. 遺伝子の生化学 ········· 26
16. がんの生化学 ········· 28

1 生体の構成成分

この章で学ぶこと

- 物質を構成する単位としての元素，原子，分子がどのようなものかを理解する
- 分子に関し，基，イオン化，酸と塩基，溶解性などの基本的事柄を理解する
- 分子の大きさによる分類や結合様式，有機物の大まかな分類を覚える
- 生命活動に必須な水の特徴と，水が生命活動にどのようにかかわるのかを知る

必須用語

元素，主要3元素，原子，分子，構造式，分子式，分子量，高分子，有機物，モル濃度，アボガドロ数，半透膜，浸透圧，イオン，電解質，酸，塩基，pH，共有結合，イオン結合，水素結合，疎水結合，ヒドロキシ基，カルボキシ基，ケトン基，アルデヒド基，エステル結合

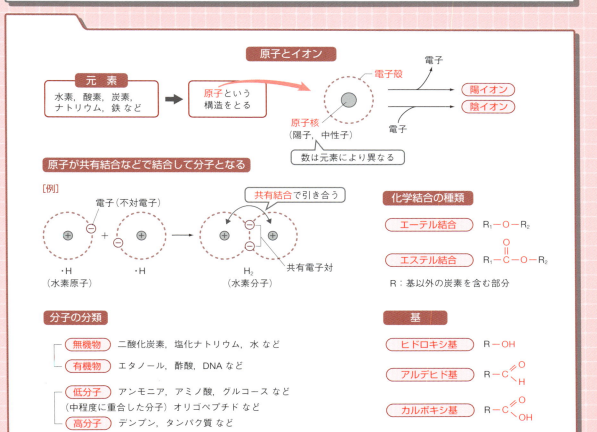

A 元素と原子

● 地球上の物質は，およそ120種類（以上）の固有の性質をもつ基本的な成分である❶_____からなる．各❶_____はアルファベット1〜2文字の元素記号で表され，たとえば，水素，リン，塩素，鉄はそれぞれ，❷_____，_____，_____，_____と表される．

● ❶_____は種類により特有の重さ，すなわち**原子量**をもち，通常の炭素を12とした相対値で表される．各❶_____の原子量は，水素が❸_____，窒素が❹_____，酸素が❺_____，リンは❻_____で，その物理化学的性質も異なる．

● 人体も多数の❶_____を含んでおり，重さの大きい順に，❼_____，**炭素**，**水素**となる．この3種類を❽_____といい，それに**窒素**を加えたものを❾_____という．人体にはさらに，骨に多い❿_____，核酸に多い⓫_____，タンパク質に多い⓬_____なども含まれ，その他，赤血球に多い⓭_____，甲状腺に多い⓮_____といったものもある（**図1-1**）．

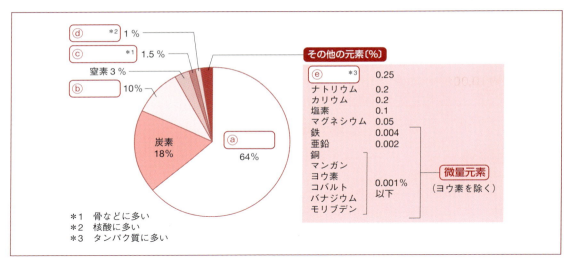

図1-1 ● 人体に含まれる元素
重量比で示した元素組成．

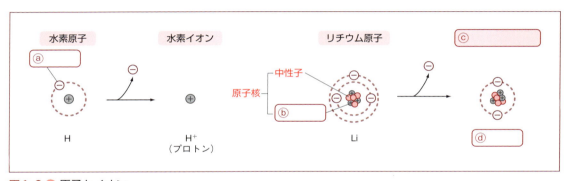

図1-2 ● 原子とイオン
陽イオンの例．

❶____は構造として❺____という形態をとり、中央には❻____と❼____を含む安定な構造の**原子核**があり、周囲には❽____が漂っている。❶____としての性質を決定しているのは正（プラス）の電荷をもつ❻____の数である。❽____は❾____（____）の電荷をもち、通常、正の電荷と負の電荷は釣り合っている（図1-2）。

B 分子と化合物

大部分の天然の純粋な物質は原子が複数個結合した❷____で、気体酸素の酸素❷____は酸素原子が㉑____個結合したものである。❷____の原子量に対する重さの相対比を㉒____といい、通常、単位はつけない。

異なる原子からなる分子は㉓____といい、それを元素記号で表したものを**化学式**という。エタノールは元素記号と数値を使ってCH_3CH_2OHと表し、この表記法をとくに㉔____という。共有結合を加えて表したものは㉕____、単に元素組成を表したものは㉖____といい、エタノールの㉖____はC_2OH_6と表す（図1-3）。

分子は分子量により**低分子**と㉗____に分けられ、㉗____とは低分子が多数結合した、分子量が約10,000以上の重合分子である。

炭素を含まない**無機物**（あるいは、**無機化合物**）に対し、炭素を含む化合物を㉘____（あるいは、**有機化合物**）という。ただし、㉙____や一酸化炭素、単体の炭素などは㉘____に含めない。

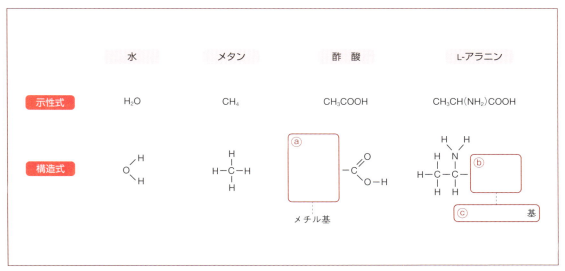

図1-3 ● 分子構造の表し方

4　　1. 生体の構成成分

● 生体に最も多く含まれる無機物は㉚＿＿＿で，全重量の約60％を占める．その他の無機物としては，酸（例：塩酸）や塩基（例：アンモニア），ミネラル成分（例：ナトリウム塩，カルシウム塩），気体（例：呼吸に必要な㉛＿＿＿，窒素化合物で生理活性物質でもある㉜＿＿＿＿＿）などが含まれる．生物には多数の㉘＿＿＿が存在し，構造面と機能面から，糖，脂質，㉝＿＿＿＿，そして，㉞＿＿（**ヌクレオシド，ヌクレオチド**を含む）に大別される．

> **ひとこと　オリゴ分子**
>
> 分子量が数百から10,000程度の，低分子の数が少ない重合分子を，**オリゴ**（少ないという意味）という接頭辞をつけてよぶ場合がある．たとえば，ごく短いタンパク質は**オリゴペプチド**という．

> **解説　極性分子**
>
> 分子内の電子の分布に偏りがあるもの（例：水，アンモニア）を**極性分子**といい，偏りのないもの（例：ベンゼン，二酸化炭素）を**無極性分子**という．

Ⓒ 水，溶液，濃度，浸透圧

● 水は多くの物質を溶かしてイオンに解離させる（このことを**イオン化**，あるいは**電離**という）ので，物質の反応性が高くなる．さらに，水分子どうしの結合力が㉟＿＿＿＿ため，大きな比熱（体温維持に適する），蒸発のしにくさ（乾燥に強い），顕著な毛細管現象（高所への水の移動が容易）といった性質をもち，生命活動に適している．

● 液体に固体や別の液体が均一に溶解している状態を**溶液**，溶けているものを㊱＿＿＿，溶かす媒体を㊲＿＿＿という．溶けている㊱＿＿＿の量は**濃度**で表し，一般には，重さを基準にした**％濃度**を用いる．生化学では分子数に応じた濃度である㊳＿＿＿＿がよく用いられる．㊴＿＿＿＿（6.02×10^{23} 個）の物質量を**1モル**（mol）といい，1 Lの溶媒に1 molの溶質が含まれる濃度を1 mol/L（Mとも略される）と表現する．

● 基準の量〔質量（グラム，g），長さ（メートル，m）など〕や濃度より小さな数値，あるいは大きな数値は接頭辞の略語をつけて表示する．よく使われるものとして，1,000分の1（10^{-3}）の㊵＿＿＿（m），100万分の1（10^{-6}）の㊶＿＿＿＿（μ），10億分の1（10^{-9}）の㊷＿＿＿（n），そして，1,000（10^3）倍の**キロ**（k）がある．分子量Xの物質の1 molはX gとなるので，分子量180のグルコース3.6 gが水100 mLに溶けた溶液の㊳＿＿＿＿は㊸＿＿＿＿mMとなる．

● 物質には均一になろうとする性質がある．セロファン紙や細胞膜のように，ある大きさ以下の分子が通過できるような膜（このような膜を㊹＿＿＿＿という）で隔離されて濃い溶液と薄い溶液がある場合，濃度を均一にしようとして濃度の薄い方から濃い方に向かって溶媒が移動するため，両者の水圧に差が生じる．この圧力差を㊺＿＿＿＿といい，㊳＿＿＿＿に比例する．

真水に赤血球を入れると，赤血球の内側に水が侵入して赤血球は破裂する．生体は0.9％食塩水に相当する㊺＿＿＿＿で維持されており，この状態を㊻＿＿＿＿という．㊻＿＿＿＿より㊺＿＿＿＿が高い場合を**高張**，低い場合を㊼＿＿＿＿といい，生体での水の移動を考える場合に重要である．肝障害があり，血中のアルブミン濃度が低下すると，血液が㊼＿＿＿＿になり，血液から組織に向かって水分が浸透し，むくみ（浮腫）という状態になる．

解説　親水性，疎水性

水に溶けやすい性質を**親水性**，水に溶けにくい性質を**疎水性**（そすいせい）という．疎水性物質は有機溶媒に溶けやすいので**脂溶性**である．また，親水性物質は親水性物質に，疎水性物質は疎水性物質に溶けやすい．

D 酸と塩基

原子は電子が出入りしやすく，電子の過不足が原因となって，原子が電荷をもつ**イオン**になる場合がある．正の電荷をもつイオンを㊽＿＿＿＿＿または㊾＿＿＿＿＿＿，負の電荷をもつイオンを㊿＿＿＿＿または(51)＿＿＿＿＿といい，それぞれ正と負に荷電して（電気を帯びて）いる（p.2，**図1-2**）．同種のイオンは**反発**し合い，異種のイオンは(52)＿＿＿＿＿．

水に溶けてイオン化する物質を(53)＿＿＿＿といい，その水溶液は電気を通す．塩類やタンパク質は(53)＿＿＿＿，糖類やアルコールは(54)＿＿＿＿＿である．

水素を含む分子から水素が電子を失って**水素イオン**（H^+と表し，**プロトン**とよぶ）となって解離すると，残った部分は電子を余分にもつ㊿＿＿＿＿となる（**図1-4**）．このような物質を(55)＿＿＿あるいは(55)＿＿＿性物質という．逆に，水素イオンなどを補足して陽イオンになりやすい物質（例：核酸中のアデニン，アミノ酸のリシン）は(56)＿＿＿＿あるいは(56)＿＿＿＿性物質という．

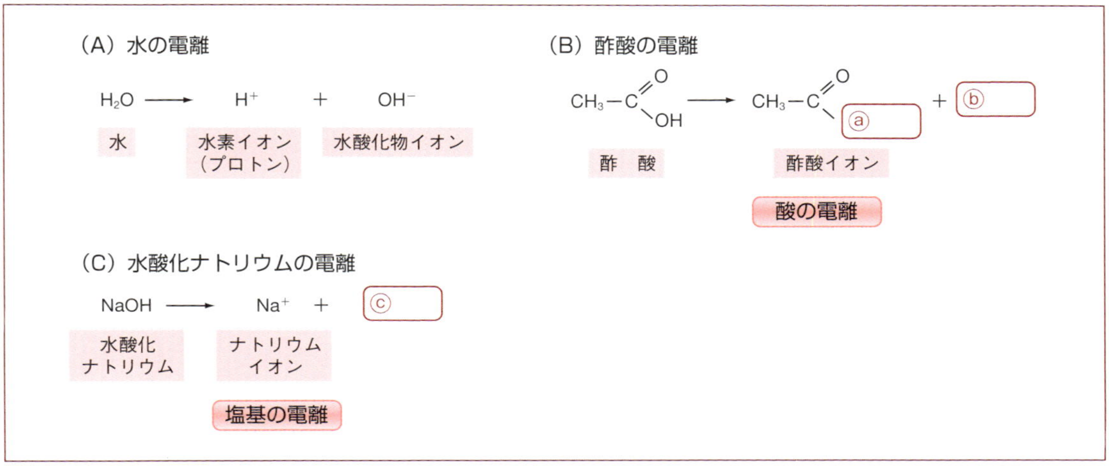

図1-4 分子の電離

水中の水素イオン濃度は，❺⑦____で表される．水もわずかに水素イオン（H⁺）と水酸化物イオン（OH⁻）にイオン化して釣り合っており，この状態のpHは❺⑧____で中性という．水中の水素イオン濃度が中性より多い状態を❺⑨____性といい，pHは7より❻⓪____．一方，水中の水素イオン濃度が中性より少ない状態を❻①____性といい，pHは7より❻②____．

E 共有結合と非共有結合

分子中の原子を強く結合させるのが❻③_____である．❻③_____ではそれぞれの原子が1個ずつ電子を出し合って電子対（共有電子対）をつくる．このような電子対をつくる電子を「結合の手」と表現することもある．代表的な原子の結合の手の数は，水素が❻④____，酸素が❻⑤____，窒素が❻⑥____，炭素が❻⑦____である．

1対の原子間にこのような電子対が1個ある場合を単結合，2個ある場合を二重結合，3個ある場合を三重結合という．単結合は結合の手を軸に回転でき，分子の形に自由度を与える．分子骨格を表す構造式において，1対の❻③_____は1本の短い実線で表される．

❻③_____は分子骨格をつくるが，原子間には❻③_____とは別の弱い結合があり，分子の形をつくったり，別の分子とのゆるい結合にかかわったりする．このような弱い結合には，すべての原子に存在する普遍的なファン・デル・ワールス力，イオン相互作用による❻⑧____結合，水素原子がかかわる❻⑨____結合，水中で疎水性部分が集まる❼⓪____結合（あるいは❼⓪____性相互作用）がある．

F 基と化学結合の形式

分子のなかでまとまって挙動するような原子団を❼①____あるいは❼②_____という．反応性に着目する場合には官能基ともいう．❼①____以外の炭素を含む残りの部分は慣例的にRで表記される．

たとえば，R-OHの-OHは❼③_____基（あるいは，水酸基，ヒドロキシル基）といい，アルコール類などに特徴的な基である．R-C（=O）-OHの-C（=O）-OHは❼④_____基といい，脂肪酸などのカルボン酸に含まれ，末端のHが水素イオンとなって解離しやすいので，酸の性質を示す．R-NH₂の-NH₂は❼⑤____基といい，水素イオンを捕捉して-NH₃⁺となり，正電荷をもつ．R₁-C（=O）-R₂という状態の炭素と酸素からなる原子団〔-C（=O）-〕は❼⑥_____基，R-C（=O）-Hの-C（=O）-Hは❼⑦_____基という（図1-5）．

共有結合において2つの基が一定の結合様式で結びつく場合，結合様式に名称がつけられることがある．酸素を介したR₁-O-R₂という結合は❼⑧_____結合，R₁-C（=O）-O-R₂というヒドロキシ基（-OH）とカルボキシ基の-OH部分の間の結合は❼⑨_____結合といい，これ

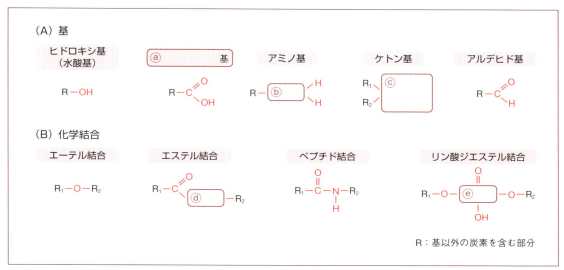

図1-5 ● 基と化学結合

らの分子はそれぞれ❼⬛_____，❼⬛_____と総称される．核酸中のヌクレオチドどうしのリン酸ジエステル結合は$R_1-O-P(=O)(-OH)-O-R_2$という結合である（図1-5）．

学習確認テスト ☑

問1 以下の文章が正しい（○）か否（×）かを判断しなさい．

A 元素と原子

① (　) 物質を構成する固有の性質をもつ単位を原子といい，その構造を元素という．
② (　) 元素記号で表すと，硫黄はS，塩素はCl，窒素はN，ヨウ素はI，酸素はOである．
③ (　) 生物の主要4元素は，重量の大きい順に，水素，酸素，窒素，炭素である．
④ (　) 電子とは原子を構成する要素の1つで，原子核の周りにあり，正電荷をもっている．
⑤ (　) 物質の重さの基準は原子量であり，炭素を12とした相対値で表される．
⑥ (　) ほかの部位やほかの分子に比べて，骨に多い元素はカルシウム，核酸に多い元素はリン，タンパク質に多い元素は硫黄である．

B 分子と化合物

① (　) 気体の酸素，窒素，水素などは，それぞれ原子そのものである．
② (　) エタンは元素記号を使って，C_2H_6，CH_3CH_3，あるいはCH_3-CH_3と表されるが，このような表記を化学式という．
③ (　) 分子量は原子量の総和で，通常，単位はつけない．また，およそ分子量100以上の分子を高分子という．
④ (　) 最も単純な有機物は，炭素と酸素が1個ずつ結合した一酸化炭素である．
⑤ (　) 人体で最も多くの重量を占める分子は無機物の水である．

C 水，溶液，濃度，浸透圧

① (　) 水は同じくらいの分子量の液体に比べて気体になりやすく，固体になりにくい．
② (　) 溶質に対する溶媒の量（例：質量）を溶液の濃度という．
③ (　) 分子量2,000の物質100gが水10Lに溶けている溶液の濃度は50mMである．
④ (　) 1nmの100万倍は1mmである．
⑤ (　) 同じモル濃度の食塩水とタンパク質溶液では，タンパク質溶液の方が浸透圧は高い．
⑥ (　) 赤血球を高張液である海水（食塩濃度約3.5％）に入れると，内部に水が侵入して破裂（溶血）する．

D 酸と塩基

① (　) 原子から電子が出ると陰イオン，原子に電子が入ると陽イオンとなる．
② (　) 酸性物質が電離してプロトンが放出されると，残った部分は陽イオンとなる．
③ (　) pHが7より大きいのは水素イオン濃度が高いことを意味し，その状態を酸性という．
④ (　) 一般に，アルコール類や糖類，有機溶媒は電解質で，核酸やタンパク質，塩類，アミノ酸は非電解質である．

E 共有結合と非共有結合

① (　) 酸素は，通常，共有結合にあずかる電子対を形成可能な電子を2個もっている．
② (　) それぞれの原子間の共有結合を短い実線で表す化学式を構造式という．
③ (　) 水素結合やイオン結合は共有結合と同じように強い結合で，分子骨格をつくる．
④ (　) 分子内に親水部分と疎水部分の両方をもつ分子を水に入れると，分子は親水部分を核に集まる性質を示す．

F 基と化学結合の形式

① (　) アルコールに共通にみられる−OHという基はヒドロキシ基といい，酸性の性質を示す．
② (　) カルボキシ基の水素は電離しやすく，残った部分は負に荷電して酸の性質をもつ．
③ (　) アルコールと酸を結合させる結合様式をエーテル結合といい，酸素原子が結合にかかわる．
④ (　) DNA中のヌクレオチドを結びつけている結合をリン酸ジエステル結合という．

問2 A～Iの説明に該当する用語を1～9のなかから選びなさい．

| 1 原子 | 2 分子 | 3 イオン | 4 有機物 | 5 半透膜 |
| 6 塩基 | 7 酸 | 8 水素結合 | 9 ヒドロキシ基 | |

A 小さな分子は通過でき，大きな分子は通過できないという性質を示す．魚の浮き袋や卵殻膜，セロファン紙などがこの性質をもつ．溶液濃度がこれに仕切られていると，その両側で浸透圧という圧力差が生じる． (　)

B 水に溶けて水素イオンを放出し，自身は陰イオンになる性質をもつ物質．DNA，脂肪酸や酢酸などの有機酸，塩酸や炭酸などの無機酸などが含まれる． (　)

C 原子が複数の共有結合などで結合したもので，物質の基本的名称となり，重さは原子量の総和となる．酸素などの気体は原子が2個結合したもの，DNAやデンプンなどは小さな単位が多数結合・重合したものである．　　　　　　　　　　　　　　　　　　　　　　　　　　（　　）

D 水に溶けて水素イオンを捕捉する，あるいは水酸化物イオンを放出する性質をもつ物質．DNA成分のアデニン，リシンといったアミノ酸，アンモニアなどが含まれる．　　　　　　　（　　）

E 通常の原子，あるいは分子を構成する原子から電子が飛び出たり，入り込んだりしたもの．電子は負の電荷をもつので，前者を陽イオン，後者を陰イオンという．　　　　　　　　（　　）

F 元素の物質としての単位粒子．粒子の中央には1個から複数の陽子と中性子があり，陽子数は元素としての性質を規定し，正の電荷をもつ．周囲には負の電荷をもつ電子がある．　　（　　）

G 原子団の1つ．アルコール類に含まれ，糖類などは多数もっている．通常，酸素についている水素は電離せず，酸の性質は示さないが，電気陰性度（電子を引きつける性質）の強い原子団があると水素原子が水素イオンとして電離し，酸の性質を示す（例：フェノールのようにベンゼン環についている場合）．　　　　　　　　　　　　　　　　　　　　　　　　　　　　（　　）

H 分子のなかで炭素を含むものの総称で，基本的には生物が光合成などで合成した糖などに由来する．二酸化炭素はここに含まれない．　　　　　　　　　　　　　　　　　　　　（　　）

I 非共有結合の一種で弱い結合力を示す．水分子どうしの結合やDNAの二本鎖の結合などに関与する．　　　　　　　　　　　　　　　　　　　　　　　　　　　　　　　　　　（　　）

化学反応と代謝

📖 この章で学ぶこと

- ▶ 化学反応は物理化学の法則に従って進み，エネルギーの出入りがあることを理解する
- ▶ ある化学反応では逆反応も起こり，全体的には平衡という状態があることを知る
- ▶ 化学反応が起こるためには活性化エネルギーが必要であり，触媒は必要な活性化エネルギーを下げることを知る
- ▶ 代謝の概要とともに，代謝のユニットや代謝式，エネルギーの出入りなどを理解する

📇 必須用語

質量保存の法則，自由エネルギー，活性化エネルギー，質量作用の法則，ルシャトリエの原理，重合，加水分解，酸化還元反応，異性化，代謝，同化，異化，エネルギー代謝，反応の共役，吸エルゴン反応，発エルゴン反応，脱共役，代謝系，代謝式，代謝回転

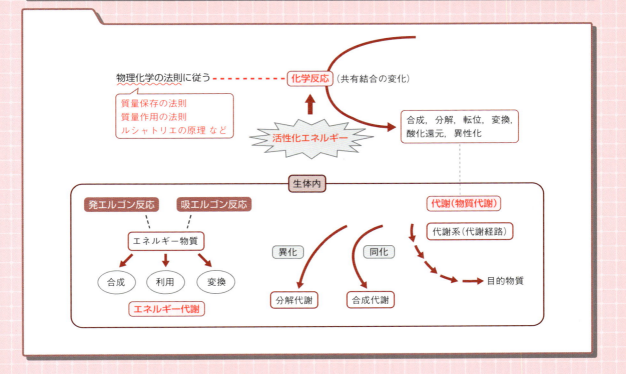

A 化学反応とその進み方

- 共有結合の変化を伴う物質の変化を❶_____という．A + B → C + Dという反応の場合，AとBを合わせた質量（いわゆる重量）はCとDを合わせた質量と等しい．このように，反応の前後で質量が等しいことを❷_____という．

- 物質がもつ内部エネルギーのうち，合成，運動，移送，発光などの仕事に使うことができるものを❸_____（ギブズの自由エネルギー）といい，Gと表現する．正味の❸_____が減る反応は自発的に起こり，❸_____が増える反応にはエネルギーの供給が必要である．

- 共有結合にはエネルギーが含まれており，結合が切れるとエネルギーが❹_____される．一方，共有結合の形成には，光エネルギー，熱エネルギー，化学反応エネルギー，電位差（電圧）などでエネルギーを供給する必要がある．

- 時間あたりで増減する物質量を❺_____という．❺_____は物質の濃度が高ければ大きいが，温度が高くても大きくなり，温度が10℃上がると約2倍になる．

- ❶_____が起こるためには物質がいったん活性化状態になる必要があり，そのために必要なエネルギーを❻_____という（図2-1）．人為的に❻_____を下げるために反応系（反応にかかわる全体）に加えられる物質を❼_____という．生体の❼_____は❽_____という．

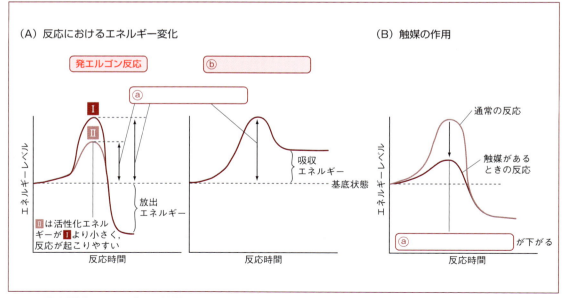

図2-1 ● 活性化エネルギーと触媒

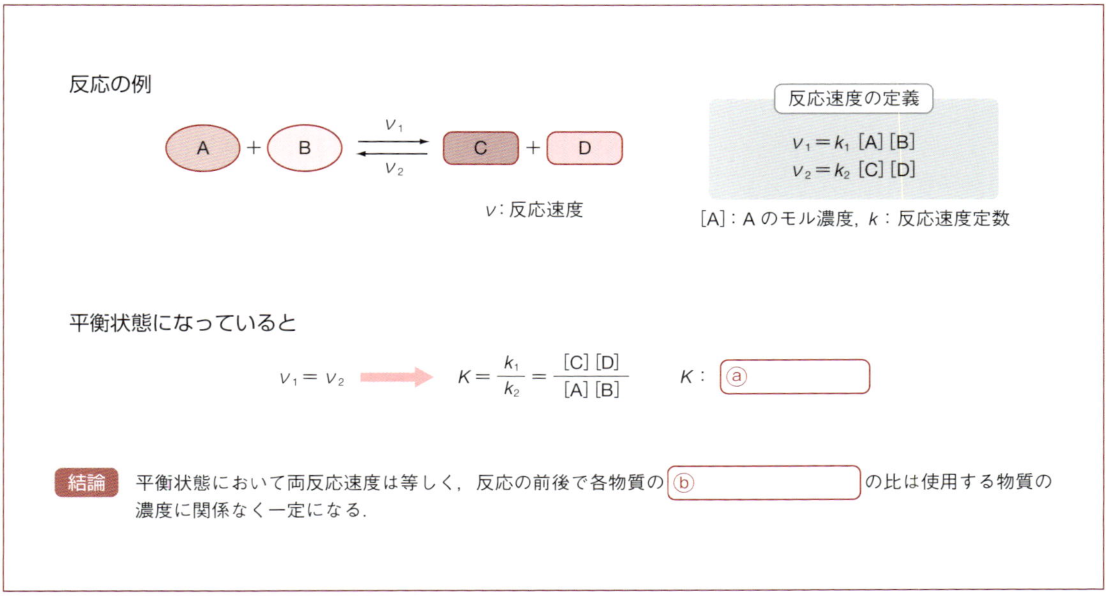

図2-2 ● 質量作用の法則

反応の例

$$A + B \underset{v_2}{\overset{v_1}{\rightleftharpoons}} C + D$$

v：反応速度

反応速度の定義

$v_1 = k_1 [A][B]$
$v_2 = k_2 [C][D]$

[A]：Aのモル濃度，k：反応速度定数

平衡状態になっていると

$$v_1 = v_2 \longrightarrow K = \frac{k_1}{k_2} = \frac{[C][D]}{[A][B]} \quad K：\boxed{ⓐ}$$

結論 平衡状態において両反応速度は等しく，反応の前後で各物質の ⓑ_____ の比は使用する物質の濃度に関係なく一定になる．

● A + B → C + D という反応では，実際にはC + D → A + Bという**逆反応**も一定の頻度で起こっている．両反応がそれぞれ起こっていながらも，A，B，C，Dの濃度は変化しないで，見かけ上，反応が止まった状態になることを，反応が❾_____ しているといい，温度と圧力が一定であればA，B，C，Dの濃度比率は一定である．❾_____ 状態では反応の前後で各物質の濃度の積の比〔(Cのモル濃度×Dのモル濃度)／(Aのモル濃度×Bのモル濃度)〕は，使用する物質の濃度とは関係なく一定となる．これを❿_____ という（**図2-2**）．

● ❾_____ 状態からCやDを除去すると，除去された量を補うようにA + B → C + Dの反応が起こって，やがて，再度，❾_____ 状態となる．一方，❾_____ 状態にCやDを加えた場合は，加えられた量を減らすようにC + D → A + Bの反応が進む．このような現象は⓫_____ として説明される．

● Ⅰ→Ⅱ→Ⅲ→Ⅳという連続反応の場合も，Ⅰが供給されるとⅣが増える．この反応で，Ⅳの生成速度は最も遅い反応に支配され，このような系のなかで最も遅い反応を⓬_____ ，その段階を**律速段階**という．

解説　エネルギーと熱

取り出された自由エネルギーが仕事に使われない場合，エネルギーは**熱**として放出される．エネルギーは熱量に換算でき，1 mLの水を1℃上昇させる熱量を1カロリー（cal）という．

B 化学反応の種類

🔸 化学反応はいろいろなタイプに分類される（図2-3）．

🔸 2個の分子が結合して大きな分子ができる**合成反応**のうち，水分子がとれるかたちで反応が進む場合は⓭_____という．DNAやタンパク質の合成では⓭_____が連続して起こり巨大分子が合成されるが，この状況を⓮_____という．⓭_____の逆反応は水が分解にかかわるので⓯_____という．

🔸 ある分子に特定の基がつく場合は**付加反応**あるいは**転位反応**，小さな原子団の出入りで分子構造がわずかに変化する場合（例：リンゴ酸がフマル酸になる）を**変換反応**とよぶことがある．

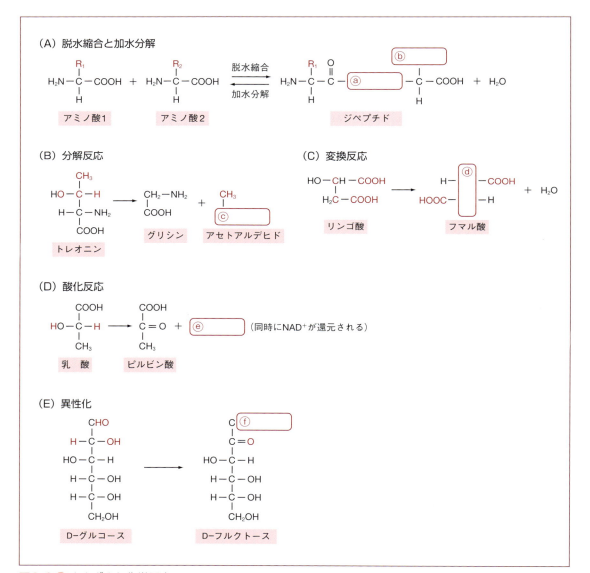

図2-3 さまざまな化学反応

2. 化学反応と代謝　15

- 水素や酸素の移動，電子の移動を伴う反応（電子を得る場合は**還元**，失う場合は**酸化**）はまとめて❻_____反応といい，両反応は必ず対で起こる．

- グルコースがフルクトースになるなどの，原子組成は変化せずに分子構造だけが変わる反応は❼_____という．

- 化学反応の呼称は注目する分子によって変わる．たとえば，グルコースとATPからグルコース6-リン酸ができる反応は，グルコースからみるとリン酸基の**付加反応**であるが，ATPからみるとATPと水からADPと無機リン酸ができる❺_____反応となる．

> **解説　光学異性体**
>
> 分子が光を屈折させる性質を**旋光性**という．屈折の向きが右の場合を**右旋性**（d型），左の場合を**左旋性**（l型）という．この性質を示すそれぞれの異性体を**光学異性体**といい，結合する4種類の原子団がすべて異なる**不斉炭素**をもつ．

C 生体内の化学反応：代謝

- 生体内で起こる化学反応を⓲_____という．エネルギーの視点でとらえる⓲_____と区別するために**物質代謝**という場合もある．一般に，物質合成のための代謝のまとまり（例：グルコースをつくる糖新生）を⓳_____，分解のための代謝のまとまり（例：グルコース分解の解糖）を⓴_____という．⓳_____にはエネルギーの供給が必要で，⓴_____ではエネルギーが放出される．

- 物質代謝と本質的な違いはないが，⓲_____をエネルギーの視点でとらえたものを㉑_____といい，広義には反応によって大きな自由エネルギーの出入りのある反応，つまり，エネルギー物質の産生や利用としてとらえられる．これにはATPやアセチルCoAなどの高エネルギー物質の合成や分解，水素の運搬役である補酵素（例：NAD^+，FAD）がかかわる酸化還元反応があり，解糖系やβ酸化は典型的な㉑_____系である．

- 一定量の自由エネルギーを必要とする**主反応**を進めるためには，そこにエネルギーを供給する**副反応**が同時に起こる必要がある．このような2つの反応が同時に起こる状態を㉒_____といい，酸化還元反応でもみられる（p.16，**図2-4**）．

- エネルギーの出入りの観点から，すでに述べた主反応を㉓_____反応，副反応を㉔_____反応という．グルコースがエネルギー状態のより高いグルコース6-リン酸となる主反応が起こるためには，ATPが加水分解されてADPと㉕_____になる㉔_____反応が必須である．

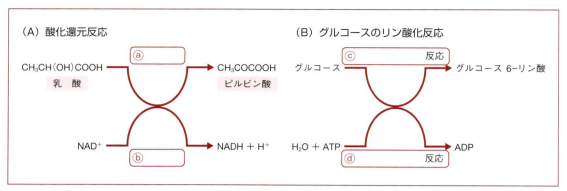

図2-4 反応の共役の例

● ❷❹＿＿＿＿＿反応が起こってもATP合成などの❷❸＿＿＿＿＿反応と共役しない場合を❷❻＿＿＿＿＿といい，このような場合，放出された自由エネルギーは❷❼＿＿に変換される．

● 代謝により，一般的な分子がつぎつぎに変化して最終的に目的物質がつくられたり，目的物質が一般的な分子に分解されたりする場合の，代謝反応の一連の流れを **代謝経路** あるいは❷❽＿＿＿＿＿という．グルコースが乳酸に代謝される❷❾＿＿＿＿＿，光合成の暗反応で二酸化炭素などから糖を合成する❸⓪＿＿＿＿＿＿＿＿＿など，さまざまなものがある．

● 代謝経路全体を通した各物質の収支を相殺したかたちで，出発物質と産物に注目してまとめた反応式を❸①＿＿＿＿＿という．真の化学反応を示すものではないが，物質の収支をみる場合には便利である．多数の反応の結果，グルコースが異化されてATPがつくられる解糖系の❸①＿＿＿＿＿は，

$$C_6H_{12}O_6（グルコース）+ 2ADP + 2H_3PO_4（❸②\_\_\_\_\_）$$
$$\rightarrow 2C_3H_6O_3（❸③\_\_\_\_\_）+ 2ATP + 2H_2O$$

となる．

● 生体中では，ある分子が壊れたり反応したりして失われても，それを補うように新しい分子が供給される代謝が起こる．そのような物質の入れ替わりを❸④＿＿＿＿＿という．

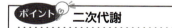 **二次代謝**

　生命活動の維持に直接必要でない産物（おもに低分子）をつくる代謝を **二次代謝** といい，おもに生物の自己防衛や生存のためにつくられる（例：微生物の抗生物質，植物のアルカロイド）．

学習確認テスト

問1 以下の文章が正しい（○）か否（×）かを判断しなさい．

A 化学反応とその進み方

① (　) 分子構造が変化したり，分子が液体に溶解したり，固体が液体になったりするなどの変化を化学反応という．

② (　) 共有結合にはエネルギーが含まれており，より大きな分子ができる反応のためにはエネルギーを供給する必要がある．

③ (　) 反応Aは室温でゆっくり進み，反応Bは高温にすると反応が進む場合，反応Bは反応Aより活性化エネルギーが小さいといえる．

④ (　) A→Bという簡略化して示された化学反応ではある頻度でB→Aも起こっているが，そこに反応速度を高めるために触媒を加えると，後者の反応速度の方がより高まる．

B 化学反応の種類

① (　) アミノ酸が脱水縮合によってつぎつぎに重合するとタンパク質ができる．

② (　) 酸化還元反応では，便宜上，酸化反応と還元反応を合わせて論じているが，実際には両反応は独立に起こりうる．

③ (　) グルコースがフルクトースに異性化する変化が起こっても，両分子の分子式（$C_6H_{12}O_6$）は同一である．異性化は化学反応とはいわない．

④ (　) 不斉炭素をもつ立体構造の異なる分子Ⅰと分子Ⅱは異なる光屈折性を示す．

C 生体内の化学反応：代謝

① (　) 同化とは分解代謝，異化とは合成代謝のことである．

② (　) エネルギー代謝が異化で起こる場合，代謝によって自由エネルギーが放出される．

③ (　) ATPが加水分解される反応は発エルゴン反応，逆に，ADPとリン酸からATPができる反応は吸エルゴン反応であり，高分子物質ができる場合は吸エルゴン反応の共役が必要である．

④ (　) 生物には生命活動にかかわる重要な反応が働かなくとも，代わりに働く反応が安全のために用意されている．そのような代謝を二次代謝という．

⑤ (　) 発エルゴン反応が共役する吸エルゴン反応なしに起こる場合は熱が出る．

⑥ (　) ある代謝系で起こる化学反応を逐一網羅し，すべてを示したものを代謝式という．

⑦ (　) 代謝回転の速い分子は失われやすく，また，補充されやすい．

問2 A〜Gの説明に該当する用語を1〜7のなかから選びなさい

| 1 | 自由エネルギー | 2 | 活性化エネルギー | 3 | 反応の共役 | 4 | 代謝系 |
| 5 | 脱共役 | 6 | エネルギー代謝 | 7 | 加水分解 | | |

A 2種類の反応がペアで同時進行すること．一方の反応が他方の反応に必要という状況で起こる．酸化反応と還元反応（例：NAD^+がNADHに還元される反応と乳酸がピルビン酸に酸化される反応の組み合わせ）や，高エネルギー物質がかかわる反応（例：発エルゴン反応であるATP加水分解と吸エルゴン反応であるグルコースがリン酸化される反応の組み合わせ）などがある．（　）

B エネルギー代謝において，発エルゴン反応が吸エルゴン反応なしに起こり，放出された自由エネルギーが仕事に使われずに熱として放出される現象．（　）

C 代謝の一様式で，代謝をエネルギーの視点でとらえたもの．エネルギー物質の産生や利用にかかわる．例としては，解糖系，クエン酸回路，酸化的リン酸化，β酸化，光合成や光リン酸化，筋収縮などがある．（　）

D 分子がもつ潜在的なエネルギー．Gで表され，合成，運動，発光，移送といった仕事に使われるもの．Gの変化が0未満の反応は勝手に進む．Gが大きい物質は熱力学的に不安定で，反応性に富む．（　）

E 生体がある目的（例：低分子や基本的な分子からより複雑な分子をつくる，あるいは複雑な分子をより小さな分子に異化する）のために行う代謝反応の連続やまとまり．代謝経路とよばれる場合もある．（　）

F 水が介在して分子が分解される化学反応．水分子が一方の分子にOH，他方の分子にHを付加することにより分解が起こる．脱水縮合の逆反応．反応や生理的状況によっては消化ともいわれる（例：アミラーゼによるデンプンの低分子化）．（　）

G 化学反応が起こる前に，分子にはエネルギーが供給される必要があり，そのエネルギーのこと．酸素と水素をそのまま混ぜても水ができることはないが，加熱してエネルギーを与えると反応して（水素が酸化して）水ができる．触媒として白金を加えるとこのレベルが下がり，それほど熱しなくとも反応が起こる．（　）

3 酵素

この章で学ぶこと

▶ 酵素の基本的な性質や金属触媒との違いを知る
▶ 酵素反応の過程とその理論を理解し，酵素反応の阻害の種類を覚える
▶ 反応機構による酵素の分類法とその名称を覚える
▶ 酵素活性の調節の仕組みや代謝における酵素活性の調節機構を理解する

必須用語

酵素，基質，基質特異性，アイソザイム，至適温度，補酵素，ミカエリス-メンテンの式，V_{max}，K_m，活性中心，可逆的阻害，競合阻害，酸化還元酵素，転移酵素，加水分解酵素，脱離酵素，異性化酵素，合成酵素，チモーゲン，アロステリック効果，フィードバック阻害

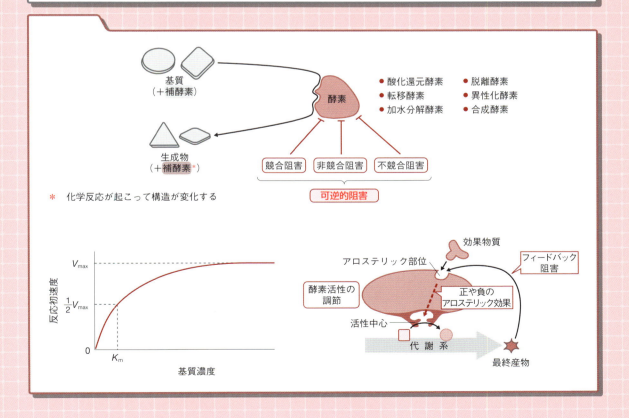

* 化学反応が起こって構造が変化する

A 酵素とその特徴

- ❶＿＿＿＿は生体触媒で，❷＿＿＿＿＿＿＿とよばれる**RNA触媒**もわずかにはあるが，その多くは物質的には❸＿＿＿＿＿＿である．ほかの触媒と同様，**活性化エネルギー**を下げて反応速度を上げるが，反応の平衡には影響しない．生体は常温付近で代謝を行っており，❶＿＿＿＿はそのような温和な条件で反応を加速させることができる．

- 酵素反応にかかわり，酵素と結合する物質を❹＿＿＿＿という．酵素は一時的に❹＿＿＿＿と結合し，電子伝達の媒介などの作用を示し，その後，生成物から離れる（**図3-1A**）．酵素の最大の特徴は，通常の金属触媒と比べて❹＿＿＿＿との結合，つまり，作用する❹＿＿＿＿が特異的であるということである．これを❺＿＿＿＿＿＿という．また，酵素は作用できる反応に特異性があり（**反応特異性**），ある特定の❹＿＿＿＿に別々の酵素が作用して，それぞれ異なる反応にかかわるという例は非常に多い．

- 酵素には代謝反応の種類にほぼ匹敵する数の多様性がある．なお，同一個体にある特定の反応を触媒する酵素で，タンパク質が異なるものを❻＿＿＿＿＿＿＿（または，**イソ酵素**）という．

- 酵素は熱に不安定なタンパク質であり，❼＿＿＿＿＿（酵素反応に最適な温度）を示す（**図3-1B**）．反応速度は温度が高いほど大きいが，酵素は高温で変性・失活する（活性を失う）ため，結果的に効果が最大になる温度を示す．一般には，酵素活性は体温付近，あるいは生息場所の温度で最も高い．

- 酵素は極端なpHで失活するため，❽＿＿＿＿＿も存在する（**図3-1B**）．タンパク質消化酵素でも，胃で働くペプシンは酸性，十二指腸で働くトリプシンやキモトリプシンは弱アルカリ性の❽＿＿＿＿＿を示す．

- 酵素には，金属イオンが活性に必要なものや金属を含む❾＿＿＿＿＿（たとえば，鉄を含むカタラーゼ，亜鉛を含む炭酸脱水酵素など）もある．

- 酵素活性の発揮のために必須な低分子有機物は❿＿＿＿＿とよばれる．❿＿＿＿＿は遊離状態の酵素（これを⓫＿＿＿＿＿＿という）と一時的に結合して⓬＿＿＿＿＿＿となる．❿＿＿＿＿は反応の観点からは基質の1つで，反応の対象となる基質の原子団をほかの基質に渡したり，逆反応では原子団を元の分子に渡したりするなど，原子団の運搬体として作用する．

- ❿＿＿＿＿としては，水素原子を運搬する⓭＿＿＿＿（ニコチンアミドアデニンジヌクレオチド），NADP，FAD（フラビンアデニンジヌクレオチド），アシル基を運搬する⓮＿＿＿＿（補酵素A，コエンザイムA）など多くのものがある（p.22, **図3-2**）．❿＿＿＿＿が酵素の一部として強固に結合している場合は，❿＿＿＿＿を⓯＿＿＿＿＿＿とよび，金属酵素の金属イオン，カタラーゼ中の⓰＿＿＿＿，ビタミンでもあるチアミンなどがある．

ひとこと　耐熱性酵素

60～90℃付近で何回も温度を変化させて，酵素反応でDNAを合成する**PCR（ポリメラーゼ連鎖反応）**では，高温域で生育する耐熱性細菌（あるいは好熱細菌）のDNAポリメラーゼが使われるが，その酵素自体も耐熱性を示す（**図3-1B**）．

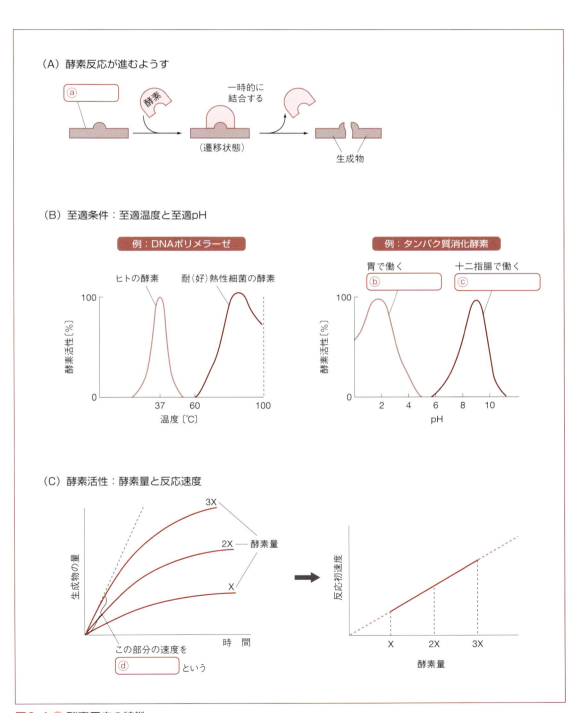

図3-1 ● 酵素反応の特徴

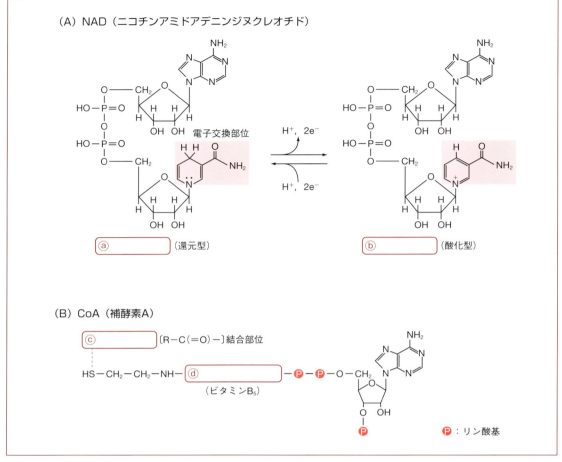

図3-2 ● 補酵素の構造

B 酵素反応の理論

酵素反応では酵素の量を増やせば**反応速度**も上がる（図3-1C）．また，基質Sの濃度（[S]）を増やせば反応速度も上がる．このようなことから，基質から生成物ができる反応の反応速度（ν）は，

$$\nu = \frac{V_{max}[S]}{K_m + [S]}$$

という⑰＿＿＿＿＿＿＿＿＿の式で表される．⑱＿＿＿＿は基質を十分に加えた場合の速度，すなわち**最大速度**を示し，⑲＿＿＿は**ミカエリス定数**といい，濃度の単位として表される（図3-3）．

νを$1/2V_{max}$とすると$K_m = $ ⑳＿＿＿となるので，K_mはV_{max}の半分の反応速度を示す基質濃度であることがわかる．K_mが小さいということは酵素が基質と結合し㉑＿＿＿ことを示し，V_{max}が大きいということは産物をつくる触媒能が㉒＿＿＿ことを示す．いずれも個々の酵素に特異的な固有の数値である．

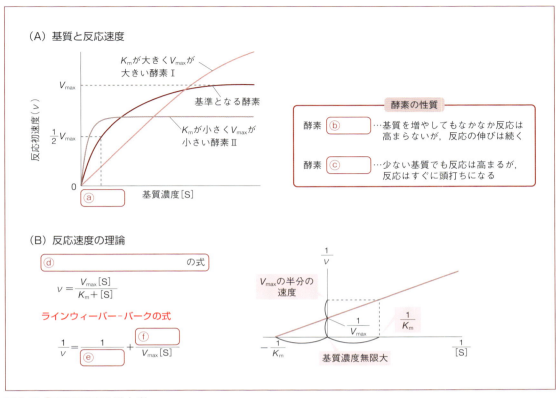

図3-3 ● 酵素反応の動力学

📍❶⃣⃣⃣⃣⃣⃣⃣⃣ _____ の式を変形すると，

$$\frac{1}{\nu} = \frac{1}{V_{max}} + \frac{K_m}{V_{max}[S]}$$

となり，これを㉓_____の式という．酵素反応特性が直線で表され，グラフの切片や傾きから，K_m と V_{max} を容易に求めることができる（図3-3B）．

> **解説** **初速度**
>
> 酵素反応では反応に伴って基質が減って，反応速度は次第に低下する．そのため，反応速度を正しく測定するためには，反応しはじめたときの速度，すなわち**初速度**を測る必要がある（p.21，図3-1C）．

C 酵素反応の阻害

📍酵素には基質と結合して反応を触媒する部分（㉔_____）があり，その構造や機能が影響される状況があると，酵素活性は**阻害**される．

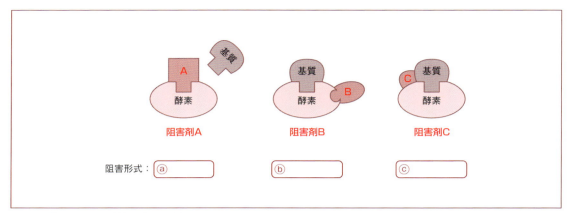

図3-4 酵素の可逆的阻害の形式

● 阻害にはいくつかのタイプがあり，阻害要因を除いても酵素活性が戻らないタイプの阻害を㉕_____といい，タンパク質を変性させる物質や極端な熱，pH，あるいは酵素と共有結合することによる阻害がこれに該当する．

● これに対して，阻害要因が除かれると阻害が消えるタイプの阻害を㉖_____という．阻害物質が酵素に比較的ゆるく結合する場合にみられ，阻害形式から3つに分けられる（図3-4）．

● ㉗_____（**拮抗阻害，競争阻害**ともいう）は，阻害物質が活性中心に基質のように結合するもので，阻害物質は基質と構造が類似するものが多い．阻害物質が基質との結合を妨げるため，K_mは㉘_____が，酵素に結合した基質はそのまま反応するのでV_{max}は影響を受けない．基質との競合関係があるので，阻害物質があっても基質濃度を上げると阻害は弱まる．

● 阻害物質が活性中心以外に結合する場合の阻害を㉙_____といい，酵素自体に影響が出るため㉚_____は下がるが，活性部位と基質との結合には影響しないためK_mは変化しない．

● ㉛_____は阻害物質が基質−酵素複合体に結合する阻害で，触媒作用が下がるため㉚_____は下がり，基質と酵素の結合が見かけ上は安定化されるためK_mも下がる．

D 酵素の分類

● 酵素は原則的に，基質名＋反応の種別＋-ase（アーゼ）と命名する．たとえば，シトクロムcを酸化oxidationする酵素はシトクロムcオキシダーゼとなる（p.26，**解説** 参照）．ただし，この原則に従わない命名法（例：ATPアーゼ）や慣用名（例：トリプシン）を使う場合も少なくない．

● 酵素は反応機構や化学結合変化の特徴から㉜____種類に分類される（図3-5）．

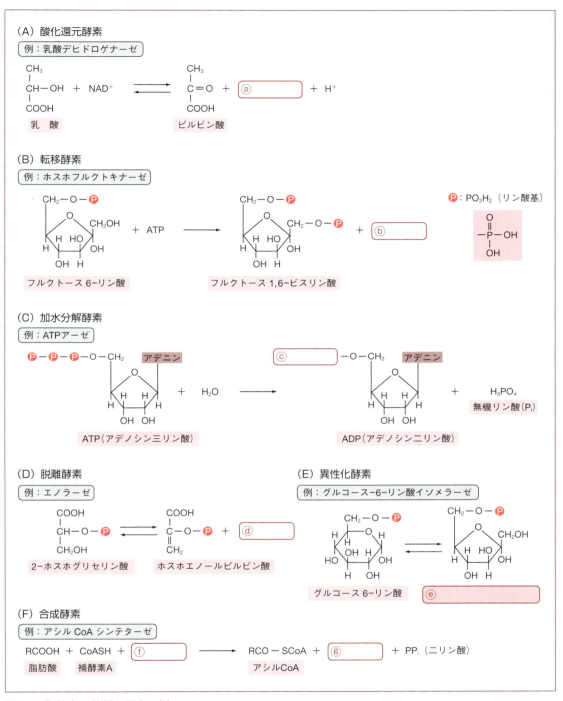

図 3-5 酵素の分類と反応の例

📍 **脱水素酵素**(デヒドロゲナーゼ.水素を奪って補酵素に渡す.生体では大部分がこの形式),**酸化酵素,酸素添加酵素**,❸＿＿＿＿＿＿(過酸化水素を水と酸素に分解する),❹＿＿＿＿＿＿(過酸化水素に水素を渡して水をつくる)は❺＿＿＿＿＿＿で,2種類の基質間の電子の移動にかかわる.

- ❸❻_____（トランスフェラーゼ）は基質の原子団を別の基質に移す．移す原子団により多くの種類がある（例：ヒストンアセチルトランスフェラーゼ）．DNA合成酵素（DNAポリメラーゼ）はヌクレオチド転移酵素である．

- ❸❼_____（ヒドラーゼ）は水で分子を解裂させる酵素で，消化酵素はここに分類され，作用する結合様式により特異的名称が与えられる（例：糖が関与するグリコシド結合に作用する酵素はグリコシラーゼ）．

- ❸❽_____はリアーゼともいい，加水分解によらず基質からある基を除く．C–C結合に作用するデカルボキシラーゼ，C–O結合に作用するアンヒドラーゼなどがあり，二重結合をつくることが多い．逆反応では二重結合を解裂させて基を付加する❸❾_____となる．

- 異性化を行う❹⓿_____はイソメラーゼといい，異性化の形式により特有の名称がつけられることもある（例：光学異性を変化させるエピメラーゼ）．

- ❹❶_____はリガーゼといい，❹❷_____加水分解という発エルゴン反応と共役して2つの分子を結合させる．シンテターゼという名称の酵素はここに分類される．

> **解説　酵素分類法**
>
> 酵素は4組の数字で表す**酵素番号**（**EC番号**）で分類される（例：シトクロムcオキシダーゼはEC1.9.3.1）．1番目の数字は，酸化還元酵素が1，転移酵素が2，加水分解酵素が3，脱離酵素が4，異性化酵素が5，合成酵素が6となる．2番目，3番目の数字は反応形式，基質の種類，活性中心などを表し，4番目の数字は通し番号である．

E　酵素活性の調節

- 酵素活性はさまざまな形式で調節される．酵素活性が活性中心以外の場所に結合した因子によって調節される効果を❹❸_____という．酵素は，活性をもつタンパク質と調節タンパク質という異なるサブユニットからなるものもある．

- 特定の代謝系で最終産物がつくられすぎないよう，最終産物が代謝系の上流の酵素の活性を抑える❹❹_____という機構は比較的よくみられ（例：アミノ酸合成，ATP合成），多くの場合，最終産物が酵素に結合することによって起こる❹❸_____が関与している．

- 酵素活性の調節には酵素の共有結合変化がかかわるものもある．その1つは❹❺_____で，不活性な状態で翻訳・合成されたばかりの酵素（これを**プロ酵素**，あるいは❹❻_____という．例：トリプシノーゲン）がタンパク質分解酵素によって特定部分が切断・除去され，残った部分

が酵素活性をもつ．この機構は㊼＿＿＿＿＿＿＿消化酵素や㊽＿＿＿＿凝固因子の活性化，補体活性化因子などにみられ，とくに後者2つでは㊺＿＿＿＿＿＿＿が連続的に起こって最終の酵素が活性化される．

その他の調節は化学修飾によるものである．リン酸基が共有結合する㊾＿＿＿＿＿＿は重要なタンパク質修飾の一様式で，特異的(50)＿＿＿＿＿＿＿＿＿＿によって起こるが，一般に，キナーゼによってリン酸化されることによりタンパク質は活性を(51)＿＿＿＿．

これ以外には，小型のタンパク質（例：ユビキチン）が結合するといったものもある．ここまでの酵素活性の修飾は活性の迅速な変化に対応した機構であるが，これ以外にも酵素タンパク質を遺伝子発現段階で調節する機構（例：酵素の誘導）などがある．

ひとこと　医療と酵素

加水分解酵素は消化薬，抗炎症薬などとして使われ，また，治療を目的に酵素阻害剤が使われることもある（例：メバロン酸合成のHMG-CoA還元酵素の阻害による高コレステロール血症の治療）．また，特定の酵素を含む組織が傷害により酵素を漏出すると，酵素活性測定によって疾患の有無が検査できる（例：肝疾患のγ-GTP）．

学習確認テスト

問1 以下の文章が正しい（○）か否（×）かを判断しなさい．

A 酵素とその特徴

① (　) 酵素はタンパク質であり，リボザイムもRNA結合タンパク質が酵素活性を担う．

② (　) 生活環境以上の温度にすると，生物は活力を落とし，場合によっては死ぬが，酵素反応の観点からは，金属触媒のように温度上昇に従って反応速度自体は上がる．

③ (　) ある糖に作用する酵素は，その糖に構造が類似した糖に対しても弱いながら類似の反応を起こすことがある．これも基質特異性で説明できる．

④ (　) アイソザイムとは，異なる生物がもつ同じ反応をつかさどる酵素のことである．

⑤ (　) ペプシンが胃で働くことができるのは，胃に酵素活性に必須なタンパク質性の因子が存在するためであり，もし人為的にその因子を使用すると，十二指腸の環境でも酵素は同等の高い活性を示す．

⑥ (　) 補酵素は酵素活性を100％発揮させるが，ないと弱くしか反応できない．

⑦ (　) NADは酸素を運ぶ補酵素で，CoAはアセチル基を運ぶ補酵素である．

B 酵素反応の理論

① (　) 酵素反応では，基質濃度を増やすと反応速度（初速度）は直線的に上昇する．

② (　) 基質濃度が高い反応初期の反応速度を，最大速度（V_{max}）という．

③ (　) V_{max}は酵素固有の値で，触媒能の高さを表す．

④ (　) K_mが大きければ大きいほど，基質との結合力は大きい．

⑤ (　) V_{max}の単位は濃度として，K_mの単位は速度として表される．

⑥ (　) ラインウィーバー–バークの式において，反応初速度と基質濃度の逆数は直線関係になる．

C 酵素反応の阻害

① (　) 酵素において，基質と結合する部位と触媒作用を発揮する部位は基本的に異なる．

② (　) 熱失活した酵素は，温度を室温に戻すと酵素活性が復活する．

③ (　) 基質Aと基質Aに作用する酵素があるところに，競合阻害剤Bを加えたところ，酵素反応が阻害された．このとき，基質Aの濃度を高めても反応の阻害は軽減されない．

④ (　) 競合阻害剤はK_mを下げ，V_{max}を上げる．

⑤ (　) 非競合阻害物質は活性中心に基質と競争的に結合するので，K_mを上げる．

D 酵素の分類

① (　) 酵素分類法で，酵素は6種類に大別される．

② (　) 酸化還元酵素とは，基質に酸素をつける酵素の総称である．

③ (　) 水が関与して基質を分解・解裂させる酵素をアンヒドラーゼという．

④ (　) DNAにヌクレオチドを付加させるDNA合成酵素は，合成酵素に分類される．

⑤ (　) 同じ分子式のグルコースとフルクトースの変換を行う酵素は異性化酵素である．

E 酵素活性の調節

① (　) アロステリック効果とは，活性中心に結合することによって酵素の全体的な構造が変化し，それにより酵素活性が変化する効果のことである．

② (　) 酵素に別のタンパク質がゆるく結合したり，ゆるく結合している別のタンパク質に何らかの物質が結合して酵素活性が変化したりする現象もアロステリック効果である．

③ (　) 代謝系の上流の基質が下流の酵素を阻害する現象をフィードバック阻害という．

④ (　) 共有結合の変化を伴う酵素（活性）の修飾機構には，限定分解，基の付加，そして，自身のタンパク質内部あるいはほかのタンパク質との強固な結合などがある．

⑤ (　) ペプシノーゲンやキモトリプシノーゲンはタンパク質分解酵素活性をもつが，速やかに限定分解されて必要以上に酵素が働かない仕組みがある．

⑥ (　) プロテインキナーゼとはタンパク質を限定分解して活性化する酵素の総称である．

問2 A～Nの説明に該当する用語を1～14のなかから選びなさい．

1 補酵素	2 K_m	3 活性中心	4 酸化還元酵素
5 加水分解酵素	6 脱離酵素	7 合成酵素	8 異性化酵素
9 競合阻害（拮抗阻害，競争阻害）		10 非競合阻害（非拮抗阻害，非競争阻害）	
11 不競合阻害（不拮抗阻害，不競争阻害）		12 アロステリック効果	
13 フィードバック阻害		14 アイソザイム（イソ酵素）	

A 加水分解によらずに基質からある基を除く．逆反応では二重結合を解裂させて基の付加を行うので付加酵素という． (　)

B 水素を除く脱水素酵素，酸素を添加する酸化酵素，分子状酸素を移す酸素添加酵素，過酸化水素を分解する酵素や過酸化水素と水素から水をつくる酵素などが含まれる． (　)

C 阻害物質が活性中心に結合する可逆的阻害．K_mを上昇させる． (　)

D 同一個体中にあり，同じ反応を触媒するが，タンパク質としては異なる酵素（群）． (　)

E　ある物質が酵素の活性中心以外に結合することにより酵素活性が正や負に影響を受けること．複数の酵素タンパク質サブユニットによって起こる場合もある．　　　　　　　　（　　）

F　阻害物質が酵素－基質複合体に結合する可逆的阻害．K_m，V_{max}の両方が下がる．　　（　　）

G　水分子が基質の解裂（分解）にかかわる反応を触媒する．消化酵素，ATPをADPとリン酸にするATPアーゼ，アセチルコリンを分解するコリンエステラーゼなどを含む．　　　　　（　　）

H　ATP加水分解と共役して吸エルゴン反応である2分子連結反応を触媒する．　　　　　（　　）

I　ミカエリス定数で，最大速度の半分の反応速度を与える基質濃度．基質との親和性の指標となり，大きいほど親和性は低い．　　　　　　　　　　　　　　　　　　　　　　　（　　）

J　代謝系の最終産物が系の前段階の酵素を阻害し，最終産物の過剰合成を抑える機構．　（　　）

K　阻害物質が活性部位以外に結合する可逆的阻害．V_{max}を低下させる．　　　　　　　（　　）

L　酵素反応に必須な低分子有機物．原子団や基を基質から受け取ったり，基質に戻したりする．基質の1つ．水素を運搬するNADやアシル基を運搬するCoAなどがある．　　　　　（　　）

M　基質結合と触媒反応をつかさどる領域がまとまって存在する，酵素のなかの部位．　　（　　）

N　イソメラーゼと総称される．分子組成は変えずに分子構造を変える反応を触媒する．　（　　）

糖質

この章で学ぶこと

- 糖の基本構造や基本的な性質,およびアルドースとケトースがあることを知る
- 重要な単糖,オリゴ糖,多糖,糖誘導体,アルコール,複合糖質の名称と構造を覚える
- 糖にはさまざまな異性体があり,異性化によって名称が変わるものもあることを知る
- 環状化した糖の構造,反応性,異性体の名称を覚える

必須用語

糖質,糖,単糖,アルドース,ケトース,オリゴ糖,多糖,炭水化物,D, L異性体,エピマー,アノマー,グリコシド結合,グルコース,単純糖質,N-アセチルグルコサミン,ウロン酸,アルドン酸,糖アルコール,アルコール,ホモ多糖,ヘテロ多糖,貯蔵多糖,構造多糖,グリコサミノグリカン,複合糖質,糖鎖,プロテオグリカン,糖タンパク質

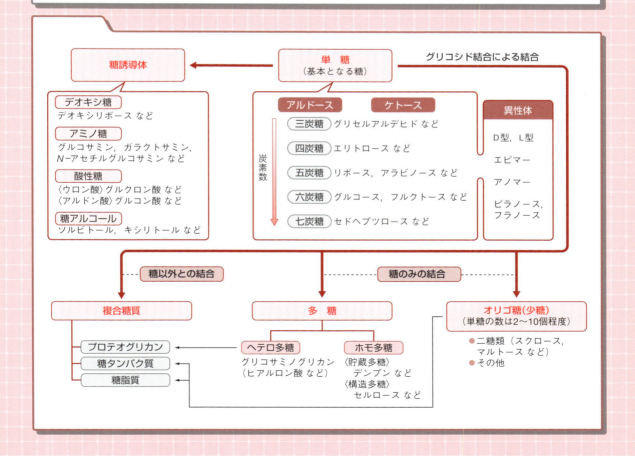

A 糖の基本構造

❶_____は簡単に❷_____ともいう．主要な栄養素の1つで，エネルギー源になるだけでなく，ほかの物質と結合して化合物となったり，細胞構成物質や調節物質，核酸などにも利用されたりする．

❷_____とは，3〜9個の炭素をもち，そこに複数のヒドロキシ基（水酸基ともいう．−OH）が結合して，末端に**アルデヒド基**（−CHO），あるいは内部に**ケトン基**（−CO−）をもつ分子を単位とするものの総称で，水によく溶ける（ただし，イオン化はしない）．また，一部の糖は甘味を呈するが，これは糖に共通の性質ではない．

すべての❷_____は❸_____を基本とし，末端にアルデヒド基をもつものを❹_____（例：リボース，グルコース），内部にケトン基をもつものを❺_____（例：フルクトース）という（図4-1）．

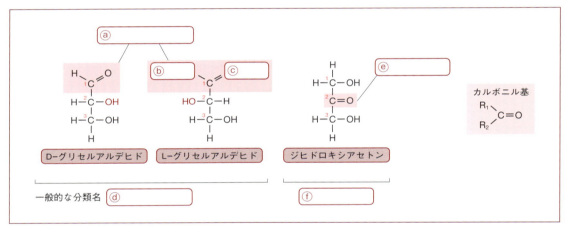

図4-1 ● 糖の基本構造
三炭糖を例に示す．

❸_____は炭素数により三炭糖，四炭糖，五炭糖，六炭糖などに分類される．単糖が少数結合した糖を❻_____（あるいは，**少糖**），単糖が多数結合した高分子を❼_____という．なお，糖の化学組成は炭素に水が結合した化合物 $[C_m(H_2O)_n]$ の形式になっているため，❽_____ともよばれる．

直鎖状の五炭糖や六炭糖が水に溶けると，アルデヒド基やケトン基と分子内のヒドロキシ基が結合して環状構造をとる．六炭糖では5位の炭素（糖の炭素の番号は，アルデヒド基やケトン基のある側の鎖末端の炭素を1位とする）につくヒドロキシ基と結合し，グルコースなどは6個の原子からなる六員環（❾_____環）構造をとる（図4-2）．4位の炭素につくヒドロキシ基と結合しフルクトースのように五員環（❿_____環）構造をとることもある（p.34, 図4-3参照）．五炭糖のリボースは❿_____環構造をとる．

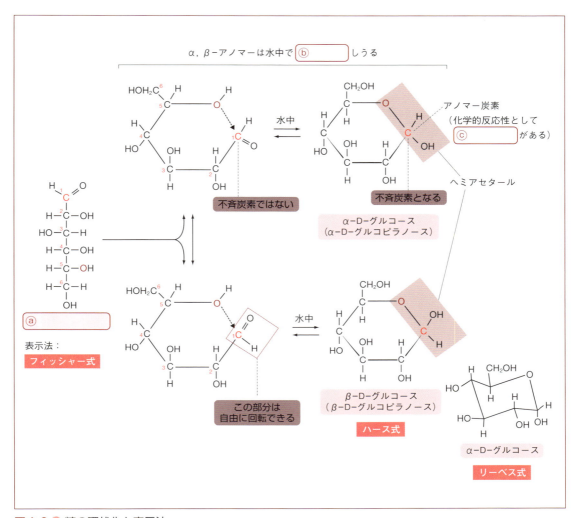

図4-2 糖の環状化と表示法

B 糖の異性体

🔍 糖では炭素に結合するHとOHの向きが2通りあり，しかも炭素が複数あるため，異なる立体構造をもつ多数の**異性体**が存在する（p.34，**図4-3**）．炭素数が3のグリセルアルデヒドの場合，2位の炭素は⓫_____で，アルデヒド基（-CHO）を上にすると，2位の炭素につくヒドロキシ基（-OH）が右の場合と左の場合で鏡像関係にある異性体が存在する（**図4-1**）．前者を⓬____型，後者を⓭____型という（D体，L体ともいう．天然には⓬____型が多い）．

🔍 その他の糖もグリセルアルデヒドの鏡像関係を基準に⓬____型と⓭____型の区別がつけられるが，このような異性体を⓮_____という〔旋光性のd型（右旋性）とl型（左旋性）とは必ずしも一致しない（**第2章**，p.15，**解説** 参照）〕．

不斉炭素に結合するHとOHの向きが異なる異性体を⑮_____という．たとえば，D-グルコース（D-グルコピラノース）の2-⑮_____は⑯_____，3-⑮_____はD-アロース，4-⑮_____は⑰_____であるように（図4-3），それぞれの⑮_____は独自の名称をもつ異なる物質である．

糖が環状構造をとると，アルドースの場合は1位，ケトースの場合は2位の炭素が不斉となって新たな異性体ができる．これらは互いに⑱_____であるといい，αとβに分類される（図4-3）．アルドースの場合は1位，ケトースの場合は2位の⑱_____炭素につくOHがそこから最も遠い不斉炭素につく置換基と反対側にあるものをα，同じ側にあるものをβとする．

アルドース由来，ケトース由来の⑱_____性OHを含む原子団をそれぞれ⑲_____，ヘミケタールという（p.33，図4-2）．⑱_____性OHは反応性が⑳_____，糖や糖以外の分子と結合して㉑_____（グリコシドともいう）をつくる．その結合様式を㉒_____という．なお，単一の単糖のアノマーは線状構造を介して互いに変換しうるため，両アノマーの濃度は溶液中ではいずれ平衡化する．

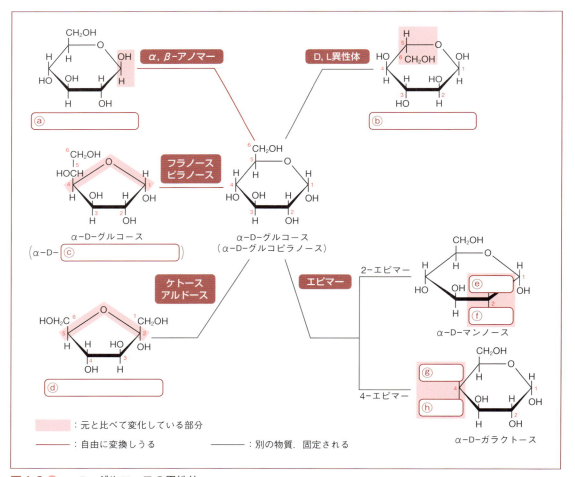

図4-3 ● α-D-グルコースの異性体

> **解説　糖の環状構造の表示法**
>
> 糖の構造式が線状構造で表記されたものを**フィッシャー式**といい，フィッシャー式でも酸素原子を介した共有結合で環状構造を表すことができる．環状構造が実際の環状分子に近づけて描かれたものを**ハース式**，さらに結合状態をより正確に示し，イス型に描かれたものを**リーベス式**という (p.33，図4-2)．

C　単　糖

糖の基本構造をなす最小単位を❷＿＿＿＿といい，炭素数により三炭糖，四炭糖などに分類される．細胞が利用するもののうち，生物学上重要なものは❷＿＿＿＿（**ペントース**ともいう）と❷＿＿＿＿（**ヘキソース**ともいう）である（図4-4）．ケトースのペントースをケトペントース，アルドースのヘキソースをアルドヘキソースという．

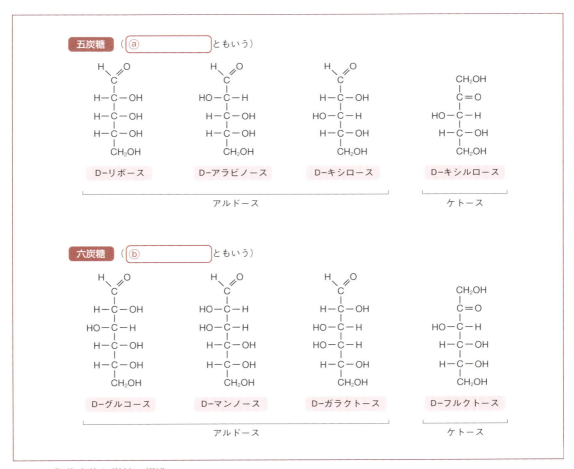

図4-4　代表的な単糖の構造
五炭糖と六炭糖を例として示す．

五炭糖で最も重要なものは核酸の成分になる㉖＿＿＿＿＿であるが，その他にも，キシロースやアラビノース（植物のもつ多糖の成分となる）などがある．六炭糖には強い甘味をもつものが多いが，最も重要なものは細胞のエネルギー源としての基本の糖である㉗＿＿＿＿＿（glu．**ブドウ糖**ともいう）である．このほか，果物に多い㉘＿＿＿＿＿（fru．**果糖**ともいう），ラクトース中の㉗＿＿＿＿＿以外の成分である㉙＿＿＿＿＿（gal），こんにゃくにある多糖（マンナン）の構成単位の㉚＿＿＿＿＿も六炭糖である．

D 単糖の誘導体

すでに述べた基本となる単糖は㉛＿＿＿＿＿というが，これとは別に，単糖が化学修飾された**糖誘導体**も多数存在する（図4-5）．

アミノ糖はアミノ基が2位の炭素に結合したもので，重要なものとしては，グルコース誘導体の㉜＿＿＿＿＿やガラクトース誘導体のガラクトサミン，㉜＿＿＿＿＿の窒素がアセチル

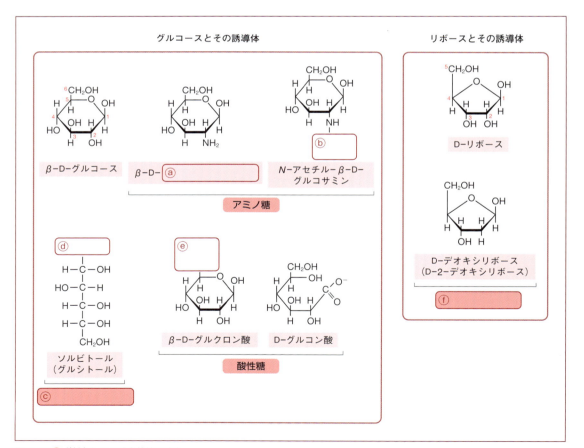

図4-5 ● 単糖とその誘導体の例

化された㉝_____などがある．アミノ糖の1位が酸になったものを**ノイラミン酸**（あるいは，**シアル酸**）という．

- 単糖の㉞___位の炭素が酸化されたものを㉟_____（例：**グルクロン酸**）といい，1位が酸化されたものは㊱_____（例：**グルコン酸**）という．糖のなかのOHが還元されてHとなったものを**デオキシ糖**といい，生物でとくに重要なものはDNAの成分になる㊲_____である．

- 糖のアルデヒド基やケトン基中にあるカルボニル基が還元されてヒドロキシ基がつくと㊳_____ができる．このうち，アルデヒド基由来の㊳_____はとくにアルジトールといい，四炭糖，五炭糖，六炭糖ではそれぞれ，エリトリトール，キシリトール，マンニトールや㊴_____（グルシトールともいう）などがよく知られている．グリセロールも㊳_____の一種である．㊴_____は植物に多く含まれ，さわやかな甘味があるが，消化・吸収されにくく，細菌にも利用されにくいので，ダイエット用甘味料やう歯（虫歯）予防用の糖として利用されている．

E アルコール

- 炭化水素（通常は鎖状分子）の水素がヒドロキシ基になったものを一般に㊵_____という．よく知られた㊵_____には，直鎖状の（脂肪族の）炭素数2である炭素の1つにヒドロキシ基がついた㊶_____（エタノール），炭素数3のそれぞれの炭素にヒドロキシ基がついた㊷_____がある〔–ol（オール）という接尾辞はアルコールを示す〕．これらは，構造的には脂質の誘導体でもあるが，㊷_____やエタノールなどは，生化学的には糖代謝の過程で現れるため，広い意味では糖に入る．

- アルコールを分類する場合，炭素数が少ないものを㊸___アルコール，多いものを㊹___アルコールといい，㊸___アルコールは水，㊹___アルコールは有機溶媒によく溶ける．また，ヒドロキシ基の数が1個のものは一価アルコール，2個のものは二価アルコール，3個のものは三価アルコールという．アルコールのヒドロキシ基が酸化されると㊺_____やケトン基となる．ヒトがエタノールを摂取し，それが肝臓で代謝（酸化）されると，毒性の強い㊻_____（悪酔い，頭痛，発赤の原因）が生成される（**第5章**，p.47 参照）．

F オリゴ糖

- オリゴ oligo– とは「少ない」の意味で，少数の単糖がグリコシド結合で結合（重合）した物質を**オリゴ糖**（あるいは，**少糖**）といい，単糖の数は2〜10個のものが多い．オリゴ糖のなかで生物学的に重要なものは，単糖の数が2個の**二糖**で，甘味を示すものが多い．

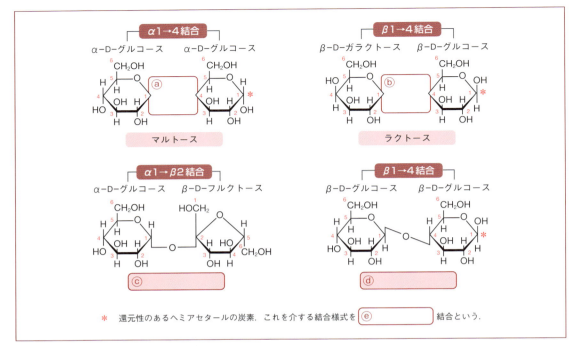

図4-6 二糖類における単糖の結合様式

グリコシド結合の様式としては，α1→4結合，β1→4結合，α1→β2結合（単にα1→2結合とも書く）などがある．それぞれの例としては，α-D-グルコースどうしがα1→4結合した❹⁷_____（**麦芽糖**ともいう．水あめの成分），β-D-ガラクトースとβ-D-グルコースがβ1→4結合した❹⁸_____（**乳糖**ともいう．母乳の甘さの成分），α-D-グルコースとβ-D-フルクトースがα1→β2結合した❹⁹_____（**ショ糖**ともいう．植物がもつ甘さ，いわゆる砂糖）がある（図4-6）．このうち❹⁷_____と❹⁸_____は還元性を示す．β-D-グルコースどうしがβ1→4結合したものは**セロビオース**といい，セルロースの加水分解で生成される．

❹⁹_____を加水分解してグルコースとフルクトースにしたものを❺⁰_____という（旋光性が右旋性から左旋性に転化するため）．フルクトースの強い甘さのために❺⁰_____は甘さが増強され，甘味料として利用される．市販のオリゴ糖は植物抽出物や高分子糖を低分子化したものなどで，種々のオリゴ糖の混合物である．

G 多糖

単糖が多数重合した高分子を❺¹_____といい，1種類の糖からなる❺²_____（**単純多糖**ともいう）と複数の種類の糖からなる❺³_____（**複合多糖**ともいう）に分けられる（ホモは均一，ヘテロは不均一の意味）．❺²_____はさらに細胞内に栄養として蓄積する❺⁴_____と細胞壁強化のための❺⁵_____に分けられる．

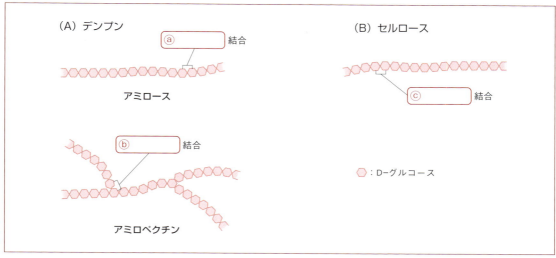

図 4-7 グルコースからなるホモ多糖

📍 ❺❹_____ としては，植物にはグルコースの多糖である ❺❻_____ がある．❺❻_____ は種子や球根などに蓄えられ，物質的にはα1→4結合で直鎖状の ❺❼_____ と，α1→6結合で枝分かれ構造の ❺❽_____ の2種類があり（**図4-7A**），水中で加熱すると糊化する．動物にはグルコースが重合した多糖として，アミロペクチンに似た構造をもつ ❺❾_____ がある．微生物がつくる類似の多糖にはデキストリンがある．ヨウ素液をこのような多糖に作用させると，ヨウ素が多糖のもつらせん構造に結合して青色などの特異的な色を示すので，多糖の検出に用いられる．この反応を一般に ❻⓿_____ という．

📍 ❺❺_____ で重要なものは，グルコースのβ1→4結合からなる植物の ❻❶_____ で，綿花はほぼ純粋なこの物質からできている（**図4-7B**）．ヒトはβ1→4結合を加水分解できないが，β1→4結合を加水分解する酵素をもつ動物は ❻❶_____ を栄養にすることができる．❻❷_____ の多糖は**キチン**といい，菌類の細胞壁や甲殻類などの外骨格（殻）に含まれる．

📍 動物細胞の周囲には二糖類が重合した**ヘテロ多糖**がタンパク質と結合した**プロテオグリカン**の層があり，この種のヘテロ多糖を ❻❸_____ という．❻❸_____ を構成する二糖の成分としては，❻❷_____ や **N-アセチルガラクトサミン**，❻❹_____ などが多い．

📍 ❻❸_____ には多くのものがあるが，❻❺_____ は皮膚，関節，硝子体に，**コンドロイチン**は角膜に，❻❻_____ は軟骨に，**ヘパラン硫酸**は腎臓，肝臓，肺に，❻❼_____ （血液凝固阻止作用がある）は肝臓に多いなど，組織特異性を示す（p.40，**図4-8**）．寒天の主成分である**アガロース**は ❻❽_____ と L-アンヒドロガラクトースからなるヘテロ多糖である．

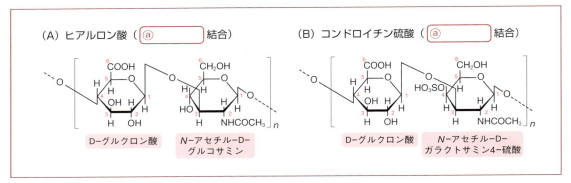

図 4-8 ● おもなグリコサミノグリカンを構成する二糖単位

> **ひとこと　もち米とうるち米**
>
> イネの種子にはもち米とうるち米の 2 種類がある．うるち米をつくるイネはアミロースとアミロペクチンの両方を合成するが，もち米をつくるイネはアミロースを合成できない．これにより，もち米は粘り気のある独特の食感となる．

H　複合糖質

- 多糖やオリゴ糖がタンパク質や脂質と結合したものを ㊻＿＿＿＿，そのなかの糖部分を ㊵＿＿＿＿といい，細胞の認識に関与する．

- すでに述べたヘテロ多糖であるグリコサミノグリカンを ㊵＿＿＿＿にしてコアタンパク質と多数結合したものは ㊶＿＿＿＿＿＿＿という．㊶＿＿＿＿＿＿＿は膜タンパク質や分泌タンパク質中にある．㊵＿＿＿＿が重量の大部分を占め，分厚い ㊶＿＿＿＿＿＿＿層を成し，強固な **細胞外マトリックス** をつくる．

- 多糖ではなく，枝分かれしたオリゴ糖がタンパク質に結合したものは ㊷＿＿＿＿＿＿＿といわれる．タンパク質に対する糖鎖の結合様式により，㊸＿＿＿＿＿＿＿（アスパラギン酸型，血清型ともいう）と ㊹＿＿＿＿＿＿＿（ムチン型ともいう）に分けられる．㊸＿＿＿＿＿＿＿は血清タンパク質，乳腺や肝臓由来の分泌タンパク質にみられ，㊹＿＿＿＿＿＿＿は消化管粘膜から分泌される粘性物質である ㊺＿＿＿＿の構成成分となる．オリゴ糖を ㊵＿＿＿＿にもつ脂質は **糖脂質** といわれる（**第 7 章**，p.74 参照）．

学習確認テスト

問1 以下の文章が正しい（○）か否（×）かを判断しなさい．

A 糖の基本構造

① (　) 糖は10個以上の炭素の鎖をもち，炭素鎖に複数のヒドロキシ基がついているので水によく溶け，甘味を呈する．また，水に溶けてイオン化する電解質である．

② (　) 糖の分類基準の1つは，分子内にカルボニル基をもつことである．

③ (　) 炭水化物とは，糖のうち，ヒトの栄養になるデンプンやショ糖などである．

④ (　) ケトースやアルドースとは，糖がもつ基に基づいて分類される名称で，ケトースにはケトン基が，アルドースにはアルデヒド基が含まれる．

⑤ (　) 単糖の環状構造のうち，六員環はフラノース環，五員環はピラノース環という．

B 糖の異性体

① (　) 糖のD型，L型は，グリセルアルデヒドの不斉炭素にならって決められる．アルデヒド基を上にしたとき，D型では不斉炭素につくヒドロキシ基は左側に位置する．

② (　) エピマーは不斉炭素につくOH，Hの向きが異なる分子で，αとβの区別がある．

③ (　) グルコースの2-エピマーはマンノース，4-エピマーはガラクトースである．

④ (　) アノマー炭素につくOHがそこから最も遠い不斉炭素につく置換基と同じ側にあるものをα，反対側にあるものをβとする．

⑤ (　) アノマー性OHはほかの分子と反応して結合する．その結合様式をエステル結合という．

⑥ (　) ハース式，フィッシャー式，リーベス式とは糖の構造を表す構造式であり，このなかで三次元構造的に描かれるものはハース式である．

⑦ (　) DNA中には塩基とデオキシリボースが結合するグリコシド結合があり，デオキシリボースはリボースの酸化型である．

C 単糖

① (　) 単糖のうち，五炭糖をヘキソース，六炭糖をペントースという．

② (　) 六炭糖のうち，リボース，アラビノース，キシロースは植物に偏って存在する．

③ (　) glu，gal，fruの略語で書かれる糖はいずれも代表的な五炭糖である．

④ (　) こんにゃくの主成分の構成単位はキシロースという単糖である．

D 単糖の誘導体

① (　) グルコサミンなどをアミノ糖といい，アミノ基は糖の4位の炭素に結合している．

② (　) グルコサミンのいずれかの原子にアセチル基がついたものをN-アセチルグルコサミンという．

③ (　) アルドン酸とウロン酸では，アルドン酸が6位の炭素，ウロン酸が1位の炭素がカルボキシ基になっている．

④ (　) 糖アルコールは同じ炭素数の典型的な一価アルコールに比べてヒドロキシ基の数が少ない．

E アルコール

① (　) エタノールは有機溶媒に溶け，グリセロールは中性脂肪の基本骨格となっている．これにより，エタノールやグリセロールなどのアルコール類は脂質に分類される．

② (　) 低級アルコールとは，水溶性の低い，炭素数の多いアルコールのことである．

③ (　) アセトアルデヒドが還元されるとエタノールとなる．

F オリゴ糖

① (　) オリゴ糖とは，単糖が数十個ほど連なった分子である．

② (　) グルコースが$\alpha 1 \to 4$結合で数個連なったオリゴ糖をマルトースという．

③ (　) グルコースとフルクトースが$\alpha 1 \to \beta 2$で結合するスクロースは還元性をもつ．

④ (　) スクロースを加水分解すると甘味が弱くなる．

G 多糖

① (　) 貯蔵多糖はグルコースからなるホモ多糖であるが，構造多糖にはヘテロ多糖もある．

② (　) アミロースの比率が多いデンプンは，糊化した場合，粘り気が弱い．

③ (　) エビカニ類（甲殻類）の殻の成分は骨ではなく糖であり，化学的にはセルロースがタンパク質によって密に接着したものである．

④ (　) 動物細胞の表層には，グルクロン酸やN-アセチルグルコサミンなどからなるグリコサミノグリカンとよばれる多糖がタンパク質と結合した，プロテオグリカン層がある．

⑤ (　) 関節痛に効く健康食品としてヒアルロン酸が利用されているが，この物質は関節に豊富に存在する．

⑥ (　) 血液採取時，容器にグリコサミノグリカンであるヘパラン硫酸を加えることがあるが，これはこの物質が血液凝固阻止作用を発揮するためである．

H 複合糖質

① (　) 糖鎖とは遊離状態のオリゴ糖や多糖の別名で，炭素を含む鎖という意味がある．

② (　)　糖タンパク質とプロテオグリカンの違いは，糖鎖がそれぞれ枝分かれしたオリゴ糖かヘテロ多糖かを基準にする．

③ (　)　血清タンパク質は糖鎖をもつ複合糖質で，糖はO-グリコシド結合によってタンパク質と結合している．

問2　A～Nの説明に該当する用語を1～14のなかから選びなさい．

1　グルコース	2　フルクトース	3　リボース	4　マンノース
5　ガラクトース	6　ソルビトール	7　グルコサミン	8　グルクロン酸
9　マルトース	10　スクロース	11　セルロース	12　アミロース
13　グリコーゲン	14　キチン		

A　グルコースの誘導体の1つで，2位のヒドロキシ基がアミノ基に置換したもの．アミノ基の窒素がさらにアセチル化されたものは多糖の成分としても用いられる．　　　　　　　　(　)

B　グルコースの2-アノマーで，植物，とりわけこんにゃくいもに多量に存在し，その多糖の構成成分となっている．　　　　　　　　(　)

C　二糖類の1つで，植物が根や茎に蓄える甘さの主成分となる糖．α-グルコースとβ-フルクトースによるα1→β2結合という構成のため，還元性は失われている．　　　　　　　　(　)

D　アルドヘキソースで生物にとってエネルギー代謝の基本となる最も重要な単糖．マルトースの構成成分でもある．　　　　　　　　(　)

E　グルシトールともいわれるグルコースの誘導体．1位のカルボニル基が還元されてヒドロキシ基となる．吸収されにくく，また，微生物にも利用されにくいという特徴がある．　　　　　　　　(　)

F　動物がもつ貯蔵多糖で，構造がアミロペクチンに似たグルコース重合体．筋肉や肝臓に豊富に存在する．　　　　　　　　(　)

G　α1→4結合でグルコースどうしが結合した二糖類の1つ．糖化したデンプンに多く，水あめの甘さの主成分である．　　　　　　　　(　)

H　アルドヘキソースの1つで，グルコースのエピマーである．ラクトースの構成単糖の1つでもある．　　　　　　　　(　)

I　動物，とくに甲殻類の殻の成分になっている構造多糖で，N-アセチルグルコサミンが重合したホモ多糖．　　　　　　　　(　)

J　グルコースの誘導体の1つで，6位の炭素がカルボキシル基のかたちになっている．グリコサミノグリカンの1成分にもなる．　　　　　　　　(　)

K　ケトヘキソースの代表的な単糖．果実に多く，スクロースの1成分である．　　　　　　　　(　)

L　グルコースがα1→4で結合した多糖で，植物にある．水中で加熱すると糊状になる．この物質を検出するためにヨウ素を使う検出法がある．　　　　　　　　(　)

M　グルコースがβ1→4で結合した多糖で，植物にある．ヒトはこの結合を加水分解することができず，栄養物質にはならない．　　　　　　　　(　)

N　生物に普遍的なアルドペントースで，その2位の還元型糖はDNAの成分にもなる．　　　　　　　　(　)

糖質の代謝

この章で学ぶこと

▶ 糖の異化（分解代謝）の全体像をとらえ，そのなかで個々の代謝系の位置づけを理解する
▶ 糖の異化の基本である解糖系や，そのバリエーションである発酵を理解する
▶ 解糖系に付随する複数の代謝系の意義と関連する重要な反応や基質がわかる

必須用語

グルコース，解糖系，ピルビン酸，乳酸，グルコース 6-リン酸，ホスホエノールピルビン酸，発酵，アルコール発酵，グリコーゲン，UDP-グルコース，加リン酸分解，クエン酸回路，アセチルCoA，オキサロ酢酸，クエン酸，ミトコンドリア，2-オキソグルタル酸，リンゴ酸，糖新生，コリ回路，ペントースリン酸回路，6-ホスホグルコノラクトン，リボース 5-リン酸，グルクロン酸経路，ガラクトース血症，ラクトース不耐症，糖原病

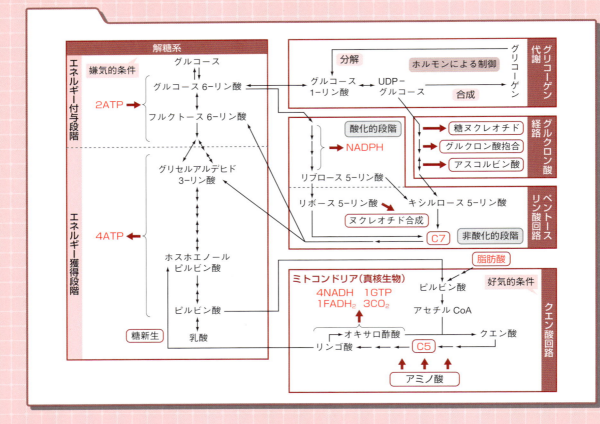

A 解糖系によるグルコースの異化

- 糖代謝に利用される基本の糖は❶_____である．血中の❶_____がホルモンの一種である❷_____の作用で細胞に取り込まれると，まず❸_____〔あるいは，**エムデン‒マイヤーホフ経路（EM経路）**〕という異化経路で代謝（異化）され，**ピルビン酸**あるいは**乳酸**となる．

- グルコースはまずリン酸化されて❹_____となり，異性化されてフルクトース 6‒リン酸，さらにリン酸が結合してフルクトース 1,6‒ビスリン酸となる．ここまでが基質にエネルギーを付与する準備段階で，その後はエネルギー獲得段階となる（p.46，**図5‒1**）．

- 活性化状態になったフルクトース 1,6‒ビスリン酸は解裂して❺_____（GAP）と**ジヒドロキシアセトンリン酸**になるが，両者は互いに変換しうるので，結局，2分子の❺_____ができることになる．

- ❺_____は脱水素反応（NAD^+に水素を渡してNADHができる）を受けて 1,3‒ビスホスホグリセリン酸となり，さらにリン酸基がADPに移されて❻_____が産生され，1,3‒ビスホスホグリセリン酸は 3‒ホスホグリセリン酸となる．なお，このようなATPのでき方を❼_____のリン酸化という（酵素反応に利用される物質という意味で基質という語句を使う．**第6章**，p.62参照）．

- 3‒ホスホグリセリン酸は，2‒ホスホグリセリン酸，❽_____を経たのち，ATPとともにエノールピルビン酸を生じる．エノールピルビン酸は非酵素的に❾_____となる．ここまでが共通の過程であり，酸素がない嫌気的条件では，❾_____はさらに乳酸デヒドロゲナーゼの働きで，NADHから水素を得て❿_____に代謝される．このときできたNAD^+はすでに述べた脱水素反応で使われるので，NAD^+の収支はゼロになる．

- 1分子（以降，1 molと言い換える）のグルコースから 2 molの乳酸ができる過程において，高エネルギー物質のATP（**第6章**，p.61参照）はエネルギーを付与する準備段階では 2 mol消費されるが，エネルギー獲得段階では⓫_____mol産生されるので，正味 2 molの増加となる．この代謝式は，

    $C_6H_{12}O_6$（グルコース）＋ 2⓬_____ ＋ 2P_i（無機リン酸）→ 2$C_3H_6O_3$（乳酸）＋ 2ATP

    となる．

- 以上からわかるように，解糖系は無酸素状態でエネルギーを取り出す経路である．生物が基質を酸化してエネルギーを得る過程を広い意味で⓭_____というが，解糖系は有酸素環境の⓮_____に対して⓯_____という．

5. 糖質の代謝

> **追加情報** 「ジ」と「ビス」,「トリ」と「トリス」
>
> 化合物の命名法において, 2個 (あるいは, 3個) の基が続けて結合する場合の接頭辞はジ di– (トリ tri–) であり, それぞれが別の部位に付加される場合の接頭辞はビス bis– (トリス tris–) である.

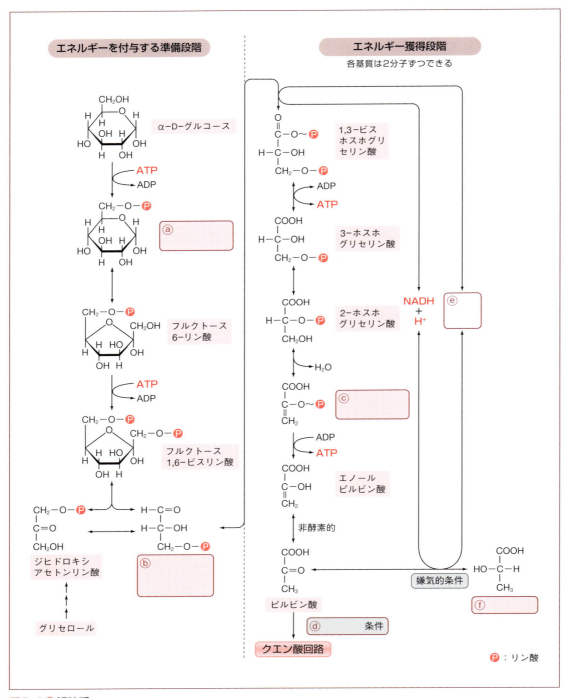

図5-1 解糖系

B 発酵

● 酵母の培養液に炭素源としてグルコースを加えると，アルコールがつくられる❶⓰_____が起こる．微生物が糖を分解してエネルギーを得る過程で，人間に❶⓱_____有機物をつくる代謝を広く❶⓲_____という（図5–2）．多くは嫌気的に進むが，産生される有機物や微生物の種類によっては好気的に進むものもある．

● 乳酸菌を使ってヨーグルトをつくる過程では**乳酸発酵**が起こり，これは❶⓳_____そのものである．❶⓰_____も解糖系の経路をたどるが，ピルビン酸は**アセトアルデヒド**となり，それがさらに❷⓴_____の作用で**エタノール**となる．❶⓰_____している酵母の培養液に酸素を供給すると，ピルビン酸はATP産生効率のよりよいクエン酸回路に入るため❶⓰_____は低下する．これを❷㉑_____という．

● 酢酸菌が行う❷㉒_____では，エタノールはアセトアルデヒドに酸化され，さらに❷㉓_____で酢酸に酸化される（酸化発酵の一種）．ヒトがアルコールを摂取すると基本的に同じ反応が起こるが，酢酸はさらにアセチルCoAに変換されたのち，クエン酸回路で代謝される（**第4章，p.37 参照**）．

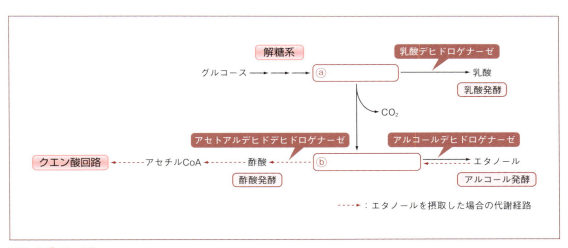

図5-2 ● 発 酵

C グリコーゲンの生成・分解とその調節

● 動物はグルコースに余裕があるとそれを多糖である❷㉔_____として一時貯蔵し，必要に応じて素早く利用する（注：エネルギー源の長期保存は中性脂肪などで行う．植物はデンプンとしても貯蔵する）．

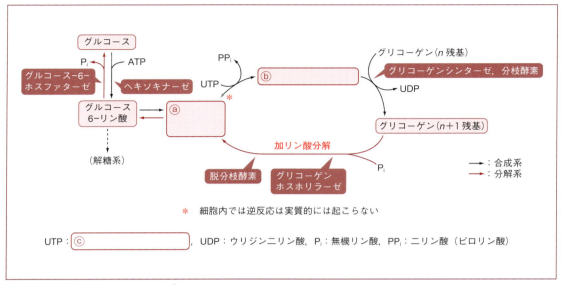

図5-3 ● グリコーゲンの合成系と分解系

📍 ㉔_____の合成では，まず解糖系の基質である㉕_____がグルコース1-リン酸に変換されて，そこにUTP（ウリジン三リン酸）からUDP（ウリジン二リン酸）が付加されてエネルギー状態の高い㉖_____（UDP-glu）ができる．㉖_____はグリコーゲンシンターゼなどの酵素によってグリコーゲンに組み立てられる（図5-3）．

📍 グルコースが必要になると，グリコーゲン合成時とは別の酵素の作用によってグリコーゲンは分解される．まず**グリコーゲンホスホリラーゼ**などの作用で㉗_____という反応が起こることによって，単位グルコースがグルコース1-リン酸となって外れ，それがグルコース6-リン酸に変換されて解糖系に合流する．グリコーゲンは筋肉や肝臓で蓄積されるが，筋肉ではそのまま異化され，肝臓ではグルコースとなったあとで血中に放出される．

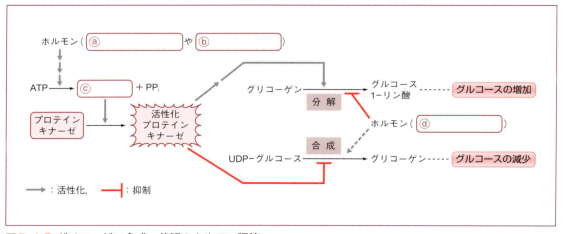

図5-4 ● グリコーゲン合成・分解のホルモン調節

- 空腹などにより，血中グルコース濃度が下がると㉘_____や㉙_____といった血糖量を上げるホルモンが作用し，グリコーゲンからのグルコース産生を促す（**図5-4**）．㉘_____や㉙_____はATPからつくられる㉚_____（環状AMP）の濃度を高め，㉚_____はプロテインキナーゼを活性化する．

- 活性化プロテインキナーゼはリン酸化を介して，グリコーゲン分解に働く㉛_____を活性化するホスホリラーゼキナーゼを活性化する．一方，活性化プロテインキナーゼはUDP-グルコースからグリコーゲンを構築する酵素の1つであるグリコーゲンシンターゼをリン酸化することで不活化するので，グリコーゲン合成は抑えられる．血糖量を下げるホルモンである㉜_____は上記とは逆に，グリコーゲンの合成を高め，分解を抑える．

D クエン酸回路

- 解糖系が働いている細胞が㉝_____存在下にあると，ピルビン酸はCoAとNAD$^+$の存在下で㉞_____に変換され，さらに㉟_____にアセチル基を移すことによって**クエン酸**になり，㊱_____（**クレブス回路**，**TCA回路**ともいう）に入る（p.50，**図5-5**）．

- この代謝系は真核細胞では㊲_____の内部（マトリックス）で行われるので，ピルビン酸は㊲_____に移動する．クエン酸は*cis*-アコニット酸，イソクエン酸となり，NADHと二酸化炭素を産生することによって㊳_____（**α-ケトグルタル酸**）になり，再度NADHと二酸化炭素を産生し，CoAを取り込むことによって㊴_____となる．

- こうして活性化状態になった㊴_____は，GDPと無機リン酸から㊵_____を生じるとともに**コハク酸**となり，続いて，還元型補酵素FADH$_2$を産生して**フマル酸**になる．フマル酸は**リンゴ酸**に変換後，NADHを産生してオキサロ酢酸になり，これがアセチルCoAと出会うことによって再びクエン酸となり，回路が完成する．

- クエン酸回路は細胞のエネルギー状態と負の相関があり，ATPやNADHの多いときには㊶_____され，逆にADPが多いと（相対的にATPが少ないと）㊷_____される．

- クエン酸回路では二酸化炭素を生じるが，これが好気呼吸で放出される二酸化炭素のおもな起源である．したがって，燃焼（炭素と酸素の化合）で生成する二酸化炭素と，呼吸で生成する二酸化炭素では，その意味合いは異なる．

- クエン酸回路では㊸_____molのGTP（あとでATPに変換．ATPとほぼ等価）と㊹_____molのNADH（+H$^+$），そして，㊺_____molのFADH$_2$という還元型補酵素を生成し（注：グルコース1molに換算するとこの2倍となる），還元型補酵素は電子伝達系を介してさらに大量のATPを合成させることができる（**第6章**，p.64 参照）．

📍以上のように，有酸素状態でのATP合成効率は解糖系（グルコース1 molあたり2 mol産生）に比べて格段に高い（実際にはクエン酸回路に入る直前に，さらに2 molのNADHができる）．

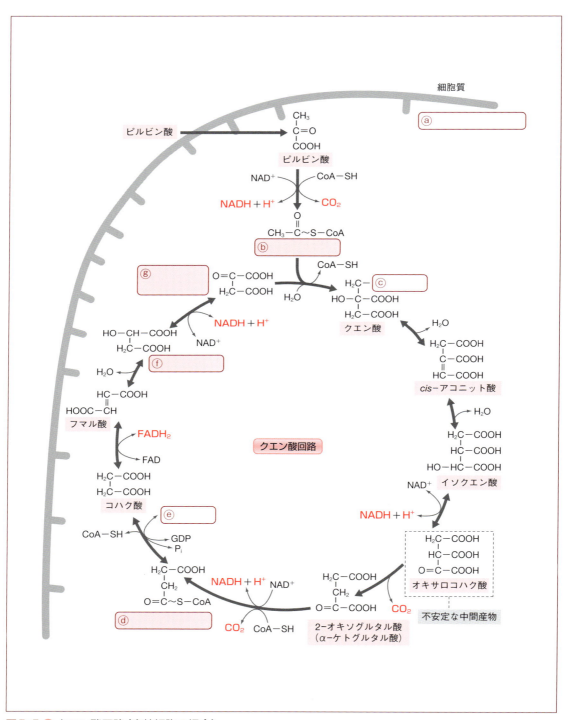

図5-5 ● クエン酸回路（真核細胞の場合）

E グルコースの新生

● 動物には解糖系やクエン酸回路の基質を経由してグルコースを合成する㊻_____という代謝系がある（図5-6）．㊻_____は，大まかには，解糖系をさかのぼってグルコースを合成する反応であるが，逆向き反応のできない酵素もあり，いくつかのバイパス経路が使われる．

● ピルビン酸から㊼_____へ逆流する経路がないため，ピルビン酸はいったんミトコンドリアに入り，㊽_____に変換されたあとでクエン酸回路を1つ上流に戻り㊾_____となる．㊾_____は細胞質に出て，㊽_____となったのちにリン酸化と脱炭酸を受けて㊼_____となり，解糖系に戻る．

● 上記に加えて，フルクトース 1,6-ビスリン酸からフルクトース 6-リン酸，およびグルコース 6-リン酸からグルコースにさかのぼる反応では，順方向の酵素は逆向きの反応ができず，それぞれ別の専用の酵素が使われる．

● ㊻_____は㊿____で活発にみられる．絶食などでグリコーゲンが枯渇し，血中グルコース濃度が低下すると生命維持に重大な影響が出るため，㊻_____経路は必須である．

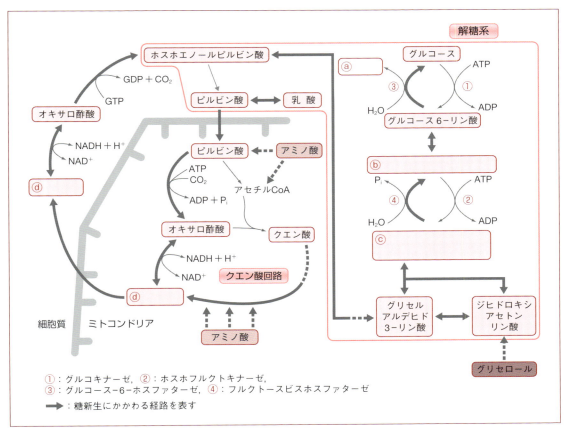

図5-6 ● 糖新生

㊻＿＿＿に使われる基質はおもに3種類ある．1番目は代謝系の基質自身で，解糖系の最終産物の(51)＿＿＿もここに含まれる．(51)＿＿＿は，筋肉から肝臓へ向かう移動・代謝回路である(52)＿＿＿でグルコースに変換・利用される（**解説** 参照）．2番目はタンパク質の構成成分であるアミノ酸で，アミノ基を失ったアミノ酸の糖骨格部分が直接(53)＿＿＿に入る（**第10章**，p.103 参照）．3番目の基質は脂質である(54)＿＿＿で，そのグリセロール部分は解糖系をさかのぼり，脂肪酸部分は(55)＿＿＿になり，(53)＿＿＿を経由して㊻＿＿＿に向かう．つまり，三大(56)＿＿＿はすべてグルコース合成の材料になることができるのである．

> **解説　コリ回路**
>
> 筋肉を長時間急激に動かすと酸素欠乏状態になり，**乳酸**が蓄積する．筋肉中の乳酸は血中に出たあと**肝臓**に入り，そこで**糖新生経路**を利用してグルコースになる．肝臓でできた新生グルコースは血流を介して筋肉に向かい，そこで再び利用される．

F　ペントースリン酸回路

代謝系のなかには，解糖系の基質の1つである(57)＿＿＿を出発物質として，リン酸化された五炭糖（ペントース，C_5）やいくつかのリン酸化単糖を経由して解糖系に入り，あるものは再び(57)＿＿＿に戻るという循環系が存在する．これを(58)＿＿＿という〔ペントースリン酸経路（循環系ではなく，解糖系の側路という見方から），**ホスホグルコン酸経路**などともよばれる．**図5−7**〕．

この回路の最初の段階には，グルコース 6−リン酸から(59)＿＿＿が生じる過程や，そこから一方向的に6−ホスホグルコン酸，そして五炭糖である(60)＿＿＿を生じる過程が含まれる．この段階では，脱水素反応で脂肪酸合成の必須要素である(61)＿＿＿がつくられるため，**酸化的段階**といわれる．

以降の段階は非酸化的段階といわれ，いくつかの反応ではビタミンB_1の活性型である(62)＿＿＿がかかわる．まず，(60)＿＿＿から核酸の単位であるヌクレオチド合成の前駆体である(63)＿＿＿，あるいは(64)＿＿＿が産生される．(64)＿＿＿はさまざまな中間体を生じつつ，セドヘプツロース 7−リン酸（C_7），エリトロース 4−リン酸（C_4）を経て，グリセルアルデヒド 3−リン酸やフルクトース 6−リン酸として解糖系に合流する．この回路は物質合成のための材料をつくる代謝系で，ATPはつくられない．

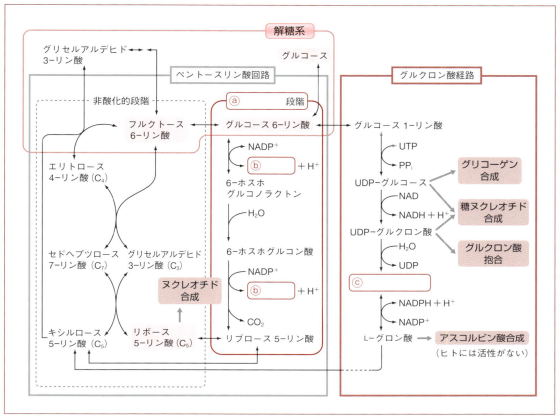

図5-7 ● ペントースリン酸回路とグルクロン酸経路

G グルクロン酸経路

- グルクロン酸経路は，途中までは❻⑤_____と共通で，グルコース 6-リン酸からグルコース 1-リン酸を経てUDP-グルコースがつくられる（図5-7）．UDP-グルコースは❻⑥_____，グルクロン酸，L-グロン酸となる．この経路の重要性は，UDP-グルクロン酸がグリコサミノグリカン合成においてグルクロン酸供与体となることと，❻⑦_____（毒物にグルクロン酸を付加して可溶性を高め，排出を容易にすること）に供されることなどがある．

- いくつかの生物では❻⑧_____から❻⑨_____（ビタミンC）が産生されるが，ヒトにはそのための酵素がないため栄養素として摂取する必要がある．❻⑧_____は，その後，**キシルロース 5-リン酸**となって❼⓪_____に合流する．

> **解説　グルコース以外の単糖の利用**
> フルクトースはフルクトース 1-リン酸となり，ジヒドロキシアセトンリン酸とグリセルアルデヒドとなって解糖系に入る．ガラクトースはガラクトース 1-リン酸，UDP-ガラクトースからUDP-グルコースとなって代謝される．

H 糖代謝にかかわる疾患

- 糖代謝にかかわる先天性代謝異常は，糖代謝酵素の欠損により起こる．㉑＿＿＿＿＿＿は，ガラクトース代謝酵素の欠損により起こる．新生児期に白内障や重度の肝障害などを発生するので，ガラクトースを除いた食事療法が必要である．

- 消化酵素の欠損が原因の疾患としては，㉒＿＿＿＿＿がある．この疾患では，ラクトースが分解できずに大腸に達し，大腸の浸透圧上昇（水分保持）や腸内細菌の活発化などによって下痢を起こす．程度の差はあるが日本人には多い．

- 肝臓や筋肉におけるグリコーゲン代謝にかかわる酵素の欠損により起こる病態を㉓＿＿＿＿＿といい，組織に正常あるいは異常のグリコーゲンが蓄積し，肝肥大，血糖異常，筋肉運動障害などの症状を引き起こす．

- ㉔＿＿＿＿＿に分類される**糖タンパク質代謝異常症**や**酸性ムコ多糖代謝異常症**は，リソソーム内の糖鎖分解酵素に欠損があり，組織にグリコサミノグリカンやその分解物が蓄積し，臓器障害，知能障害，運動障害などが起こる．

学習確認テスト ☑

問1 以下の文章が正しい（○）か否（×）かを判断しなさい．

A 解糖系によるグルコースの異化

① (　) 細胞がエネルギーとする基本の物質は，生物の種類に関係なくグルコースである．

② (　) 細胞に取り込まれたグルコースは，酸素があるとすぐにクエン酸回路で代謝される．

③ (　) 解糖系の前半の反応は，グルコースの1位にリン酸基をつけ，フルクトースに異性化したのち，さらに6位にリン酸基をつけて，活性化状態にする過程である．

④ (　) 解糖系では，1段階の反応で，同時に2分子のグリセルアルデヒド3-リン酸ができる．

⑤ (　) 解糖系では，初期に2分子のATPが使われるが，のちに2分子のATPが産生されるので，エネルギー収支は実質的にはゼロである．

⑥ (　) ヒトの一般の末梢組織の細胞では，解糖系は実質的にはピルビン酸まで進み，その場合，ATPのほか，グルコース1 molあたりNADH 2 molに相当するエネルギーも生み出される．

⑦ (　) 筋肉が嫌気的に運動すると解糖系が働くので，クエン酸が老廃物として蓄積する．

⑧ (　) 解糖系のATP産生基質は3-ホスホグリセリン酸とエノールピルビン酸である．

B 発酵

① (　) 発酵とは微生物が糖などを出発物質とし，そこから有機物をつくり出す機構で，この過程で酸素とエネルギーを消費する．

② (　) アルコール発酵を行っている微生物（酵母）の培養液には空気（酸素）を送る必要はない．

③ (　) ヒトがエタノールを摂取するとアセトアルデヒドを経由してピルビン酸となり，それがミトコンドリアに移動してアセチルCoAとなり，さらに代謝される．

C グリコーゲンの生成・分解とその調節

① (　) 動物はグリコーゲンをエネルギーの長期蓄積物質として利用する．

② (　) グリコーゲン合成は，解糖系の基質の1つであるグルコース1-リン酸からUTPの存在下でUDP-グルコースがつくられる．

③ (　) グリコーゲンからグルコースが分解される経路では，一部，合成時とは異なる経路が使われる．このとき，リン酸基が結合することによってグルコースが1つずつ外される．

④ (　) 筋肉に蓄積されているグリコーゲンからできるグルコースは，自身の組織よりはむしろ血中に入って全身の組織のために使われる．

⑤ (　) グリコーゲンをグルコースにする代謝は，グルカゴンなどの働きで活性化される．

⑥ (　) 血糖上昇に効くホルモンは細胞内でATP濃度を高める作用があり，ATPはプロテインキナーゼを活性化し，それがグリコーゲン合成系代謝を高める．

D クエン酸回路

① (　)　クエン酸回路は生物が有酸素時にATP産生を解糖系以上に効率的に行うための機構で，細胞内ATP濃度が高いときにはより活性化される．

② (　)　クエン酸回路に入る直接の基質はオキサロ酢酸で，これがクエン酸と反応することによってイソクエン酸を生じる．

③ (　)　クエン酸回路では，還元型補酵素としてNADPHが3 mol，$FADH_2$が1 mol生成され，さらに，高エネルギー物質のATPも1 mol生成される．

④ (　)　クエン酸回路では，イソクエン酸やスクシニルCoAの炭素が呼吸で取り込んだ酸素と結合し，二酸化炭素として放出される．

⑤ (　)　クエン酸回路中には基質が活性化される部分があり，それは2－オキソグルタル酸がCoAと反応してスクシニルCoAができる過程である．

⑥ (　)　クエン酸回路はTCA（トリカルボン酸．3個のカルボキシ基の意味）回路，あるいはクレブス回路（クレブスはこの回路を提唱した人物）ともいわれる．

⑦ (　)　グルコース1 molあたり，解糖系では2 molのATPを産生できるが，クエン酸回路でも2 molのGTP（ATPに相当）ができるので，エネルギー産生的には同等である．

E グルコースの新生

① (　)　グルコースの異化産物をもとにグルコースを再構築する糖新生では，解糖系やクエン酸回路のほか，ペントースリン酸回路も利用される．

② (　)　解糖系のなかには，糖新生に利用されないピルビン酸からエノールピルビン酸になるところがあり，細胞はクエン酸回路の一部を使ってこの不備を回避している．

③ (　)　糖新生において，ピルビン酸は解糖系をさかのぼれない．そこで，まずミトコンドリアに入り，アセチルCoAを経由して通常のクエン酸回路を通り，リンゴ酸となってから細胞質に出る．

④ (　)　糖新生に利用される物質は基本的には糖類で，タンパク質や脂質といったほかの栄養素は直接の材料にはならない．

⑤ (　)　筋肉には乳酸を自前で糖新生させて利用する，コリ回路という代謝系がある．

F ペントースリン酸回路

① (　)　ペントースリン酸回路を酸化的ペントースリン酸回路ということがあるが，これはこの回路の前半で基質が酸化されるとともに，NADPに水素を移すからである．

② (　)　ペントースリン酸回路が働かない生物が生存できないのは，この回路が遺伝子の材料であるヌクレオチド合成の前駆体をつくる唯一の代謝系であるためである．

③ (　)　ペントースリン酸回路では，基質にあるリン酸基をもとにしたATP合成反応も起こる．

G グルクロン酸経路

① (　)　グルクロン酸回路は，代謝の途中まではグリコーゲン合成経路と共通である．

② (　)　グルクロン酸は，グルクロン酸抱合を実施するための直接の前駆体となる．

③ (　)　L-グロン酸はアスコルビン酸合成の前駆体となる．ヒトを含む動物にはこの酵素があるが，大部分の植物はこの酵素を欠く．

④ (　)　フルクトースやガラクトースといったグルコース以外の単糖は，細胞に入るとまずグルコースに異性化され，その後はグルコースとして代謝される．

H 糖代謝にかかわる疾患

① (　)　ラクトースを含む動物の乳を飲むと下痢を起こす病態はラクトース不耐症といい，ラクトースの1つの成分であるガラクトースを代謝する酵素に欠損があるために起こる．

② (　)　グリコーゲンの異化や同化の酵素に欠損があり，筋肉や肝臓に正常あるいは異常のグリコーゲンがたまる疾患をグリコーゲン病という．

③ (　)　ヘテロ多糖やグリコサミノグリカンの糖鎖を分解する酵素が欠損すると，糖鎖付加能をもつ細胞小器官であるゴルジ体に糖鎖が蓄積し，疾患の原因となる．

問2 A～Rの説明に該当する用語を1～18のなかから選びなさい．

1 ピルビン酸	2 乳酸	3 クエン酸	4 リンゴ酸
5 オキサロ酢酸	6 グルコース 6-リン酸		7 ホスホエノールピルビン酸
8 リボース 5-リン酸	9 UDP-グルコース		10 パスツール効果
11 糖新生	12 ラクトース不耐症		13 糖原病
14 解糖系	15 クエン酸回路		16 ペントースリン酸回路
17 コリ回路	18 グルクロン酸経路		

A　クエン酸回路の基質の1つ．フマル酸からつくられ，真核細胞では細胞質に出られる．　(　)

B　解糖系やクエン酸回路の基質からグルコースがつくられる現象．血中グルコース濃度を上げる必要のあるときに積極的に働く．　(　)

C　筋肉中の乳酸が肝臓に移り，そこで糖新生を受けてグルコースになり，それが再度筋肉に戻って利用されるという，個体内での循環経路．　(　)

D　有酸素時，解糖系に引き続いて行う糖代謝．GTP，NADH，FADH₂が産生され，副産物として二酸化炭素もできる．　(　)

E　ペントースリン酸回路の基質の1つで，リブロース 5-リン酸からできる．ヌクレオチド合成における糖部分の供給源となる．　(　)

F 牛乳を多量に摂取すると下痢をしてしまうことで知られる疾患．小腸におけるラクトースの消化酵素の欠陥・欠損が原因である． （　　）

G レモンなどに豊富に含まれる有機酸で，炭素数が3の骨格の炭素それぞれにカルボキシ基をもつ．オキサロ酢酸を前駆体とする． （　　）

H グルコースが無酸素的にピルビン酸，あるいはさらに乳酸にまで異化される経路．2 molのATPを産生する． （　　）

I 解糖系の基質の1つで，解糖系では1,3-ビスホスホグリセリン酸とともにATPを生み出すことができる基質であるほか，糖新生の重要な基質でもある． （　　）

J 解糖系の基質の1つ．有酸素時にはクエン酸回路に向かう． （　　）

K 酵母が行っているアルコール発酵において，酸素を供給するとピルビン酸からクエン酸回路に向かうため，発酵が抑えられてしまう現象． （　　）

L 解糖系の基質のグルコース 6-リン酸を出発物質とし，UDP-グルコース，L-グロン酸などを経由し，ペントースリン酸回路の基質であるキシルロース 5-リン酸に至る代謝経路． （　　）

M クエン酸回路の基質の1つ．リンゴ酸を前駆物質とするが，ピルビン酸からつくられる場合もある． （　　）

N グリコーゲン合成，グルクロン酸経路の直接の前駆体であり，グルコース 1-リン酸からつくられる． （　　）

O グルコース 6-リン酸から五炭糖などを経由して再び解糖系に戻る経路．酸化的部分ではNADPHが，非酸化的部分ではリボース 5-リン酸を生じる． （　　）

P 解糖系の最終産物．筋肉を急激に動かすと組織にたまるが，発酵によってもできる． （　　）

Q 正常，異常にかかわらず，グリコーゲンが筋肉や肝臓に異常に蓄積する病態． （　　）

R 解糖系の基質の1つであり，ペントースリン酸経路，グリコーゲン合成，グルクロン酸経路の直接の前駆体でもある． （　　）

生体エネルギーとATP

この章で学ぶこと

▶ 生体エネルギーの理論として，標準酸化還元電位，水素の移動，水素を運搬する補酵素について理解する
▶ ATPが高エネルギー物質であること，およびATPの合成に関する複数の形式について学ぶ
▶ 電子伝達系において還元型補酵素からエネルギーが取り出され，さらにATP合成が起こる機構について学ぶ
▶ 糖の異化から酸化的リン酸化に至る過程におけるATP産生の収支について理解する

必須用語

標準酸化還元電位，プロトン，FAD，NAD^+，ATP，高エネルギー物質，基質レベルのリン酸化，酸化的リン酸化，光リン酸化，ミトコンドリア，電子伝達系，補酵素Q，シトクロムc，グリセロール3-リン酸シャトル，プロトンポンプ，化学浸透説，ATP合成酵素，脱共役

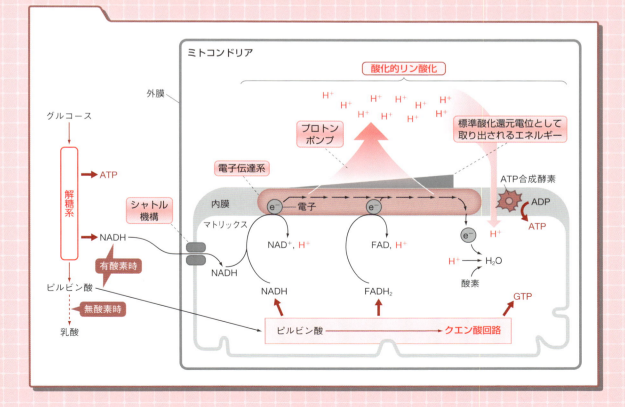

A 生体内における酸化還元反応

- 生物は**呼吸（内呼吸）**によって有機物を酸化し，それによって放出されたエネルギーを利用している．物理化学的には，**酸化**とは電子を❶＿＿＿＿＿＿こと，**還元**とは電子を❷＿＿＿＿＿ことである．酸化と還元は同時に起こり，その間で電子の移動が起こる．

- 電子の移動のしやすさは個々の酸化還元反応によって異なり，ある測定基準において，その程度は❸＿＿＿＿＿＿＿＿＿＿（**標準還元電位**ともいう）で表される．

- 2つの反応の間で電位に差（**電位差**）があると，電池と同じように，仕事に使えるエネルギーを取り出すことができる．基質から放出された電子が自発的に電位のより高い反応に移動すると，電位差の分がエネルギーとして放出される．

- たとえば，水素は電子と水素イオンになって（❹＿＿＿＿＿されて）ほかの物質を還元しやすく，逆に，酸素はほかの反応から放出された電子を引き寄せて❺＿＿＿＿＿されやすい（ほかの反応では物質は酸化される）．グルコースのように❻＿＿＿＿＿＿を多数もつ有機物は還元力の大きな，多量のエネルギーを含む物質といえる．

- 生体での電子の移動形式には，金属間で電子が直接移動する場合（例：$Fe^{2+} \rightarrow Fe^{3+}$ ＋電子）や，分子状❼＿＿＿＿が結合する場合（例：$R-CH_3 + 1/2 O_2 \rightarrow R-CH_2-OH$），あるいは水素2個の移動に伴って2個の水素原子核（水素イオンのこと．❽＿＿＿＿＿＿＿ともいう）と2個の電子がともに別の基質に移動する方式（例：$AH_2 \rightarrow A + 2$ ❽＿＿＿＿＿＿＋2電子）がある．最後の例は，水素を運搬する補酵素の❾＿＿＿＿＿ヌクレオチド（FADやFMN）でもみられる．

- しかし，生体内で圧倒的に多い例は，❿＿＿＿＿＿＿ヌクレオチドを補酵素とする⓫＿＿＿＿＿＿酵素の反応でみられるものである．2個の水素から電子共役用の補酵素であるNAD^+に2個の電子をもつ水素原子［$:H^-$］1個を移動して⓬＿＿＿＿＿と❽＿＿＿＿＿を生成する（**図6-1**）．脱水素反応では水素2個が電子とともに運ばれるため，⓭＿＿＿＿＿＿＿＿は2であると表現する．

- 細胞内では，NAD^+はNADHより⓮＿＿＿＿＿＿＿に存在しており，NAD^+は水素と電子を運ぶ⓯＿＿＿＿＿＿＿過程で使われる．一方，リン酸型ピリジンヌクレオチドは$NADP^+$よりNADPHの方が⓮＿＿＿＿＿＿＿に存在しており，おもに物質還元を介した⓰＿＿＿＿＿＿過程（例：脂肪酸合成）で使われる．

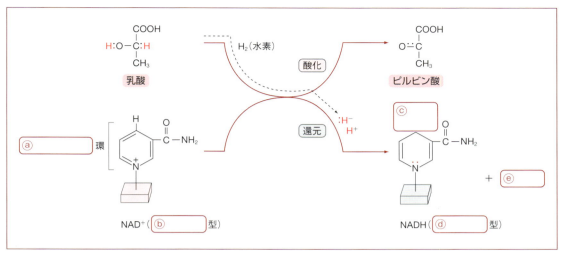

図6-1 補酵素による水素と電子の運搬
NAD$^+$の場合.

B 高エネルギー物質：ATP

📍 生物が合成，輸送といった実際の仕事に使うエネルギー物質は電子そのものではなく，自由エネルギーをもとに合成された❶⃣⃣＿＿＿＿（アデノシン三リン酸）である．仕事をする場合は，❶⃣⃣＿＿＿＿がADPやAMPに加水分解されたときに生じるエネルギーが使われる（図6-2）．

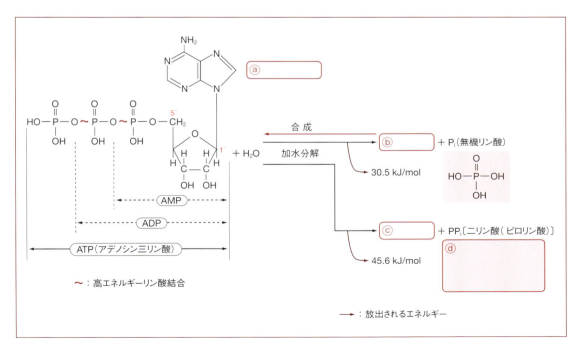

図6-2 ATPの分解と合成

- ATPに加えて，リン酸基をもつ**クレアチンリン酸**や**アセチルCoA**は加水分解で発生するエネルギーが大きく（25 kJ/mol以上），⑱＿＿＿＿＿＿といわれる．ATPは含有エネルギーが大きいだけでなく，加水分解も容易なため，エネルギー授受のための物質に適しており，生体における⑲＿＿＿＿＿＿のように振る舞う．

- ATPの合成方式には3種類ある．1番目は⑳＿＿＿＿＿＿で，解糖系でのATP合成のように，基質にあるリン酸基がADPに移ってATPを生じる．2番目は㉑＿＿＿＿＿＿で，好気呼吸を行う生物が電子伝達系で取り出されたエネルギーをもとにATPを合成する．3番目は㉒＿＿＿＿＿＿で，光合成によりATPを合成する（**発展学習** 参照）．ATPは保存ができないため，その都度つくられる必要がある．

> **●発展学習** 光リン酸化と光合成
>
> 光合成の明反応では，光エネルギーを受けた葉の色素が水を還元して高エネルギーの電子とともに酸素とプロトンを生み出し，高エネルギーの電子は電子伝達系に似たシステムでATPを生み出す．さらに経路を下った電子は，再度，光で活性化され，NADPHが産生される．光合成の暗反応ではこのATPとNADPHを利用して，二酸化炭素から糖が合成される．

C 電子伝達系からATP合成まで：酸化的リン酸化

- 有酸素時，真核生物では㉓＿＿＿＿＿＿のマトリックスでクエン酸回路が働き（図6-3），基質の水素を得た補酵素であるNADHやFADH$_2$が多く産生される（p.50，図5-5 参照）．これらの還元型補酵素は高エネルギーの電子をもち，ミトコンドリアではこの電子をもとにATPが合成される．

① 電子受け渡しのシステム

- はじめに，補酵素が運搬する水素がもつ電子は，標準酸化還元電位のより㉔＿＿＿＿物質に順次移り，電位差の分のエネルギーは段階的に放出される．このシステムを㉕＿＿＿＿＿＿，あるいは㉖＿＿＿＿＿＿という（図6-4）．

- 標準酸化還元電位は，NADHでは−0.322 Vと低く，酸素では0.861 Vと高い．また，中間物質群の標準酸化還元電位は順次高くなるため，電子はNADHから中間物質群を通り酸素に向かう．

- ㉓＿＿＿＿＿＿の㉗＿＿＿には電子伝達系にかかわる因子がまとまって存在する㉘＿＿＿＿＿＿が4種類（㉘＿＿＿＿＿＿Ⅰ〜Ⅳ）埋め込まれており，また，膜内を移動できる電子伝達物質として㉙＿＿＿＿＿＿（CoQ），㉚＿＿＿＿＿＿（cyt.c）がある．

- NADHはプロトン（H$^+$）を2個放出するとともに㉛＿＿＿＿＿＿に電子を2個渡し，その電子は㉙＿＿＿＿＿＿，**複合体Ⅲ**，㉚＿＿＿＿＿＿，**複合体Ⅳ**を経由して酸素に渡る（図6-4）．FADH$_2$

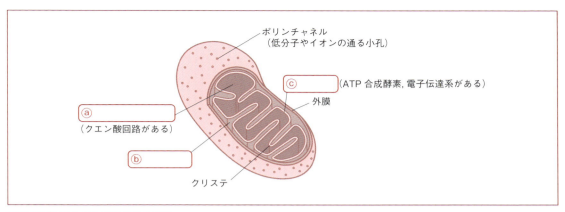

図6-3 ● ミトコンドリアの構造

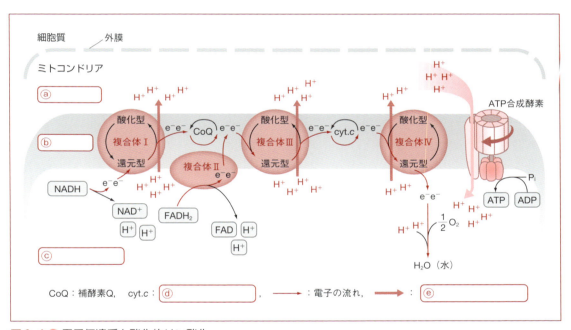

図6-4 ● 電子伝達系と酸化的リン酸化

の場合は，❸②_____に電子を渡し，その後は❷⑨_____を経由して，NADHの場合と同様に酸素に渡る．猛毒の**シアン化カリウム**（**青酸カリ**）はシトクロム c オキシダーゼの機能を阻害して内呼吸を止める．

> **解説　NADHのシャトル機構**
>
> 細胞質のNADHはミトコンドリアの内膜を直接通過できないため，**リンゴ酸-アスパラギン酸シャトル**という機構を使ってマトリックスに入る．脳や筋肉の場合は**グリセロール 3-リン酸シャトル**という別の機構が使われる．この場合，水素は最終的にFADに渡るが，電子は電子伝達系の途中から入るため，4個分のプロトン産生（ATP産生の1個分）が減る．

2 プロトンの汲み上げ

- 複合体Ⅰ，複合体Ⅲ，複合体Ⅳには，プロトンをマトリックスから内膜と外膜の空間（㉝_____，あるいは膜間部）に運搬する㉞_____があり，複合体で生じる電位差に相当するエネルギーで，複合体あたりプロトンが2個あるいは4個汲み出され，㉝_____の電位は上がる（pHは下がる）．汲み出されるプロトンの数は，2電子あたりNADHでは㉟____個，FADH$_2$では㊱____個である．

3 プロトン勾配をもとにATP合成が起こる

- すでに述べた機構により，㉝_____には㊲_____が濃縮され，濃度勾配と電位差勾配によるエネルギーが蓄積された状態になる．この状態から㊲_____がマトリックスに逆流するときのエネルギーがATP合成に利用されるという理論を㊳_____という．

- 実際には，㊴_____（F型ATPアーゼに含まれる酵素．ATP加水分解にも同じ酵素が用いられる）がプロトンの動きで力学的に駆動させられ（活性化され），ADPとリン酸からATPが合成される．このような電子伝達系におけるADPリン酸化によるATP合成を，㊵_____という（p.63，図6-4）．ミトコンドリアをもたない細菌では，細胞膜とその外側にある細胞壁との間の空間が膜間腔のように利用される．

- ATP合成に必要なエネルギーとプロトンの電気化学的ポテンシャルの計算から，ATP合成には少なくとも3個のプロトン勾配が必要であるが，実質的には少なくとも㊶____個のプロトン勾配が必要となる（以下の**解説**参照）．

> **解説　対向輸送に要するエネルギー**
>
> ATPの細胞質への排出とADPの取り込みは，**ATP－ADP交換体**で共役して行われる（**対向輸送**）．これは濃度に逆らう輸送のため，プロトン1個分の濃度勾配エネルギーが必要となる．

4 最後に水ができる

- マトリックスでは，電子は最終的に㊷_____に到達するが，そこにマトリックスに戻ったプロトンが結合することにより㊸_____を生成する．㊷_____がないと電子の行き場がなくなり，電子伝達系は停止してしまう．これが，生物が㊷_____を必要とする理由である．

D 糖代謝におけるエネルギー収支

- 酸化的リン酸化において，プロトン4個の濃度勾配が1ATPの合成に相当するので，1 molのNADHからは2.5 mol，1 molのFADH$_2$からは1.5 molのATPが合成される．グルコース1 molから解糖系を経てクエン酸回路，酸化的リン酸化が行われる場合，解糖系では2 molのATPと2 molのNADH，すなわち，都合㊹____molのATPが産生される．それ以降のクエ

表6-1 ● グルコース1 molあたりのATP産生量

	産生量			生じる プロトン勾配	ATP当量
	解糖系	ピルビン酸の酸化〜クエン酸回路	計		
ATP	2mol	2×1mol (GTP)	4mol	—	4mol
NADH	2mol	2×4mol	10mol	100*¹	ⓐ　　mol
FADH₂	—	2×1mol	2mol	12*²	ⓑ　　mol
				合計	32mol*³

*1　1molあたりの生成されるプロトン勾配は10.
*2　1molあたりの生成されるプロトン勾配は6.
*3　これは通常の細胞や原核生物の場合であり，脳や筋肉の場合はⓒ　　mol．

ン酸回路の過程では，2×〔1 molの㊺_____（ATPと同等），1 molの㊻_____，4 molの
㊼_____〕，すなわち，都合㊽____molのATPが産生され，すべてあわせると32 molのATP*
となる（**表6-1**）．

📍この値は解糖系だけの場合に比べて格段に高く，グルコースの化学エネルギーの約36％がATP合成に使われることになる．なお，㊾_____を使う脳や筋肉では㊿____ATPと少なくなる．プロトン勾配がATP合成に使われずに解消される現象は51_____といい，その分のエネルギーは52_____に変わる．

---

*　FADH₂からは2 mol，NADHからは3 molのATPが生じ，都合38 molのATPが産生されると書かれている教科書もある．

学習確認テスト

問1 以下の文章が正しい（○）か否（×）かを判断しなさい．

A 生体内における酸化還元反応

① (　) 酸化還元反応では，電子は標準酸化還元電位の高い方から低い方へ移動する．
② (　) 一定分子量の有機物では，酸素の多い物質ほど取り出せるエネルギーも大きい．
③ (　) 1回の脱水素反応では，水素は2個まとめて移動するが，電子は1個である．
④ (　) NAD^+ が水素を得て還元されると $NADH_2$ となる．
⑤ (　) 水素を運ぶ補酵素のFMNやFADは，フラビンを含むヌクレオチドをもつ．
⑥ (　) 水素運搬用の補酵素である $NADP^+$/NADPHは，細胞内では酸化型の $NADP^+$ が圧倒的に多い．

B 高エネルギー物質：ATP

① (　) リン酸結合は大きなエネルギーをもつので，リン酸基をもつ物質は基本的に高エネルギー物質に分類される．
② (　) ATPは代表的な高エネルギー物質であり，そこに結合しているリン酸基はエネルギーレベルが大きく（強固に結合しているため），簡単には加水分解されない．
③ (　) ヒトのATP合成の主要機構は基質レベルのリン酸化である．
④ (　) エネルギー通貨といわれるATPは蓄積が可能である．

C 電子伝達系からATP合成まで：酸化的リン酸化

① (　) 電子伝達系（呼吸鎖）に関する因子は，ミトコンドリアのマトリックスに懸濁した状態で存在し，原核生物では細胞膜と隣接する細胞壁との間隙部に存在する．
② (　) 還元型補酵素から出たプロトンは，さまざまな物質と結合と離脱を繰り返しながら移動し，その過程で反応エネルギーを生み出す．
③ (　) 電子伝達系で，電子は酸素があるときは最後に酸素に渡されるが，酸素のない場合は適当な有機物に渡され，発酵に似た現象が起こる．
④ (　) 電子伝達系にかかわる因子はミトコンドリアの内膜に存在しており，関連するいくつかの酵素複合体は膜内を自由に移動する．
⑤ (　) 電子伝達系の複合体Ⅰ～Ⅳにはプロトンを膜間腔に運搬するポンプ機能がある．

⑥（　） シトクロムcは複合体Ⅰ（複合体Ⅱ）と複合体Ⅲの連結部にあり，複合体Ⅲへ電子を運ぶ．

⑦（　） NADHがミトコンドリアのマトリックスに入るときはポンプを使って能動輸送される．

⑧（　） 脳や筋肉ではNADHをミトコンドリアのマトリックスへ運ぶ特別なシャトル機構があるが，電子は電子伝達系の複合体Ⅰに渡されるため，生じるプロトン数は変わらない．

⑨（　） 電子伝達系で1 molのNADHから汲み出されるプロトンは10 mol，$FADH_2$から汲み出されるプロトンは6 molである．

D 糖代謝におけるエネルギー収支

①（　） ミトコンドリア内で起こるピルビン酸からクエン酸回路に至る過程では，その後の酸化的リン酸化も含め，基本的にグルコース1 molあたり計32 molのATPが産生される．

②（　） 細胞がもつ熱は，ATPがかかわる代謝反応で発生する反応熱である．

問2　A～Nの説明に該当する用語を1～14のなかから選びなさい．

1 標準酸化還元電位	2 電子伝達系	3 酸化的リン酸化	
4 プロトンポンプ	5 高エネルギー物質	6 ATP合成酵素	7 NADH
8 $FADH_2$	9 マトリックス	10 膜間腔	11 脱水素酵素
12 内膜	13 脱共役	14 基質レベルのリン酸化	

A ATP合成の1つの機構．還元型補酵素の水素が電子伝達系を経由することで取り出されたエネルギーを利用する．　　　　　　　　　　　　　　　　　　　　　　　　　　　　　　　　（　）

B ミトコンドリアにある区画の名称．電子伝達系の複合体が組み込まれ，さらに自由に移動できるシトクロムcや補酵素Qも存在する．還元型補酵素（実際には，そのなかの水素）を取り込むシャトル機構も存在する．　　　　　　　　　　　　　　　　　　　　　　　　　　　　　　　　　（　）

C 真核生物では内膜に組み込まれて存在する．F型ATPアーゼに属する複雑な構造をもつ酵素で，プロトンの濃度・電位差によって活性が発揮される．　　　　　　　　　　　　　　　　　　　（　）

D プロトンが濃度勾配を解消するために移動するとき，ATP合成などの仕事をしないでそのまま移動する現象．熱が生じる．　　　　　　　　　　　　　　　　　　　　　　　　　　　　　　　　（　）

E 補酵素から放出された水素イオンをミトコンドリアのマトリックスから膜間腔に移動させる仕組み．複合体Ⅰ，複合体Ⅲ，複合体Ⅳがもつ活性．　　　　　　　　　　　　　　　　　　　（　）

F 水素運搬用の還元型補酵素の1つで，フラビンヌクレオチドを含む．酸化型が2個の電子と2個のプロトンを同時に受け取ることで生成する．　　　　　　　　　　　　　　　　　　　　　（　）

G ミトコンドリアにある区画の名称．外膜の内側にある狭い空間．電子伝達系における複合体の作用によってマトリックスに比べてプロトンが多く，酸性に傾いている．　　　　　　　　　　　（　）

H 還元型補酵素中の水素が運ぶ電子からエネルギーを取り出す機構．　　　　　　　　　　（　）

I ATP合成の1つの機構. ある基質のリン酸基がADPに移ってATPができる. （　）

J ミトコンドリアにある区画の名称. クエン酸回路が存在し, 水を生成する. （　）

K 電子の移動を伴う反応において, ある反応を基準とした場合の測定される電位. 各反応間で電子がどの方向に移動しやすいかの指標となる. （　）

L 生体における酸化還元酵素の中心をなし, デヒドロゲナーゼともいわれる. 反応には水素運搬用補酵素を必要とし, 水素は2個まとめて移動する. （　）

M 水素運搬用の還元型補酵素の1つで, ピリミジンヌクレオチドを含む. 酸化型が2個の電子をもつ1個の水素 [:H$^-$] を受け取って生成し, 同時にプロトンも生じる. （　）

N 加水分解で25 kJ/mol以上のエネルギーを放出できる物質で, リン酸基を有する. （　）

7 脂質

この章で学ぶこと

- ▶ 脂質の基本となる物質を何といい，その基本的な構造がどのようなものかを知る
- ▶ 肥満になると増える中性脂肪とはどのような化学骨格をもつ物質かを理解する
- ▶ リン脂質や糖脂質とはどのようなものであり，生体内でどのような働きをしているのかを知る
- ▶ ステロイドの基本構造を知り，また，その働きはどう大別できるのかを理解する
- ▶ 中性脂肪やコレステロールなどはどのような状態で体液中に存在するのかを理解する

必須用語

脂質，脂肪酸，中性脂肪，エステル結合，コレステロール，カルボン酸，グリセロール，アシル基，必須脂肪酸，エイコサノイド，トリグリセリド，リン脂質，レシチン，糖脂質，ステロイド，胆汁酸，プロビタミンD_2，ステロイドホルモン，テルペノイド，ビタミンA，リポタンパク質，アポタンパク質，LDL，HDL

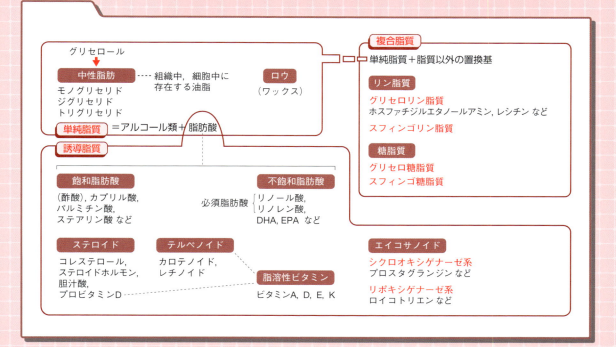

A 脂質とは

クロロホルム，エーテル，ベンゼンといった❶_____によく溶け（すなわち，**脂溶性**であり），水には溶けにくい性質の生体物質を総称して❷____という（一般には**油脂**という）．

❷____は大きく3種類に大別される．第1は❸_____であり，脂肪酸とアルコール類が結合したもので，**中性脂肪**や**ロウ**（ワックス）が含まれる．なお，酸のカルボキシ基（-COOH）とアルコールなどのヒドロキシ基（-OH）が結合してできた化合物を，一般に❹_____，その結合様式を❺_____という（**第1章**，p.7参照）．第2は❻_____であり，❸_____にリン酸や糖などが結合した構造をもつ．第3は❼_____であり，すでに述べた2種類の脂質の加水分解で生じるもののうち，脂溶性を示す脂肪酸，コレステロール，脂溶性ビタミンなどがある．

脂質の働きは多様であり，糖と同じようにエネルギー代謝系に入るため❽_____源となるほか，生体膜成分，組織保護，消化促進，脂質の運搬，生体機能調節，ホルモンなどにも使われる（**図7-1**）．中性脂肪は動植物の特定組織中で，❽_____源となる貯蔵物質として多くみられる．

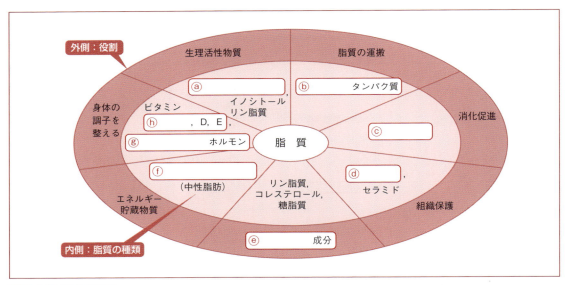

図7-1 ● 脂質の役割

B 脂肪酸とその分類法

脂肪酸（広い意味ではカルボン酸）は脂質の基本となる物質で，多くの種類がある．炭素が直鎖状に連なった構造をもち，末端に酸の性質を示す❾_____をもつ（**図7-2**）．脂肪酸に使われるような炭素骨格をもつ化合物は，分岐あるいは環状構造をとったとしても❿____族化

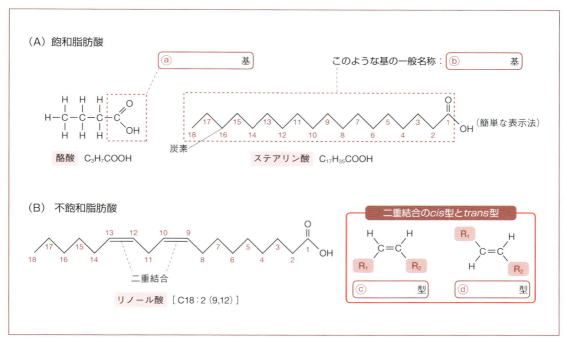

図7-2 ● 脂肪酸の構造

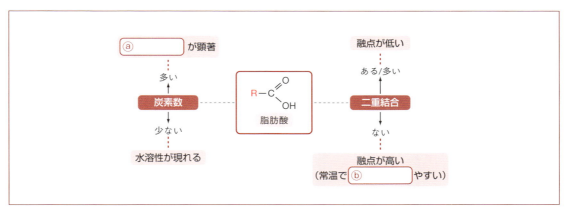

図7-3 ● 脂肪酸の炭素数の違いによる性質

合物という（**芳香族化合物**の対義語）．脂肪酸はそのままのかたちでは生体内で安定に存在できず，⓫＿＿＿＿＿＿とエステル結合して存在する．

📍 脂肪酸には炭素数による区分があり，一般に，炭素数が6以下のものを**短鎖脂肪酸**，12（あるいは14）以上のものを**長鎖脂肪酸**，その中間にあるものを⓬＿＿＿＿＿＿という．短鎖脂肪酸は水にも溶けるが，炭素数が多くなるほど水には溶けにくくなる（図7-3）．また，長鎖脂肪酸の炭素数は偶数である〔例：炭素数16のパルミチン酸，炭素数18のオレイン酸，炭素数22のドコサヘキサエン酸（**DHA**）〕．

● 脂肪酸は炭素どうしの結合に⑬_____を含まない**飽和脂肪酸**と, ⑬_____を含む**不飽和脂肪酸**に分けられる(p.71, 図7-2). 飽和脂肪酸で生理的に大事なものは, 炭素数16の⑭_____と炭素数18の⑮_____である. また, ⑬_____で結合するそれぞれの炭素から伸びる炭素が同じ向きの場合を*cis*型, 異なる場合を*trans*型という. 天然の脂肪酸はほとんどが*cis*型で, ⑯_____型は, 健康上, 好ましくないとされている.

● 不飽和脂肪酸は長鎖脂肪酸にみられ, そのなかで主要かつ生理的に重要なものは, 炭素数18で二重結合を2個もつ⑰_____である. 青魚に多く含まれ, 健康面でよいと注目される⑱_____(EPA), ⑲_____(DHA)は, それぞれ炭素数20, 22の長鎖不飽和脂肪酸である. 不飽和脂肪酸は同じ炭素数の飽和脂肪酸に比べて融点が低く, 低温でも固まりにくい(p.71, 図7-3). 二重結合を2個以上もつものを**多価不飽和脂肪酸**という.

● 不飽和脂肪酸の分類において, 最初の二重結合がカルボキシ基の反対側から何番目の炭素にあるかを表したものを*n*系列という(p.86, 図8-7参照). 3番目(⑳___番目の炭素と㉑___番目の炭素の間)に二重結合があるものは㉒_____(例: α-リノレン酸, ドコサヘキサエン酸), 6番目にあるものは***n*-6系列**(例: γ-リノレン酸, アラキドン酸), 9番目にあるものは***n*-9系列**(例: オレイン酸)という.

● 不飽和脂肪酸のうち, ㉓_____とα-㉔_____は, ヒトの体内ではまったく合成することができないが, 必須であるので, 真の意味の㉕_____である. *n*-3系列の⑱_____, ⑲_____, *n*-6系列のγ-リノレン酸, アラキドン酸もその合成活性が微弱なため, ㉕_____に加える場合がある.

C エイコサノイド

● 炭素数20の不飽和脂肪酸の一種である㉖_____の誘導体を**エイコサノイド**という. いずれも特徴的な生理活性をもち, **シクロオキシゲナーゼ系**と**リポキシゲナーゼ系**の2種類に大別される.

● シクロオキシゲナーゼ系には㉗_____(PG)類(例: PGE_2)と㉘_____(TX)類(例: TXB_2)が含まれる. ㉗_____類は子宮収縮・弛緩, 血管収縮・拡張など, ㉘_____類は血小板凝集などの活性を発揮する. リポキシゲナーゼ系には㉙_____(LT)類(例: LTA_4)が含まれ, ㉙_____には白血球を集める作用がある.

D 中性脂肪

● 単純脂質のなかで, ㉚_____(別名: **グリセリン**)に脂肪酸が㉛_____結合した物質は電気的に中性であるので, ㉜_____という. 脂肪酸はカルボキシ基(−COOH)を介し

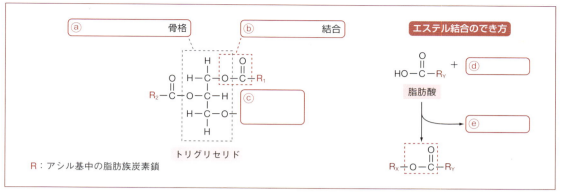

図7-4 ● トリグリセリド

て❸⓪_____のヒドロキシ基（-OH）と結合している．❸⓪_____と結合している-C（=O）-Rの部分を❸❸_____基という（p.71，**図7-2A**）．

📍脂肪酸は❸⓪_____に最大で3個結合することができ，❸❸_____基の数が1個のものを**モノグリセリド**，2個のものを**ジグリセリド**，3個のものを❸❹_____（**TG**．あるいは，**トリアシルグリセロール**）という．❸❹_____は❸②_____の中心をなす（**図7-4**）．

📍❸❹_____中に結合している脂肪酸がすべて同じであることはまれで，**パルミチン酸**，**ステアリン酸**，**オレイン酸**，**リノール酸**などが多様な組み合わせで結合する．食事で摂取する脂質の大部分は❸②_____であり，脂質消化酵素の❸❺_____は❸⓪_____と結合している❸❸_____基の間の❸①_____結合を加水分解する．高級アルコールと高級脂肪酸（高級とは，炭素数が多いことを意味する）のエステルは❸❻_____とよばれ，化学的に安定で，常温で固体である．

E リン脂質

📍❸❼_____脂質のうち，リン酸をもつものを**リン脂質**といい，いずれもグリセロール骨格がある．グリセロール骨格にアシル基を2個とリン酸基を1個もつ**ホスファチジン酸**を共通構造とするものを**グリセロリン脂質**といい（p.74，**図7-5**），リン酸に結合する置換基の種類により，**ホスファチジルコリン**（別名：❸❽_____），**ホスファチジルエタノールアミン**，**ホスファチジルセリン**などがある．これらのリン脂質は**生体膜**の主要な成分である．

📍リン酸とそれに結合する置換基部分は極性部分で水溶性を示し，残りの部分は脂溶性を示す非極性部分である（p.74，**図7-6**）．このため，リン脂質は非極性部分を内側に向き合って二重に重なる❸❾_____という構造をとる．**ホスファチジルイノシトール**は細胞質内部にあり，細胞内シグナル伝達にかかわる．別のリン脂質である**カルジオリピン**はミトコンドリアに，**プラスマローゲン類**は神経組織や心臓，筋肉に多い．

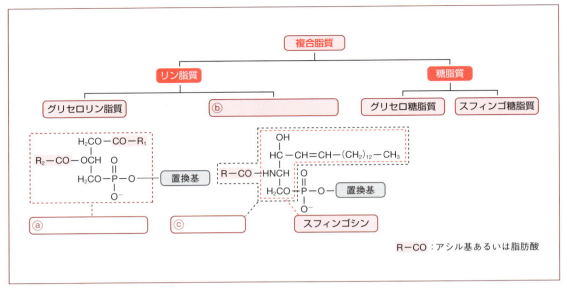

図7-5 ● 複合脂質

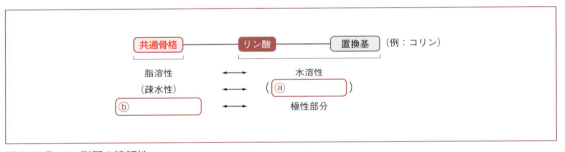

図7-6 ● リン脂質の溶解性

スフィンゴシンに脂肪酸がエステル結合した❹⓪_____（皮膚の角質層にあり，表皮の保湿成分として働く）を基本構造とし，ここにリン酸と置換基をもつものを**スフィンゴリン脂質**という（図7-5）．このなかには神経組織に多い❹①_____も含まれる．

F 糖脂質

グリセロリン脂質やスフィンゴリン脂質のリン酸基と置換基の代わりに糖をもつものを総称して❹②_____といい，**グリセロ糖脂質**と**スフィンゴ糖脂質**がある（図7-5）．このうち❹③_____は動物に多いが，❹④_____は細菌や植物に多くみられ，いずれも細胞膜の成分となっている．スフィンゴ糖脂質としては，**セレブロシド，グロボシド，ヘマトシド，ガングリオシド**などが知られている．このうち❹⑤_____は免疫やシグナル伝達にかかわり，また，インフルエンザウイルスの受容体にもなる．

G ステロイド

4個の環状構造であるステロイド核をもつ物質を㊻＿＿＿＿といい，多くは㊼＿＿＿位に**脂肪族**の置換基をもち，機能面から以下のように分類される．

3位にヒドロキシ基，17位に側鎖をもつものは**ステロール類**という（**図7-7**）．動物に多いものとしては㊽＿＿＿＿があり，㊽＿＿＿＿は細胞膜においてリン脂質に次いで多い脂質で，膜の安定化や弾力化，組織の柔軟性維持に必要である．動物では肝臓で合成され，ほかのステロイド合成のもとになる．㊾＿＿＿＿はヒトではビタミンD_2のもととなる．

肝臓でつくられ，胆嚢（のう）で濃縮・蓄積され，胆汁として分泌されるステロイドに**胆汁酸**がある．最初にできる**コール酸**やケノデオキシコール酸を㊿＿＿＿＿といい，腸に分泌されたあとで作用を発揮する**デオキシコール酸**やリトコール酸を(51)＿＿＿＿という．

胆汁酸は脂溶性と水溶性の両方の性質をもつが，このような物質を一般に(52)＿＿＿＿といい，脂質を水に細かく分散（**乳化**という）させる．胆汁酸が脂質消化酵素の作用を助けるのはこのような理由による．きのこ類に多い(53)＿＿＿＿と動物に多いプロビタミンD_3は，それぞれビタミンD_2，ビタミンD_3の前駆体であり，(54)＿＿＿＿で成熟型に変換される．

(55)＿＿＿＿は，**副腎皮質ホルモン**と性徴にかかわる**性ホルモン**に大別される．副腎皮質ホルモンは糖代謝にかかわる(56)＿＿＿＿（**糖質コルチコイド**．例：コルチゾール）と(57)＿＿＿＿（**鉱質コルチコイド**）に分類される．**アルドステロン**は代表的な(57)＿＿＿＿である．性ホルモンのうち，テストステロンやアンドロエストラジオールは**男性ホルモン**（別名：(58)＿＿＿＿）であり，エストロンやエストラジオールなどは**女性ホルモン**（別名：(59)＿＿＿＿）である．

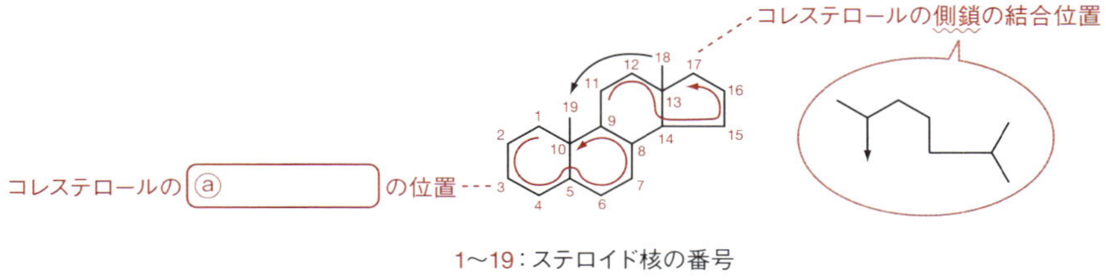

図7-7 ステロイド核（骨格）とコレステロール

H テルペノイド

- $CH_2=C(-CH_3)-CH=CH_2$ という構造をもつイソプレンが複数結合した物質を❻＿＿＿＿＿といい，植物の香り成分（例：バラの香り，柑橘系の香り）になるものが多い．**カロテノイド**はニンジンやトマトなど植物の赤い色素成分で，リコピンやカロテンなどがある．

- ヒトの生理機能において重要なものは❻❶＿＿＿＿＿で，栄養素として摂取されたあと体内で**レチノール**となり❻❷＿＿＿＿＿として働く．レチノールは，レチナール，レチノイン酸に変換され，より強い活性を獲得し，それらはまとめて❻❸＿＿＿＿＿という．❻❹＿＿＿＿＿や❻❺＿＿＿＿＿といった**脂溶性ビタミン**も❻＿＿＿＿＿である．

I ヒト体内での脂質の存在形：リポタンパク質

- 脂質が体液中で安定に存在するには，水溶性を付与するタンパク質と結合したかたちが必要であり，**遊離脂肪酸**はタンパク質の一種である❻❻＿＿＿＿＿と結合している．トリグリセリドやコレステロール，リン脂質は，血中ではタンパク質と結合した顆粒状で存在し，この様態を❻❼＿＿＿＿＿，そのタンパク質部分を❻❽＿＿＿＿＿（あるいは，アポリポタンパク質）という．

- 粒子はトリグリセリドとコレステロールの周囲を親水基が外側に向いたリン脂質が囲み，そこにタンパク質が埋め込まれている．❻❼＿＿＿＿＿は密度の小さい順（タンパク質含有率の少ない順）に，キロミクロン，VLDL（超低密度リポタンパク質），❻❾＿＿＿＿＿（低密度リポタンパク質），❼⓪＿＿＿＿＿（高密度リポタンパク質）といい，それぞれは異なる役割をもっている（**図7-8**．**第8章**，p.89 参照）．

図7-8 ● リポタンパク質の分類

学習確認テスト ☑

問1 以下の文章が正しい（○）か否（×）かを判断しなさい．

A 脂質とは

① (　) 脂質は水によく溶け，クロロホルムやエーテルにはわずかに溶ける．
② (　) 脂質は単純脂質，複合脂質，結合脂質の3つに大別される．
③ (　) 脂質も糖と同様に，エネルギー物質として組織に貯蔵される．

B 脂肪酸とその分類法

① (　) 脂肪酸が酸であるのは，分子の末端にリン酸や硫酸基があるためである．
② (　) 健康面で注目されているドコサヘキサエン酸（DHA）やエイコサペンタエン酸（EPA）は中鎖脂肪酸で，体脂肪がつきにくいといわれている．
③ (　) *trans*型の脂肪酸は健康に悪いとされている．
④ (　) 脂肪酸は動植物の特定の組織に豊富に貯蔵されており，オリーブの実や牛脂をしぼると大量の脂肪酸がしみ出る．
⑤ (　) 飽和脂肪酸とは，炭素間の結合がすべて単結合の脂肪酸である．
⑥ (　) アラキドン酸，リノール酸，ステアリン酸は必須脂肪酸の仲間である．
⑦ (　) 天ぷら油が冷蔵庫で固まりやすいのは不飽和脂肪酸が多いためである．
⑧ (　) $n-3$脂肪酸，$n-6$脂肪酸，$n-9$脂肪酸の例はそれぞれ，エイコサペンタエン酸，アラキドン酸，オレイン酸である．
⑨ (　) 多価不飽和脂肪酸とはカルボキシ基を2個以上含む不飽和脂肪酸である．

C エイコサノイド

① (　) エイコサノイドとはパルミチン酸の誘導体脂質の一般名で，種々の生理活性物質が含まれる．
② (　) エイコサノイドのなかでも，プロスタグランジンはシクロオキシゲナーゼ系，ロイコトリエンはリポキシゲナーゼ系に区分される．

D 中性脂肪

① (　) 電気的に中性の脂肪酸にグリセロールが結合したものを中性脂肪という．

② ( )　中性脂肪のグリセロール骨格に結合する基をアシル基という．

③ ( )　トリグリセリドはアシル基を1個もつグリセリンで，中性脂肪の主要なものである．

④ ( )　中性脂肪中のアシル基を切断する消化酵素はアミラーゼである．

⑤ ( )　低級アルコールと低級脂肪酸のエステルをロウという．

E　リン脂質

① ( )　複合脂質はリン脂質と糖脂質に大別される．

② ( )　細胞膜成分のホスファチジルエタノールアミンやレシチンの分子の一部は親水性を示し，親水基を内側にして二重膜構造をとる．

③ ( )　リン脂質のリン酸部分はいわゆる極性部位である．

④ ( )　皮膚を保護するリン脂質の1つにスフィンゴミエリンがある．

F　糖脂質

① ( )　糖脂質にはグリセロ糖脂質とスフィンゴ糖脂質があり，ヒトに多いのはグリセロ糖脂質である．

② ( )　ガングリオシドは免疫などにかかわるスフィンゴ糖脂質である．

G　ステロイド

① ( )　ステロイド核の15位に脂肪族の置換基をもつ物質をステロイドという．

② ( )　コレステロールは3位がヒドロキシ基のステロールの一種で，動物に豊富にみられる．細胞膜中のコレステロールは細胞膜の強度（硬さ）の維持に寄与する．

③ ( )　一次胆汁酸にはコール酸などが含まれ，これが腸内でデオキシコール酸などの二次胆汁酸に変換される．

④ ( )　腸管中の胆汁酸は部分的に水溶性の性質をもち，界面活性剤として脂質分散という作用を発揮して消化を助ける．

⑤ ( )　エルゴステロールは植物に豊富に存在するビタミンD_2の前駆体で，食物として摂取したのち，紫外線によって成熟型ビタミンD_2となる．

⑥ ( )　副腎皮質ホルモンのうち，アルドステロンはミネラルの調節に，コルチゾールは糖代謝にかかわる．

⑦ ( )　テストステロンとエストラジオールはそれぞれ代表的な女性ホルモンおよび男性ホルモンである．

⑧ ( )　動物体内のステロイド合成のもとになるものはコレステロールであるが，生合成はされず，存在するのはもっぱら食物から摂取されたものである．

H テルペノイド

① (　) テルペノイドは複数のステロイドが結合した構造をしている．

② (　) 脂溶性ビタミンのビタミンEやビタミンKはレチノイドに含まれる．

③ (　) ビタミンAは野菜などから摂取したβ-カロテンからつくられ，化学的にはレチノールやレチナールなどという．

I ヒト体内での脂質の存在形：リポタンパク質

① (　) 血中に存在する脂肪酸は遊離の状態にはなく，糖と結合して存在する．

② (　) コレステロール，中性脂肪はリポタンパク質となって血中に存在し，そのなかにはアポタンパク質が含まれる．このうち最も比重の高いものをLDLという．

問2 A～Nの説明に該当する用語を1～14のなかから選びなさい．

1 プロスタグランジン	2 エイコサペンタエン酸（EPA）	3 リポタンパク質
4 中性脂肪	5 ホスファチジルコリン	6 コレステロール
7 ステアリン酸	8 胆汁酸	9 リノール酸
10 グルココルチコイド	11 セラミド	12 脂肪酸
13 リパーゼ	14 カロテノイド	

A　レシチンともいわれるグリセロリン脂質の一種．ホスファチジン酸骨格をもち，リン酸基に置換基が結合している．主要な生体膜の成分となる．　　　　　　　　　　　　　　　　　（　）

B　中性脂肪にあるエステル結合を加水分解し，脂肪酸を遊離させる酵素．細胞内でも働くが，脂質の消化において重要な働きを示す．　　　　　　　　　　　　　　　　　　　　　　　（　）

C　不飽和脂肪酸の1つで，炭素数は18である．ヒトの必須脂肪酸の一種であり，栄養として摂取する必要がある．　　　　　　　　　　　　　　　　　　　　　　　　　　　　　　　　（　）

D　グリセロールに脂肪酸（おもに長鎖脂肪酸）のアシル基がエステル結合した物質の総称．天然のものの多くは3個のアシル基をもち，トリグリセリド（TG）といわれる．天然の油脂の中心を占める．　　　　　　　　　　　　　　　　　　　　　　　　　　　　　　　　　　　　　　（　）

E　スフィンゴリン脂質やスフィンゴ糖脂質の骨格をなす構造で，生体膜にも含まれている．とくに表皮の細胞膜に多く含まれており，皮膚の保湿や柔軟性維持に機能するとされている．　　（　）

F　肝臓においてコレステロールからつくられ，胆嚢で濃縮されて十二指腸に分泌される．一次と二次の区別がある．界面活性剤であり，脂質を分散させて消化を助ける．　　　　　　　　　（　）

G　アポタンパク質と脂質（おもにコレステロール，中性脂肪，リン脂質）からなる巨大な複合体．比重，大きさ，成分の違いによりLDLやHDLなどに分類される．動物体内での脂質の運搬体として働く．　　　　　　　　　　　　　　　　　　　　　　　　　　　　　　　　　　　　（　）

7. 脂　質

H　脂質の基本となる物質．炭素と水素からなる直鎖状の鎖の末端に酸の性質を示すカルボキシ基を示す．中鎖，長鎖などの区別がある．天然では遊離の状態は少なく，グルセロールのエステルとして存在する．　　　　　　　　　　　　　　　　　　　　　　　　　　　　（　　）

I　副腎皮質ホルモンの一種で，コルチゾール，コルチゾン，人工のデキサメタゾンなどがある．糖代謝を調節するホルモンで，抗炎症効果もある．　　　　　　　　　　　　　　　　（　　）

J　不飽和脂肪酸の一種であるアラキドン酸から合成されるエイコサノイドの1つで，D_1やE_2など多くの種類がある．血管の拡張や収縮，子宮の収縮や弛緩，血小板凝集といった生理活性を示す．
　　　　　　　　　　　　　　　　　　　　　　　　　　　　　　　　　　　　　　　（　　）

K　炭素数18の飽和脂肪酸の一種で，天然の油脂にも比較的多く含まれている．　　（　　）

L　ステロイド骨格の3位にヒドロキシ基，17位に長い側鎖をもつ．生体膜の成分でもあり，リポタンパク質にも多量に含まれる．肝臓でつくられ，ほかの関連物質合成の材料となる．　（　　）

M　炭素数20の不飽和脂肪酸の一種で，実質的に必須脂肪酸である．ドコサヘキサエン酸（DHA）とともに青魚などに多く含まれており，動脈硬化や脳血管障害の防止に有効とされている．
　　　　　　　　　　　　　　　　　　　　　　　　　　　　　　　　　　　　　　　（　　）

N　植物がつくる脂質で，テルペノイドの1つのグループ．有色野菜の色素であるリコピンやカロテンなどが含まれる．β-カロテンは動物体内でレチナール（いわゆるビタミンA）に変換され，視物質として機能する．　　　　　　　　　　　　　　　　　　　　　　　　　　　　（　　）

8 脂質の代謝

この章で学ぶこと

▶ 中性脂肪がどのように異化されて，利用できる物質ができるのかを知る
▶ 脂肪酸の合成経路が分解経路を逆行するのではないことを学ぶ
▶ トリグリセリドの構造，ホスファチジン酸やアラキドン酸がかかわる脂質合成経路を知る
▶ コレステロールやステロイドホルモンの合成経路の概要を知る
▶ 体内での脂質動態や脂質代謝異常について学ぶ

必須用語

トリグリセリド，アシルCoA，カルニチン，β酸化，アセチルCoA，マロニルCoA，ケトン体，ケトアシドーシス，NADPH，アセチル基シャトル，アシルキャリアタンパク質，ホスファチジン酸，アラキドン酸カスケード，HMG-CoA還元酵素，メバロン酸，プレグネノロン，悪玉コレステロール，脂質異常症，脂質蓄積症

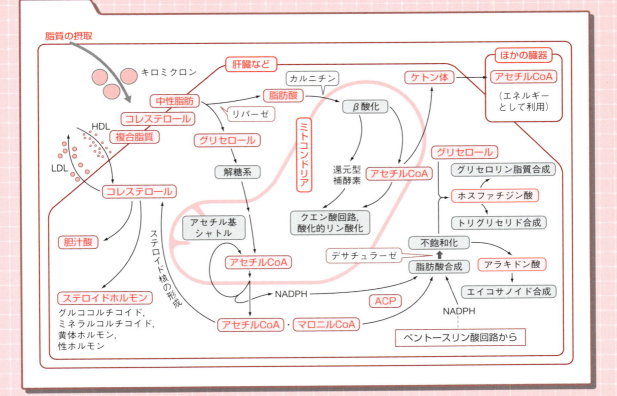

A トリグリセリドの分解とアシルCoAの生成

- 栄養として摂った❶＿＿＿＿＿＿＿は，脂肪酸と**グリセロール**に消化され，腸から吸収される（図8–1）．

- グリセロールは，リン酸化，脱水素反応のあとでジヒドロキシアセトンリン酸になり，❷＿＿＿＿＿＿＿に入って代謝される．

- 一方，脂肪酸はCoA（補酵素A）とATPのエネルギーを使って，アシル基がCoAと結合したアシルCoAとなる．アシルCoAは細胞質から❸＿＿＿＿＿＿＿に入って異化されるが，いったんアシル基を❸＿＿＿＿＿＿＿内にある❹＿＿＿＿＿＿＿に渡してアシルカルニチンをつくり，これが❹＿＿＿＿＿＿＿に戻る反応を利用してアシル基が❸＿＿＿＿＿＿＿内膜の内側にあるCoAに移され，アシルCoAが組み立て直される（図8–2）．

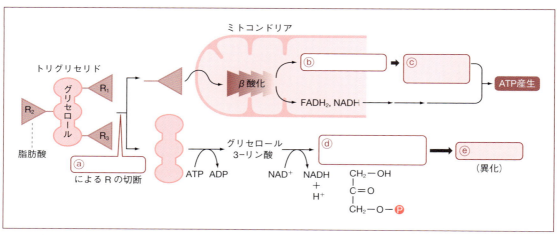

図8-1 トリグリセリドの異化の概要

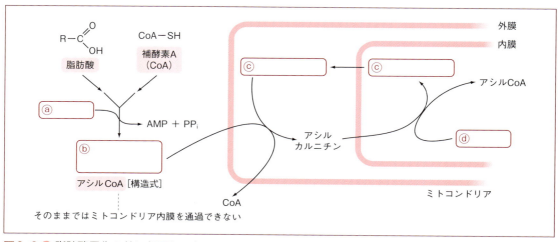

図8-2 脂肪酸異化の前に必要なこと

B アシルCoAの分解：β酸化

- トリグリセリドから切り離された脂肪酸は，すでに述べたようにCoAがついた❺_____となり，ミトコンドリアのなかで異化される．この反応のポイントは，アシル基末端の炭素からみて1番目（❻___位）と2番目（❼___位）の炭素部分にFADやNAD$^+$が作用して酸化され（脱水素されて還元型補酵素FADH$_2$やNADHができる），そこに別のCoAが新たに作用することによって❺_____がβ位の炭素を残して（つまり，α位とβ位の炭素の間で）切断されることである．このとき，産物として❽_____と元の❺_____より炭素が❾___個少ない❺_____ができる．この反応を❿_____という（図8-3）．

- 残ったアシルCoAは同じ反応を繰り返し，これによって炭素が2個ずつ少なくなる反応が連続して起こる．炭素数18のステアリン酸が骨格の場合はこの反応が⓫___回起こる．これによりできた合計9個のアセチルCoAは，糖代謝の場合と同様，⓬_____に入ってさらに代謝され，その結果，大量のATPが産生される．

- 中性脂肪は糖に比べるとエネルギーが多い．これはアセチルCoAのできる量からもわかる．1 molのグルコースからは2 molのアセチルCoAができるのに対して，仮にステアリン酸を3個もつトリグリセリド1 molからできるアセチルCoAは⓭___（9×3）molである（p.84，解説 参照）．

- β酸化は，細胞内ではミトコンドリア以外では⓮_____でも起こるが，⓮_____ではATPは産生されず，異化で生じたエネルギーは**熱**として放出される．これが主要な体温産生メカニズムである．

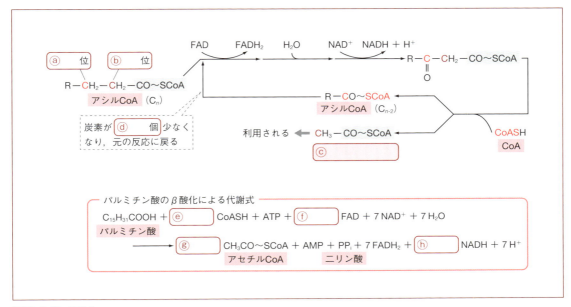

図8-3 ● β酸化

解説 豊富な脂肪酸のエネルギー産生

炭素数16のパルミチン酸では，産生されるNADHは，β酸化では7 mol，アセチルCoAがクエン酸回路に入ってからは24 molで，合計31 molとなり，産生ATPは77.5 molとなる．さらに，産生されるFADH$_2$は合計15 molで（β酸化では7 mol，アセチルCoAがクエン酸回路に入ってからは8 mol），産生ATPは22.5 molとなる．これ以外に，アセチルCoAの数だけクエン酸回路でGTP（あとでATPに変換．ATPとほぼ等価）ができる（本来8 molであるが，はじめにアシルCoAがつくられるときATP2 mol相当のエネルギーが使われるので6 molとする）．ここから産生されるATPは106 molと算出される（ここでは古典的見積もりに従って，1 molのNADHからは2.5 molのATP，1個のFADH$_2$からは1.5 molのATPができるとしている）．グルコースからはATPは32 molしか産生されず（**第6章**，p.64 参照），脂肪酸は3倍以上のATP産生効率となる．トリグリセリドで考えるとATP産生量はさらに3倍となり，また，グリセロールからも解糖系やクエン酸回路などでATPが合成されるので，10倍以上のエネルギー効率となる．

C ケトン体の生成

● 肝臓での脂肪酸代謝が亢進すると，クエン酸回路の能力を超えてアセチルCoAが産生されるため，アセチルCoAから**アセト酢酸**ができる．アセト酢酸はアセトンやD-3-ヒドロキシ酪酸となるが，これらの物質は❶＿＿＿＿＿という（図8-4）．

● ❶＿＿＿＿＿は，肝臓ではアセチルCoAに戻って利用されず，肝臓から出て血液に入る．一方，⓰＿＿＿や筋肉，腎臓などでは❶＿＿＿＿＿（とくにアセト酢酸）はアセチルCoAに変換されるので，重要なエネルギー源となる．

● ⓱＿＿＿＿のような糖利用障害があったり，糖欠乏状態になったりすると，必然的に脂肪酸の利用が増え，そのため❶＿＿＿＿＿が増える．こうなると，尿や血液に❶＿＿＿＿＿が出現する

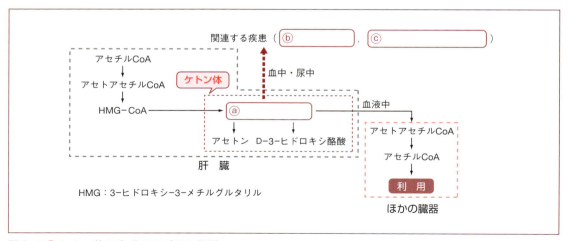

図8-4 ● ケトン体の生成およびその代謝

⑱_____，さらには，⑮_____が酸性物質であるために血液が酸性になる⑲_____という病的状態になる．

D 脂肪酸の合成過程

1 アセチルCoAの細胞質移送

📍 **脂肪酸合成**の出発物質は⑳_____である．食事で過剰な糖質を摂ると，代謝された糖が解糖系を経てクエン酸回路に入ってできた⑳_____は脂肪酸合成に回されるため，中性脂肪が脂肪組織に蓄積して㉑____になる．

📍 脂肪酸合成は㉒____で行われるが，⑳_____は直にミトコンドリアから㉒_____に出ることはできないため，㉓_____に変換されてから㉒_____に出る．その後，ATPとCoAの働きによって，クエン酸はオキサロ酢酸，リンゴ酸を経てピルビン酸となり，副産物として脂肪酸合成に必要な還元型補酵素の㉔_____などができる．ピルビン酸はミトコンドリアに入り，再びアセチルCoAに戻る．この回路を㉕_____という（図8-5）．

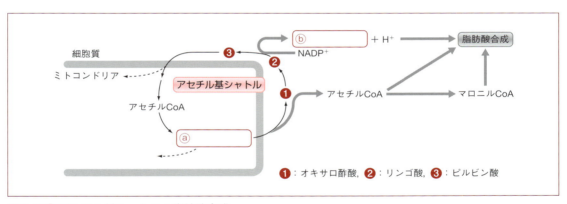

図8-5 ● アセチル基シャトルと脂肪酸合成

2 脂肪酸合成反応

📍 脂肪酸の合成は分解とは独立の経路で進む．合成にあずかる分子は，㉖_____に炭酸イオン，ATP，ビオチン，アセチルCoAカルボキシラーゼが作用してできる，炭素が1個多い㉗_____である．

📍 ㉗_____はアセチルCoAに転位するが，転位時に炭素が1個除かれるので，都合，炭素数4のブチリル基ができる．この反応が連続して進むことで，炭素は2個ずつ増えて脂肪酸鎖が伸びる．脂肪酸の炭素数が2の倍数となっているのはこのためである．以上の反応は㉘_____（ACP）という巨大タンパク質に付着したマロニルACPとアセチルACPなどの状態で進み，そのための酵素活性はACP中に含まれている（p.86，図8-6）．

アシル基はACPおよびCoAのSH基とエステル結合している．脂肪酸合成にはビタミンである❷⁹_____が必要であるが，これは活性化型ビタミンがCoA自身であるためである．アセチル基の重合反応には還元型補酵素の**NADPH**が必要であり，これはすでに述べた❷⁵_____と，糖代謝経路の1つである❸⁰_____（**第5章**，p.52参照）から供給される．

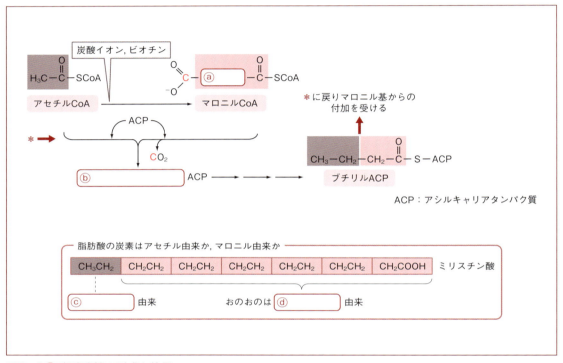

図8-6 ● 脂肪酸鎖の形成と伸長

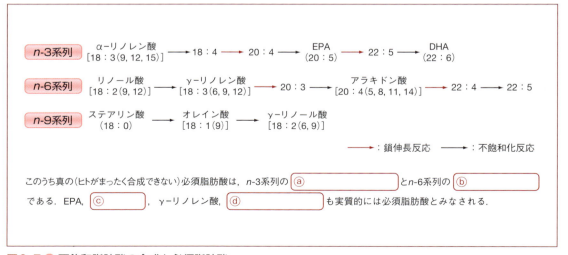

図8-7 ● 不飽和脂肪酸の合成と必須脂肪酸

- 不飽和脂肪酸は肝細胞中の㉛_____で飽和脂肪酸からつくられる．この反応では，飽和脂肪酸が㉜_____（不飽和化酵素）の働きでcis配置の炭素二重結合が形成される．たとえば，ステアリン酸（18：0）はオレイン酸［18：1（9）．炭素数18で，二重結合1個がカルボキシ基の炭素を1番目としたとき9番目の位置にある］，リノール酸［18：2(9,12)］はγ-リノレン酸［18：3(6,9,12)］になる（図8-7）．

- 動物では，多くの㉝_____不飽和脂肪酸の2番目以降の不飽和化に必要な㉜_____がないか，あるいは微弱なため，㉝_____不飽和脂肪酸（広義あるいは実質の必須脂肪酸）を栄養として摂る必要がある（オレイン酸からγ-リノール酸にする酵素はある）．

E トリグリセリド，グリセロリン脂質，エイコサノイドの合成

- ㉞_____合成の出発物質は，解糖系における炭素数3の基質である㉟_____であり，これがグリセロール3-リン酸になったのちにアシル基が2個結合した㊱_____となる．ここからリン酸がとれて，グリセロールにアシル基が2個結合したジグリセリドとなり，最後にアシルCoAが材料となって3番目のアシル基が結合する．

- **グリセロリン脂質**の合成では，ホスファチジン酸にUDP-コリンやCDP-エタノールアミンが作用し，付加反応が起こる．リン脂質についている炭素数20の不飽和脂肪酸であるアラキドン酸が㊲_____で切り出されると，㊳_____によりプロスタグランジンやトロンボキサンなどに，㊴_____によりロイコトリエンに代謝される．

- このように，アラキドン酸からすでに述べた酵素によって**エイコサノイド**ができる経路を㊵_____という．炎症を抑える抗炎症薬のうち，ステロイド系のもの（おもにグルココルチコイド）は㊲_____や㊳_____を阻害して血管拡張などを抑え，アスピリンやインドメタシンのような㊶_____系抗炎症薬は㊳_____を抑える（図8-8）．

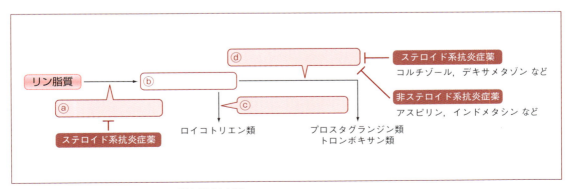

図8-8 ● アラキドン酸カスケードと抗炎症薬

F コレステロール，ステロイドホルモン，胆汁酸の合成

ステロイドの環状構造は㊷＿＿＿＿＿を出発物質に肝臓でつくられる．まず，HMG－CoA還元酵素が作用して㊸＿＿＿＿＿ができ，そこから，スクアレン，ラノステロールを経てコレステロールとなる（**図8-9**）．高コレステロール血症の治療薬は㊹＿＿＿＿＿を標的とする．

ステロイドホルモンの合成では，まず，**コレステロール**の17位の側鎖が除かれ，ステロイドホルモン共通の前駆体である㊺＿＿＿＿＿となる．この物質は㊻＿＿＿＿＿（別名：黄体ホルモン）となり，そこから副腎のホルモンであるグルココルチコイドや㊼＿＿＿＿＿が合成される．

一方，㊺＿＿＿＿＿からは17-ヒドロキシプレグネノロンを経由して㊽＿＿＿＿＿（別名：男性ホルモン）が，さらに男性ホルモンからは㊾＿＿＿＿＿（別名：女性ホルモン）ができる．

胆汁酸の合成では，肝臓で㊿＿＿＿＿＿がヒドロキシ化されて7α-ヒドロキシコレステロールになり，ここからコール酸合成系かケノデオキシコール酸合成系に入る．それぞれは(51)＿＿＿＿＿やグリシンが抱合して部分的な水溶性を獲得する．

胆汁として分泌されたあとは，**一次胆汁酸**のコール酸とケノデオキシコール酸が腸内細菌によってそれぞれ(52)＿＿＿＿＿，(53)＿＿＿＿＿という**二次胆汁酸**になり，界面活性剤としての作用を発揮する（**図8-9**）．

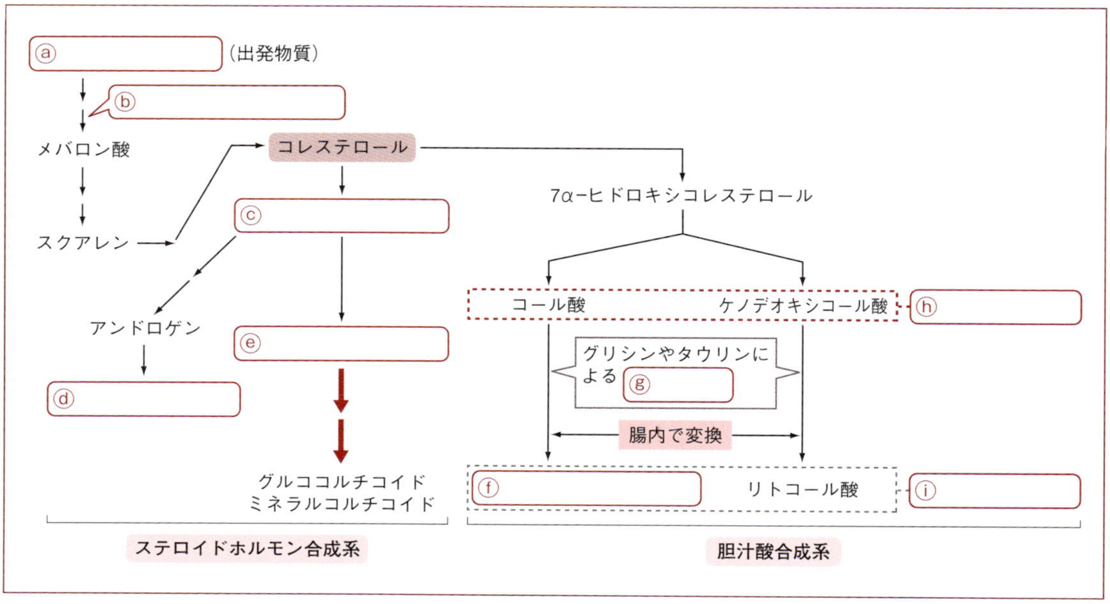

図8-9 コレステロールとその誘導体の合成

G 消化・吸収された脂質のその後

小腸から吸収された脂質は，コレステロールや中性脂肪，リン脂質などがタンパク質と結合したリポタンパク質の一種の❺4＿＿＿＿＿となり，循環系で運ばれる（図8-10）．血漿ははじめ白濁しているが，リパーゼの作用で❺4＿＿＿＿＿は細分化され，やがて透明化する．血中の脂質は細胞に入り，エネルギー源として利用されるが，エネルギー供給が十分な場合はトリグリセリドに組み立てられて脂肪組織などに蓄積する．

❺5＿＿＿に運ばれたトリグリセリドはそこでコレステロール合成にも使われるが，つくられたコレステロールは❺6＿＿＿（超低密度リポタンパク質）として血中に入り，❺7＿＿＿（低密度リポタンパク質）となって組織に運ばれる．組織中あるいは血中のコレステロールはHDL（高密度リポタンパク質）になって運ばれて肝臓に戻るため，血中コレステロール（実際はリポタンパク質）を供給するLDLは俗に❺8＿＿＿＿＿，減らすHDLは❺9＿＿＿＿＿とよばれる．

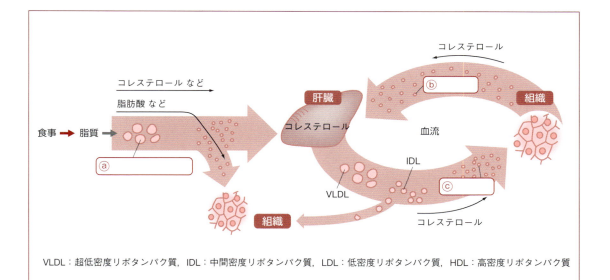

VLDL：超低密度リポタンパク質，IDL：中間密度リポタンパク質，LDL：低密度リポタンパク質，HDL：高密度リポタンパク質

図8-10 ● 脂質動態とリポタンパク質

ひとこと 中性脂肪と肥満

脂肪を過剰に摂ると中性脂肪として蓄積する．糖質も中間代謝物のアセチルCoAが脂肪酸合成にまわるので，摂りすぎると肥満を招く．肝細胞に脂肪粒が蓄積すると脂肪肝という病的状態になるが，脂肪肝はフランス語でフォアグラという．食材のフォアグラはガチョウに餌を強引に食べさせてつくる．

H 脂質代謝の異常が原因で起こる疾患

- 血液中の脂質が異常に増加する病態を❻⓪_____というが，一般には，高脂血症といい，実態は❻①_____や❻②_____などの主要脂質がリポタンパク質として存在する**高リポタンパク質血症**である．その原因は，遺伝的素因，食事性，その他とさまざまである．すでに説明したように，高❻③_____であっても高HDLであればあまり問題視されない．

- 先天性疾患が原因で特定の脂質が蓄積する疾患を❻④_____といい，このうち，とくに問題になるのは，❻⑤_____のなかでの脂質異化が原因である**スフィンゴ脂質蓄積症**で，❻⑤_____内部に中間代謝産物がたまる．さらに，**ニーマン・ピック病**や**ファーバー病**は，❻⑥_____代謝，**ゴーシェ病**や**ファブリー病**は❻⑦_____代謝に欠陥がある場合に起こる．

学習確認テスト ☑

問1 以下の文章が正しい(○)か否(×)かを判断しなさい.

A トリグリセリドの分解とアシルCoAの生成

① ( ) 栄養として摂ったトリグリセリドのグリセロール部分はジヒドロキシアセトンリン酸になり,そのまま解糖系に入って代謝される.

② ( ) 脂肪酸の異化は細胞質で起こるが,まずはじめにミトコンドリアでCoAと結合したアシルCoAができ,それがカルニチンの作用で細胞質に出る.

B アシルCoAの分解:β酸化

① ( ) 脂肪酸の異化では,ATPの存在下でまずアシルCoAができ,アシル基のα位とβ位の間で切断されるβ酸化によりアセチルCoAが切り出される.

② ( ) β酸化が1回起こると,残ったアシル基は炭素が3個少なくなる.

③ ( ) 炭素数18のステアリン酸1分子からβ酸化によってアセチルCoAの切り出しが8回起こると,アセチルCoAが9個できる.

④ ( ) β酸化は細胞内ではリソソームでもみられ,その結果,熱が産生される.

C ケトン体の生成

① ( ) 糖尿病や絶食で糖が利用できなくなると,細胞はアセチルCoAをよりエネルギー状態の高いアセト酢酸などのケトン体に変換して利用する.エネルギーを大量に消費する脳ではケトン体は重要なエネルギー源となる.

② ( ) ケトン体は肝臓では利用されない.これはいったんケトン体になったものが肝臓ではアセチルCoAに戻らないためである.

③ ( ) ケトン症になると血液がアルカリ性になるケトアシドーシスを発症する.

D 脂肪酸の合成過程

① ( ) 脂肪酸合成の出発物質は,糖の異化でできるアセチルCoAそのものである.これが糖質の過剰摂取が脂肪蓄積あるいは肥満の原因となる理由である.

② ( ) 脂肪酸合成はミトコンドリア内で起こるが,これはクエン酸回路の前駆物質のアセチルCoAがミトコンドリア内にあることと深いつながりがある.

③ ( ) 脂肪酸合成の準備として起こる,アセチルCoAのアセチル基がミトコンドリア内,細胞質,ミトコンドリア内と循環する過程で,脂肪酸合成に必要なNADHがつくられる.

④ ( ) 脂肪酸合成はアセチルCoAが単位となり付加されていく.アセチル基は炭素数2のため,脂肪酸の炭素数は2の倍数となる.

⑤ ( ) 脂肪酸合成にはビタミンのビオチンとパントテン酸がかかわる.

⑥（　）不飽和脂肪酸を飽和脂肪酸から誘導する酵素をデサチュラーゼといい，*trans*型の炭素二重結合を形成する．

⑦（　）動物はオレイン酸のような多価不飽和脂肪酸は合成できるが，そのもととなるステアリン酸のような一価の不飽和脂肪酸の合成はできない．このため，一価不飽和脂肪酸のいくつかが必須脂肪酸となる．

⑧（　）脂肪酸合成は，土台となるタンパク質（リポタンパク質）の上で行われる．

⑨（　）脂肪酸合成に必要なNADPHを供給する代謝の1つに，糖代謝経路のペントースリン酸回路がある．

E　トリグリセリド，グリセロリン脂質，エイコサノイドの合成

①（　）中性脂肪合成の際，脂肪酸がエステル結合する物質は，トリグリセリドの骨格であるグリセロールそのものである．

②（　）トリグリセリドの合成とグリセロリン脂質の合成で共通に使われる代謝中間体はホスファチジン酸である．

③（　）リポキシゲナーゼやシクロオキシゲナーゼが関与してできるエイコサノイドは，アスパラギン酸が関与するのでアスパラギン酸カスケードといわれる．

④（　）アスピリンやインドメタシンのような非ステロイドが鎮痛薬や抗炎症薬として効くのは，これらが神経伝達物質に結合してその作用を抑えるためである．

F　コレステロール，ステロイドホルモン，胆汁酸の合成

①（　）複雑なステロイド核構造も，合成の出発物質は単純なアセチルCoAである．

②（　）高コレステロール血症の治療薬はコレステロール合成の鍵となる酵素を阻害し，アラキドン酸の合成を抑える．

③（　）多様なステロイドホルモンの合成も，コレステロールを出発物質とし，途中段階でプレグネノロンができるところまでは共通である．

④（　）デオキシコール酸などの一次胆汁酸は，タウリンやグルタミンが結合あるいは抱合して可溶化できる状態にある．

G　消化・吸収された脂質のその後

①（　）小腸から吸収された脂質を血液で運ぶリポタンパク質はLDLである．

②（　）血中から肝臓にコレステロールなどの脂質を戻すのはHDLである．

H　脂質代謝の異常が原因で起こる疾患

①（　）高脂血症という生活習慣病は，正しくは脂質蓄積症といい，リポタンパク質の過剰な状態，すなわち，高リポタンパク質血症である．

②（　）先天的な脂質代謝の酵素欠損症であるゴーシェ病，ニーマン・ピック病などのスフィンゴ脂質蓄積症では，異常脂質が細胞のゴルジ体や小胞体に蓄積する．

問2 A〜Jの説明に該当する用語を1〜10のなかから選びなさい．

1 アセチル基シャトル	2 ホスファチジン酸	3 キロミクロン
4 β酸化	5 カルニチン	6 脂肪酸合成	7 アラキドン酸カスケード
8 ケトン体	9 脂質蓄積症	10 プレグネノロン

A アセチルCoAから合成される．アセト酢酸，アセトンなどが代表的な物質．肝臓では利用されないが，脳などではエネルギー物質として利用される．糖尿病などにより合成が増えると，ケトアシドーシスなどの疾患を引き起こす．（　）

B 脂肪が消化・吸収され，リンパ管に入ったときにできる，脂質とアポタンパク質からなる複合体．吸収された脂質を組織に運ぶが，一部は肝臓にも向かう．（　）

C 脂肪酸合成のためにアセチルCoAを利用する代謝経路．クエン酸回路のクエン酸が細胞質に出て，オキサロ酢酸，リンゴ酸などを経てミトコンドリアに戻る．この過程で脂肪酸合成に必要なアセチルCoAとNADPHができる．（　）

D 先天性脂質代謝異常症の1つで，リソソーム内で起こるスフィンゴ脂質の異化酵素に欠陥をもつために起こる．ニーマン・ピック病やファーバー病などが知られている．（　）

E グリセロール骨格に2個のアシル基と1つのリン酸基をもつ．グリセロリン脂質やトリグリセリド合成の共通の中間体となる．（　）

F 脂肪酸が異化される様式．脂肪酸からアセチルCoAとNADH，$FADH_2$が産生されると同時に，炭素数が2個少ない脂肪酸ができる．この反応はミトコンドリアのマトリックス内で繰り返し起こる．（　）

G アセチルCoAが異化されるときにミトコンドリアに入るための必要な物質．脂肪酸がアシルCoAとなったのち，ミトコンドリアにあるこの物質にアシル基を移し，そのアシル基がCoA存在下でアシルCoAとなるとともにこの物質が遊離して，再利用される．（　）

H 肝細胞の細胞質で起こる．アセチルCoAとそれからつくられるマロニルCoA，そして，NADPHやパントテン酸などのビタミンを必要とする．タンパク質複合体上で起こる．（　）

I 炭素数20の不飽和脂肪酸を出発物質とし，シクロオキシゲナーゼによってプロスタグランジン類などが，リポキシゲナーゼによってロイコトリエン類などがつくられる経路．抗炎症薬の作用標的ともなる．（　）

J コレステロールからコレステロール側鎖切断酵素によって誘導される．副腎でつくられるステロイドホルモンや性ホルモンの直接の前駆体となる．（　）

アミノ酸とタンパク質

この章で学ぶこと

▶ アミノ酸の構造と物理化学的性質について，タンパク質を構成するアミノ酸を中心に理解する
▶ ペプチド結合とペプチドを理解する
▶ タンパク質が高次構造をつくる要因がわかる
▶ タンパク質の機能や分類法がわかる

必須用語

アミノ酸，タンパク質，側鎖，L型，等電点，ペプチド結合，ペプチド，高次構造，αらせん，β構造，ジスルフィド結合，サブユニット構造，単純タンパク質，複合タンパク質

アミノ酸

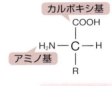

α-L-アミノ酸

アミノ酸の性質
- 酸性・塩基性
- 親水性・疎水性
- 含硫(S)アミノ酸
- 芳香族アミノ酸

アミノ酸の役割
- タンパク質の成分として（20種類）
- 窒素化合物合成の前駆体として
- その他

ペプチド・タンパク質

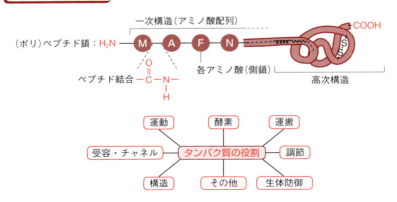

A アミノ酸

❶＿＿＿＿は❷＿＿＿＿（-NH₂）と**カルボキシ基**（-COOH）をもつ含窒素有機物の総称で，窒素化合物（例：ヌクレオチド，一酸化窒素，ヒスタミン，セロトニン）の前駆体，❸＿＿＿＿〔例：グリシン，グルタミン酸，γ-アミノ酪酸（GABA）〕，❹＿＿＿＿の成分（例：オルニチン，シトルリン），筋細胞の成分（例：クレアチン）やうま味成分（例：グルタミン酸）などとしても利用されるが，おもな役割は❺＿＿＿＿の構成単位になることである．

❺＿＿＿＿を構成する❶＿＿＿＿は全部で❻＿＿＿種類あり，3文字あるいは1文字で表される（例：アラニンは，Ala，A. p.96，表9-1）．これらの❶＿＿＿＿は，カルボキシ基をもつ❼＿＿＿に❷＿＿＿＿が結合したα-アミノ酸である．

❼＿＿＿にはこのほかに水素と特有の原子団（これを❽＿＿＿という）が共有結合するので❾＿＿炭素となり，結合する基の位置により2種類の立体異性体が存在する（アミノ酸のなかで❿＿＿＿は側鎖が水素なので異性体は存在しない）．カルボキシ基を上に，側鎖を背面に置いたとき，❷＿＿＿＿が左に位置するものを⓫＿型，右に位置するものを⓬＿型という．タンパク質を構成する❶＿＿＿＿はすべて⓫＿型である（図9-1）．

各アミノ酸は独自の❽＿＿＿を有し，異なる物理化学的性質を示す．解離基をもたない脂肪族炭化水素（例：アラニン，ロイシン）や芳香族炭化水素（⓭＿＿＿＿，⓮＿＿＿＿＿，⓯＿＿＿＿＿）の❽＿＿＿をもつものは**疎水性アミノ酸**であり，その他は**親水性アミノ酸**である．芳香環は波長⓰＿＿＿nmの紫外線を吸収するので，紫外線によってタンパク質を検出することができる．⓱＿＿＿＿と⓲＿＿＿＿＿は硫黄をもち，これが生体にある硫黄の大部分を占める．

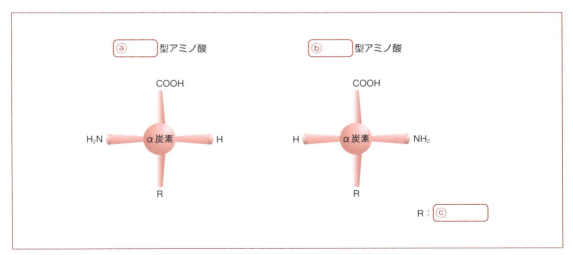

図9-1 ● アミノ酸（α-アミノ酸）の立体配置

9. アミノ酸とタンパク質

表9-1 ● タンパク質を構成する20種類のアミノ酸

分類		名称	略号 3文字	略号 1文字	側鎖の構造*	分子量	等電点	疎水性
中性アミノ酸	脂肪族アミノ酸	グリシン	Gly	G	—ⓐ	75.1	6.0	
		アラニン	Ala	A	—CH₃	89.1	6.0	○
	分枝鎖アミノ酸	バリン	Val	V	—CH(CH₃)CH₃	117.1	6.0	
		ロイシン	Leu	L	—CH₂—CH(CH₃)CH₃	131.2	6.0	○
		イソロイシン	Ile	I	—CH(CH₃)CH₂—CH₃	131.2	6.0	
	ヒドロキシアミノ酸	セリン	Ser	S	—CH₂—ⓑ	105.1	5.7	
		トレオニン	Thr	T	—CH(OH)CH₃	119.1	6.2	
	含硫アミノ酸	システイン	Cys	C	—CH₂—ⓒ	121.2	5.1	
		メチオニン	Met	M	—CH₂—CH₂—S—CH₃	149.2	5.7	○
	酸アミドアミノ酸	アスパラギン	ⓓ	ⓔ	—CH₂—C(=O)NH₂	132.1	5.4	
		グルタミン	ⓕ	ⓖ	—CH₂—CH₂—C(=O)NH₂	146.2	5.7	
	イミノ酸	プロリン	Pro	P	⁻OOC—CH(NH₂⁺)—CH₂—CH₂—CH₂ (中性pHにおける全構造)	115.1	6.3	○
	ⓗアミノ酸	フェニルアラニン	Phe	ⓘ	—CH₂—ⓙ	165.2	5.5	○
		チロシン	Tyr	ⓚ	—CH₂—C₆H₄—OH	181.2	5.7	
		トリプトファン	Trp	ⓛ	—CH₂—(インドール環)	204.2	5.9	
酸性アミノ酸		アスパラギン酸	ⓜ	ⓝ	—CH₂—ⓞ	133.1	2.8	
		グルタミン酸	ⓟ	ⓠ	—CH₂—CH₂—COO⁻	147.1	3.2	
ⓡアミノ酸		リシン	Lys	ⓢ	—(CH₂)₄—NH₃⁺	146.2	9.7	
		アルギニン	Arg	R	—(CH₂)₃—NH—C(NH₂)(=NH₂⁺)	174.2	10.8	
		ヒスチジン	His	H	—CH₂—C=CH—NH—CH=NH⁺ (イミダゾール環)	155.2	7.6	

*電離(イオン化)しやすいものはイオンのかたちで示す.

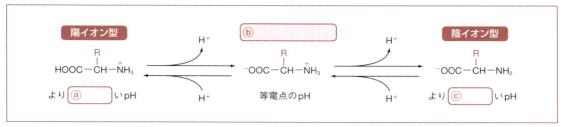

図9-2 ● アミノ酸のイオン化

● アミノ酸が水に溶けると，カルボキシ基は水素イオンを放出して負に，アミノ基は水素イオンを捕捉して正に荷電する⑲_____イオンとなる（アミノ酸は電解質，図9-2）．2つの基を中心とする解離基がイオン化するpHはアミノ酸特異的で，両電荷の釣り合うpHを⑳_____といい，pIと表す．多くのアミノ酸はpIが5～6であるが，なかには側鎖に塩基性基をもつ塩基性アミノ酸（㉑_____，㉒_____，ヒスチジン）やカルボキシ基をもつ酸性アミノ酸（㉓_____，グルタミン酸）もある．アミノ酸の物理化学的性質はタンパク質の性質にも反映される．

B ペプチド

● アミノ酸が**ペプチド結合**で複数連結したものを**ペプチド**という（図9-3）．化学的に合成することもできるが，生体では遺伝子（DNA）の塩基配列に従ってつくられる．アミノ酸が10個程度，あるいはそれ以下のものは㉔_____，それ以上のものは㉕_____というが，分類基準はそれほど厳密でない（アミノ酸が数十個以上のものはタンパク質といって区別する場合もある）．

● ペプチドには生理活性（例：グルカゴン，バソプレッシン）や毒性（例：貝毒の一種，ヘビ神経毒）をもつものが多い．ペプチド結合はアミノ基と㉖_____の間で水が除かれて形成される．ペプチドの末端にはそれぞれ遊離のアミノ基と㉖_____があり，それぞれ㉗_____（**N末端**），**カルボキシ末端**（**C末端**）という．生合成ではC末端の方向に鎖が伸長する．

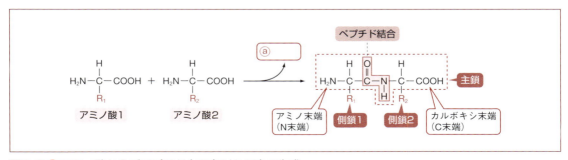

図9-3 ● アミノ酸からジペプチド（ペプチド×2）の生成

C タンパク質

● ポリペプチドの鎖が機能できるように㉘＿＿＿＿＿をとったものが**タンパク質**である．㉘＿＿＿＿＿には二次構造，三次構造，四次構造という階層性があり，基本的には非共有結合の弱い原子間力によって形成される（図9-4）．㉙＿＿＿＿＿構造はアミノ酸配列そのものである．

● ㉘＿＿＿＿＿が熱や極端なpH，有機溶媒，界面活性剤，水素結合切断試薬（例：尿素），物理的な力などで破壊され，その機能が損なわれることを㉚＿＿＿＿＿，㉚＿＿＿＿＿したタンパク質の㉘＿＿＿＿＿が復活することを再生という．

● タンパク質の**二次構造**のうち，右巻きらせん構造を㉛＿＿＿＿＿，ジグザク状のものを㉜＿＿＿＿＿，㉜＿＿＿＿＿が同じ位相で順方向あるいは逆方向に複数並んだ状態を㉝＿＿＿＿＿，その連結部分を**βターン**という．二次構造を連結する部分は**ループ**という．

● 二次構造をとったポリペプチド鎖が折りたたまれたものが**三次構造**であり，一次構造から自発的に形成されうる．細胞内には正しい折りたたみをするタンパク質である㉞＿＿＿＿＿があり，三次構造の形成を助ける．システイン側鎖の**スルフヒドリル基（SH基）**どうしが酸化されると㉟＿＿＿＿＿（**S-S結合**）ができてシステインどうしが共有結合するが，これも三次構造形成の要因となる．S-S結合は異種ペプチド鎖間でも生じる．大部分のタンパク質は球状に折りたたまれるが（球状タンパク質），コラーゲンやケラチンのような伸びた㊱＿＿＿＿＿も存在する．

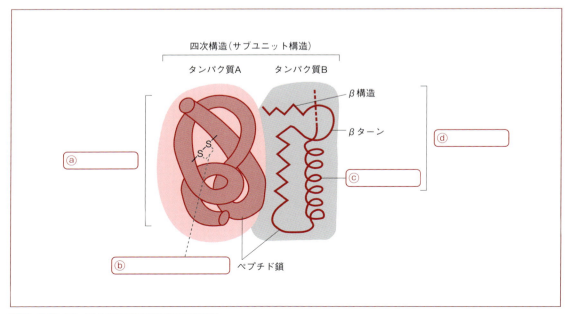

図9-4 ● タンパク質の高次構造の階層性

表9-2 ● タンパク質の機能による分類

分類	例
ⓐ	トリプシン，アミラーゼ，カタラーゼ
ⓑ	コラーゲン，ケラチン
細胞骨格タンパク質	アクチン，チューブリン，ビメンチン
ⓒ （筋タンパク質）	アクチン，ミオシン，トロポニン
接着タンパク質	カドヘリン，フィブロネクチン
ⓓ	免疫グロブリン，インターフェロン，補体
ⓔ	インスリン，転写調節タンパク質，各種増殖因子
受容体・チャネル	ナトリウムチャネル，ナトリウムポンプ，ホルモン受容体
ⓕ	トランスフェリン，アルブミン，ヘモグロビン
栄養タンパク質・貯蔵タンパク質	アルブミン，カゼイン，オボアルブミン（ニワトリ）

📍 三次構造をとった複数のタンパク質が同種あるいは異種間の非共有結合で，より大きなタンパク質となる構造を**四次構造**，あるいは㊲＿＿＿＿＿＿＿といい，各タンパク質を**サブユニット**という．**ヘモグロビン**は2個のαサブユニットと2個のβサブユニットからなる．

📍 タンパク質にはポリペプチドのみからなる㊳＿＿＿＿＿＿＿以外に，アミノ酸以外のものも含む㊴＿＿＿＿＿＿＿が多数存在する．このなかには，㊵＿＿＿＿＿＿＿（例：カタラーゼ，トランスフェリン）やヘムと結合した㊶＿＿＿＿＿＿＿（例：ヘモグロビン，ミオグロビン），糖（鎖）が共有結合した㊷＿＿＿＿＿＿＿，脂質と結合した㊸＿＿＿＿＿＿＿などがある．

📍 タンパク質は働きによっても分類される．たとえば，抗体（免疫グロブリン），補体，凝固因子などは㊹＿＿＿＿＿＿＿，触媒活性をもつものは酵素，アルブミン，リポタンパク質，ヘモグロビンなどは㊺＿＿＿＿＿＿＿，細胞や生体組織をつくるものは構造タンパク質，アクチンやミオシンは㊻＿＿＿＿＿＿＿（あるいは筋タンパク質），ホルモン作用や細胞調節作用をもつものは㊼＿＿＿＿＿＿＿に分類されるが，1つのタンパク質が複数の役割をもつ例も少なくない（**表9-2**）．タンパク質を局在部位（例：核タンパク質，膜タンパク質）や電荷（酸性タンパク質，塩基性タンパク質）などで分類することもできる．

学習確認テスト

問1 以下の文章が正しい（○）か否（×）かを判断しなさい．

A アミノ酸

① (　) アミノ酸とは，アミノ基をもつ有機物のうち，アミノ基の一部の原子がカルボキシ基と結合している物質の総称である．

② (　) アミノ酸はタンパク質の材料となる場合もあるが，生体での主要な用途は窒素化合物の合成前駆体である．

③ (　) タンパク質を構成するアミノ酸の種類は20で，すべてがα-L型である．

④ (　) グリシンはほかのアミノ酸と比べて異質で，L型以外にD型も存在する．

⑤ (　) アラニンやチロシンといった芳香族アミノ酸は波長260 nmの紫外線を吸収する．

⑥ (　) 生体中の硫黄の大部分はシステインというアミノ酸に特化して存在する．

⑦ (　) アミノ酸の電離状態は等電点において正と負の電荷のバランスがとれている．

⑧ (　) リシン，グルタミン，アルギニン，アスパラギンは塩基性アミノ酸に分類される．

⑨ (　) 酸性アミノ酸，塩基性アミノ酸，および，側鎖に酸アミド，ヒドロキシ基をもつアミノ酸は親水性である．

B ペプチド

① (　) タンパク質が限定的に加水分解されて，アミノ酸が数個程度になったものは（オリゴ）ペプチドといわれる．

② (　) タンパク質中のアミノ酸どうしの結合をペプチド結合といい，窒素，酸素，水素，炭素を1個ずつ含む．

③ (　) ポリペプチド鎖はその長さや組成に関係なく末端にアミノ基とカルボキシ基を1個ずつもつので，両解離基の数は同数となり，電気的には中性となる．

④ (　) ペプチド鎖は生体ではC末端からN末端に向かって合成される．

C タンパク質

① (　) タンパク質には一次構造から四次構造という高次構造の階層性がある．

② (　) ペプチド鎖が波打つような配置の二次構造をαらせんという．

③ (　) タンパク質の三次構造は非共有結合により形成されるが，例外的にSH基どうしが還元された条件で共有結合する現象も起こる．

④ (　) 細胞内にはタンパク質の折りたたみを補助するオペロンというタンパク質がある．

⑤ (　) サブユニット構造では異なるタンパク質が非共有結合で結合している．

⑥（　）　鉄を含むカタラーゼやトランスフェリンはヘムタンパク質に分類される．
⑦（　）　アルブミンは血液中のさまざまな物質の，リポタンパク質はいくつかの脂質の，ヘモグロビンは酸素のための輸送タンパク質である．
⑧（　）　タンパク質が切断・分解される現象を変性という．
⑨（　）　高温で変性し，不溶化したタンパク質も，温度を下げると再生できる．
⑩（　）　タンパク質の三次構造の決定には，静電的効果のほか，水溶性もかかわる．

問2　A～Lの説明に該当する用語を1～12のなかから選びなさい．

1 アミノ基	2 カルボキシ基	3 アミノ酸	4 グルタミン酸
5 ペプチド結合	6 S-S結合	7 二次構造	8 三次構造
9 防御タンパク質	10 塩基性タンパク質	11 α炭素	12 αらせん

A　タンパク質を構成するアミノ酸の1つ．神経伝達物質，うま味成分，アミノ酸合成の中核に位置するなど，生体機能や代謝とのかかわりが深い．（　）

B　アミノ酸どうしの結合の1つの様式．システインのスルフヒドリル基どうしが酸化されることにより硫黄どうしが共有結合する．タンパク質の三次構造を形成する要因にもなる．（　）

C　タンパク質の二次構造の1つの要素．右回転構造をもち，7アミノ酸で約2回転する．（　）

D　基の1つで，アミノ酸などにみられ，窒素を含み，正に荷電する．（　）

E　タンパク質の分類名の1つ．アルギニン，リシン，ヒスチジンを多く含むことが特徴．（　）

F　有機酸の一種で，このほかにアミノ基ももつ．α-L型をもつ特定の20種類はタンパク質の構成成分になり，また，窒素化合物の前駆体などとしても使われる．（　）

G　アミノ酸に含まれる特定の原子の名称で，カルボキシ基が結合する．タンパク質を構成するアミノ酸の場合はさらにアミノ基も連結する．（　）

H　タンパク質の高次構造の1つ．非共有結合によって折りたたまれ，タンパク質全体の形をつくる．S-S結合も関与する．（　）

I　抗体，補体，インターフェロン，自然免疫関連タンパク質などを含む．（　）

J　アミノ酸どうしの結合様式の1つ．アミノ基とカルボキシ基の脱水縮合で形成される．（　）

K　基の1つで，アミノ酸などにみられるが，脂肪酸などの有機酸，酸性糖などにもある．水溶液中で水素が陽イオンとして外れ，陰イオンとなる．（　）

L　タンパク質の高次構造の1つ．近接したアミノ酸の側鎖中の原子間の相互作用によってできる局所的な立体構造．らせん状，波状構造などがある．（　）

アミノ酸の代謝

 この章で学ぶこと

▶ 窒素元素がどのように生体（環境も含める）を循環するのか，全体の流れを理解する
▶ アミノ酸の分解（異化）におけるグルタミン酸の役割，アンモニアの生成や分解と解毒，アミノ基のとれた炭素骨格の代謝について理解する
▶ 窒素ガスやアンモニアのアミノ酸への同化や，各種アミノ酸の合成の経路を理解する
▶ アミノ酸と主要な含窒素化合物の代謝経路，そして，アミノ酸代謝異常症を理解する

必須用語

アミノ酸，アンモニア，窒素平衡，窒素同化，2-オキソグルタル酸，グルタミン酸，酸化的脱アミノ反応，尿素回路，オルニチン，糖原性，ケト原性，必須アミノ酸，グルタミン，窒素固定，S-アデノシルメチオニン，チロシン，ドーパ，モノアミン，アミノ酸代謝異常症，フェニルケトン尿症，アルカプトン尿症

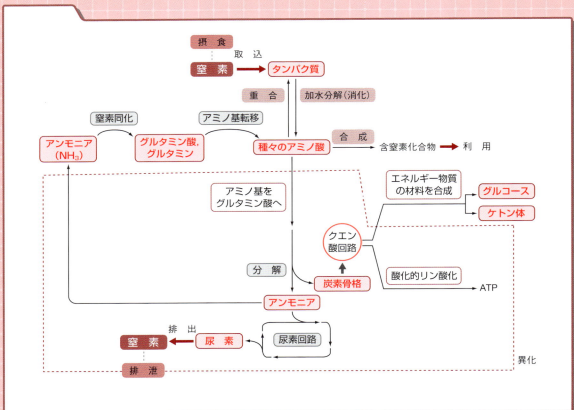

A 窒素代謝におけるアミノ酸の意義

- 窒素は多くの含窒素化合物の1つであるアミノ酸にも含まれており，その大部分は❶＿＿＿＿＿として保持されている．❶＿＿＿＿＿には寿命があり，一定の割合で分解され，その一部はアミノ酸，アンモニアを経由して尿素として排泄され，残りはアミノ酸から再び❶＿＿＿＿＿に組み立てられる．

- 生体は一定量のアミノ酸を❷＿＿＿＿＿として保持しているが，足りない分は食事で摂取した❶＿＿＿＿＿から補充する．❶＿＿＿＿＿として取り込まれた窒素量と排出される窒素量はバランスがとれており，これを❸＿＿＿＿＿という．

- 摂取タンパク質が足りない場合は，筋タンパク質を中心に分解が促進される．アミノ酸分解で生じたアンモニアは排泄されるか，再度アミノ酸に組み込まれるが，後者の現象を❹＿＿＿＿＿という．また，アミノ酸の炭素骨格部分は糖の代謝回路に入って処理される．このように，❺＿＿＿＿＿は窒素代謝の鍵となっている．

B アミノ酸の分解

- アミノ酸は生体内で長期間存在することはなく，すぐ利用されない場合は，アミノ酸に共通な異化産物である❻＿＿＿＿＿と，残りの部分であるそれぞれの❼＿＿＿＿＿に分解される．

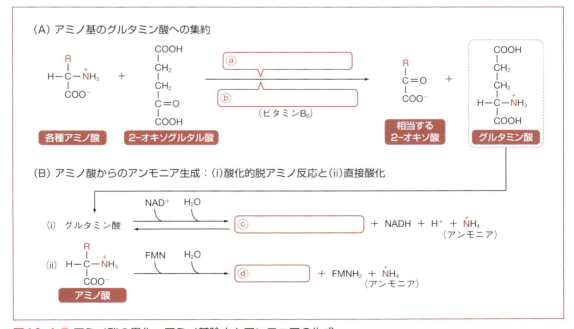

図10-1 ● アミノ酸の異化：アミノ基除去とアンモニアの生成

📍不要になったアミノ酸は，まず**ビタミンB₆（ピリドキサールリン酸）**を補酵素とする酵素である❽＿＿＿＿＿＿＿により，アミノ基が❾＿＿＿＿＿＿＿（α-ケトグルタル酸ともいう）に移されて❿＿＿＿＿＿＿を生成し，自身は相当する**2-オキソ酸（α-ケト酸ともいう）**になる（p.103，**図10-1A**．例：アスパラギン酸→オキサロ酢酸，アラニン→ピルビン酸）．つまり，アミノ基はすべていったん❿＿＿＿＿＿＿に集められる．

📍❿＿＿＿＿＿＿に集まったアミノ基は，**グルタミン酸デヒドロゲナーゼ**による酸化反応（NAD⁺存在下）によって❻＿＿＿＿＿＿として除去される．この反応をグルタミン酸の⓫＿＿＿＿＿＿＿という．その他にアミノ酸が補酵素のFMNとL-アミノ酸オキシダーゼで直接酸化されて❻＿＿＿＿＿＿ができる経路もある（**図10-1B**）．

📍❻＿＿＿＿＿＿は有毒なため，すぐにアミノ酸合成に利用されない場合，哺乳動物では⓬＿＿＿＿＿に運ばれ，⓭＿＿＿＿＿（⓮＿＿＿＿＿＿＿＿＿ともいう）で毒性の少ない尿素に変換されたのちに血中に移動し，尿として排泄される（**図10-2**）．

📍⓭＿＿＿＿＿では，まず，アンモニアがミトコンドリアに入り，2 molのATPと炭酸塩の存在下で**カルバモイルリン酸**となったのち，⓯＿＿＿＿＿と反応して⓰＿＿＿＿＿が生成される．細胞質に出た⓰＿＿＿＿＿はアスパラギン酸とATPの作用で**アルギノコハク酸**（アルギニノコハク酸ともいう）となり，さらに⓱＿＿＿＿＿と⓲＿＿＿＿＿に解裂する．

📍⓱＿＿＿＿＿は**アルギナーゼ**の働きで尿素を放出して⓯＿＿＿＿＿に戻り，ミトコンドリアに入る．⓱＿＿＿＿＿はタンパク質の要素としても利用され，⓲＿＿＿＿＿はミトコンドリアでクエン酸回路の基質としてエネルギー産生に利用される．

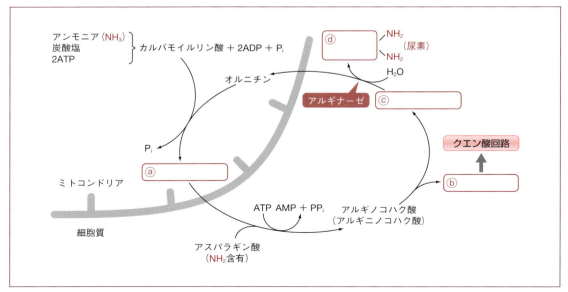

図10-2 尿素回路（オルニチン回路）

アミノ酸からアミノ基が外れた炭素骨格は，各アミノ酸に固有の代謝経路で代謝され，ピルビン酸，2-オキソグルタル酸，フマル酸，スクシニルCoA，オキサロ酢酸，アセチルCoA，❶_____のいずれかに行き着く（図10-3）．これらの物質はクエン酸回路の基質，あるいはそれに至る物質なので，クエン酸回路に供され，水と二酸化炭素になり，ATPが合成される．

血中グルコース濃度が低下したり，相対的に細胞内アミノ酸異化の割合が上昇したりすると，すでに述べたアミノ酸由来の炭素骨格化合物はむしろエネルギー物質の合成に用いられる．ピルビン酸，2-オキソグルタル酸，フマル酸，スクシニルCoA，オキサロ酢酸は，糖新生経路を利用してグルコース合成に向かうことができるので，❷_____であるという．

ピルビン酸は直接❸_____からリンゴ酸になり（注：❸_____の量が制限的なのでクエン酸にはなりにくい），ミトコンドリア外に出る．これに対して，アセチルCoA，❶_____に向かうアミノ酸（トレオニン，イソロイシン，ロイシン，トリプトファン，リシン，フェニルアラニン，チロシン）は，❶_____を経てケトン体の合成に向かうことができるので，❹_____であるという（第8章，p.84 参照）．ただ，これらのアミノ酸のいくつかは糖原性でもあり，もっぱら❹_____なのは❺_____と❻_____である（❺_____は代謝途中でグルタミン酸を遊離させる反応があり，真の❹_____から除く場合もある）．

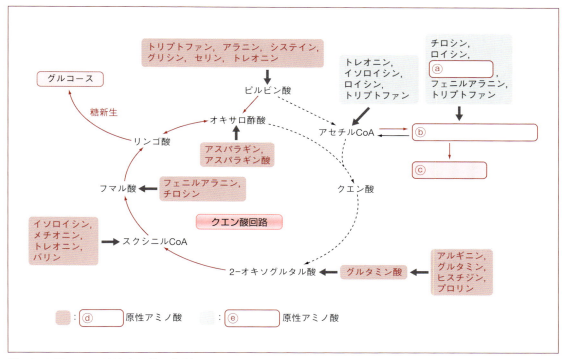

図10-3 ● アミノ酸炭素骨格の代謝

C 窒素の同化とアミノ酸の合成

生体が必要とするアミノ酸の多くは，細胞内タンパク質の加水分解やタンパク質の摂取後に消化・吸収されたアミノ酸でまかなわれるが，自らで合成することもできる．

すべての生物は㉕＿＿＿＿＿を有機物に結合させてアミノ酸を合成する**窒素同化**を行うことができ，植物では窒素を㉖＿＿＿＿＿のかたちで取り込み，アンモニアに還元してから利用することもできる．窒素同化でつくられる最初のアミノ酸はグルタミンとグルタミン酸である（図10-4）．

㉗＿＿＿＿＿は2-オキソグルタル酸とアンモニアがグルタミン酸デヒドロゲナーゼとNADPHの作用で還元されてつくられるが，同じ酵素は酸化作用，つまり，㉗＿＿＿＿＿の分解でも働く．

一方，グルタミンはATP存在下において，㉗＿＿＿＿＿とアンモニアから㉘＿＿＿＿＿によって生成される．この反応は㉙＿＿や筋肉において有害なアンモニアを吸収するために重要である．

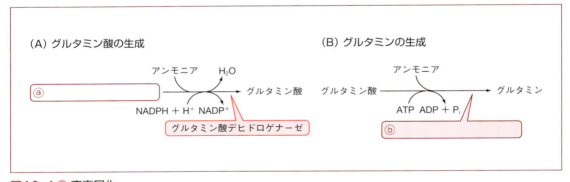

図10-4 ● 窒素同化

グルタミン酸，グルタミン以外のアミノ酸は，㉚＿＿＿＿，㉛＿＿＿＿＿，あるいは㉜＿＿＿＿＿のいずれかの代謝系の基質が前駆体となり，それらにアミノ基が転位して合成される（図10-5）．ヒトにおいて，このように自前で合成できるアミノ酸を非必須アミノ酸という．バリン，㉝＿＿＿＿，イソロイシン，リシン，トレオニン，メチオニン，㉞＿＿＿＿＿，トリプトファン，ヒスチジンの9種類は合成できないか，できても制限的なため，栄養として摂取する必要がある．このようなアミノ酸を㉟＿＿＿＿＿という．

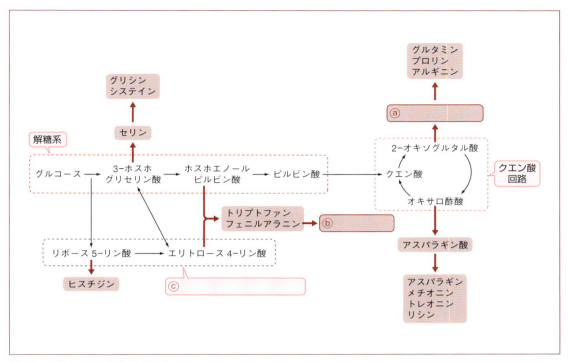

図10-5 アミノ酸生合成経路

> **解説　微生物の窒素利用**
>
> 硝酸菌は亜硝酸を硝酸に，亜硝酸菌はアンモニアを亜硝酸に酸化することができる．空気中の窒素からアンモニアをつくる現象を**窒素固定**といい，いくつかの細菌がこの活性をもつ．そのなかの1つであるアゾトバクター属細菌はマメ科植物の根のコブ（根瘤）に生息し，宿主個体には合成したアンモニアを与え，自身は植物から有機物を養分として得ている．

D アミノ酸からつくられる含窒素化合物

アミノ酸は以下で述べるように，多数の化合物の合成前駆体としても必須の存在になっている（p.108，**図10-6**）．なお，ヌクレオチドとポルフィリンもアミノ酸が原料となるが，これらに関しては**第11章**（p.113）で述べる．

1 アルギニンやグリシンを前駆体とするもの

この2種類のアミノ酸からは，グアニジノ酢酸を経たのち，S-アデノシルメチオニンからメチル基を受けて㊱＿＿＿＿＿が生成し，脳や筋肉においてはエネルギー貯蔵物質の**クレアチンリン酸**となる．なお，クレアチンリン酸が分解してできる㊲＿＿＿＿＿は速やかに腎臓から排出される老廃物であるが，腎機能が低下すると血中の濃度が上がるため，血中クレアチニン量測定は腎機能の指標として用いられる．

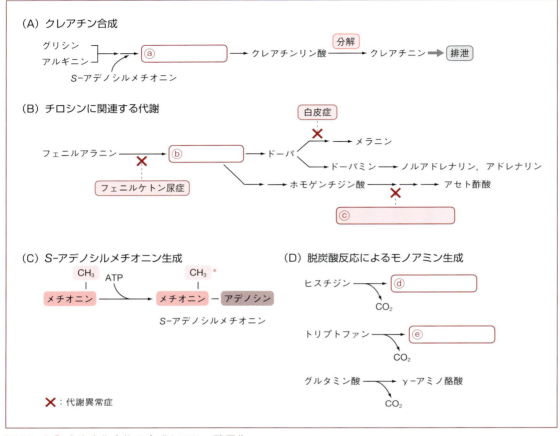

図10-6 含窒素化合物の合成とアミノ酸異化

2 チロシンを前駆体とするもの

チロシンは，生体では㊳_____から生成する．チロシンが代謝してできる重要な物質に㊴_____があり，㊴_____はドーパミンを経て，神経伝達物質であるノルアドレナリン，㊵_____（別名：エピネフリン）となる．㊴_____は皮膚や毛髪の色素物質である㊶_____の前駆体でもある．チロシンはこのほか，甲状腺ホルモンの㊷_____や電子伝達系の物質であるユビキノンの前駆体にもなる．

3 メチオニンを前駆体とするもの

メチオニンの硫黄にアデノシンが結合すると，メチル基供与体として使われる㊸_____（SAM）が生成する．

4 アミノ酸からのモノアミン生成

アミノ酸から脱炭酸反応によってカルボキシ基が外れるとアミノ基を1個もつ㊹_____となる．この反応で，ヒスチジンからはアレルギー物質や筋収縮物質となる㊺_____，トリプトファンからは神経伝達物質の㊻_____，セリンからはリン脂質の成分であるエタ

ノールアミンができる．酸性アミノ酸のグルタミン酸が脱炭酸反応を受けると神経伝達物質の㊼＿＿＿＿＿＿（GABA）が生成する．

5 その他の経路

グリシンからはヘム，㊽＿＿＿＿＿＿からは一酸化窒素，システインからはタウリンができる．グルタチオンはシステイン，グルタミン酸，グリシンからできる．ヌクレオチド合成ではアスパラギン酸やグルタミン酸が使われる．

E アミノ酸代謝異常症

先天的にアミノ酸異化にかかわる酵素に欠陥があると㊾＿＿＿＿＿＿となり，血中や尿中に当該アミノ酸やその代謝中間体が出現・蓄積する．このなかにはフェニルアラニン異化に欠陥がある㊿＿＿＿＿＿＿，チロシン異化に欠陥がある(51)＿＿＿＿＿＿（チロシン分解中間体であるホモゲンチジン酸がたまる）や**白皮症**（あるいは白子症．メラニン合成経路に異常がある），分岐アミノ酸異化に欠陥があるメープルシロップ尿症，メチオニンの異化障害で起こるホモシスチン尿症など，さまざまなものがある（**図10-6**）．

㊾＿＿＿＿＿＿の多くが常染色体劣性の遺伝様式をとり，知能障害，発育障害などの症状を呈する．㊿＿＿＿＿＿＿の新生児には，フェニルアラニンを制限したミルクを与える必要がある．

学習確認テスト ✓

問1 以下の文章が正しい（○）か否（×）かを判断しなさい．

A 窒素代謝におけるアミノ酸の意義

① (　) タンパク質は生体内では意外に不安定で，一定の割合で分解される．生体は分解された分を合成するため，常に一定量のアミノ酸を準備している．

② (　) 生体の元素量のうち，生理状態や栄養状態で最も変動するのは窒素である．

③ (　) 気体窒素をアンモニアにすることを窒素同化，無機窒素を有機物に組み込むことを窒素固定という．

④ (　) 生体において窒素ダイナミクスの基本となって維持，利用される物質はアンモニアである．

B アミノ酸の分解

① (　) アミノ酸異化から完全分解に至るプロセスの概要は，アミノ基のアンモニアとしての除去→尿素→排泄と，残りの炭素骨格の代謝→クエン酸回路→二酸化炭素，水，ATPの生成である．

② (　) 不要アミノ酸のアミノ基は，外れたあと，いったん2-オキソグルタル酸に移される．

③ (　) 酸化的脱アミノ反応とは，種々の不要アミノ酸のアミノ基が外れて，アンモニアと2-オキソ酸になる反応である．

④ (　) 尿素回路では3 molのATPが消費されるなど，多くの正味のエネルギーが要る．

⑤ (　) 尿素回路でアルギニンが生成するため，アルギニンは非必須アミノ酸となる．

⑥ (　) 糖原性アミノ酸の糖骨格部分のうち，アセトアセチルCoAになったものはアセチルCoAを経由してクエン酸回路に入り，リンゴ酸からグルコース合成の経路に入る．

⑦ (　) 糖質制限状態では，アミノ酸は積極的にグルコースやケトン体の産生にまわされる．

⑧ (　) ロイシンとイソロイシンはもっぱらケト原性としての挙動を示す．

C 窒素の同化とアミノ酸の合成

① (　) タンパク質合成に使われるアミノ酸は基本的に体内で合成されたものである．

② (　) 窒素同化のアミノ酸合成基質は2-オキソグルタル酸かグルタミン酸である．

③ (　) グルタミン酸デヒドロゲナーゼはアミノ酸合成に使われるが，分解にも作用する．

④ (　) アンモニアは有毒であるが，それをすぐにグルタミン酸に結合させることにより毒性環境の解消が図られる．

⑤ (　) 必須アミノ酸とは，アミノ酸生合成の中心となるもので，9種類ある．

⑥ (　) 根瘤細菌はマメ科植物の根に寄生し，養分を一方的に奪うという生態を示す．

D アミノ酸からつくられる含窒素化合物

① ( ) クレアチンはグリシンとアルギニンを前駆体とし，途中，メチオニン誘導体のS-アデノシルメチオニン（SAM）もかかわり生成する．クレアチニンはクレアチンがリン酸化されたエネルギー物質である．

② ( ) ドーパは神経伝達物質の前駆体であるが，フェニルアラニンが直接の前駆体となる．

③ ( ) 皮膚や毛髪の黒い色素であるメラニンはグリシンからいくつかの反応を経てできる．

④ ( ) メチオニンの誘導体のS-アデノシルメチオニンは，基質にヌクレオチドであるアデノシンを付加させる供与体として挙動する．

⑤ ( ) ヒスタミンはアミノ酸からカルボキシ基がとれたモノアミンの一種である．

⑥ ( ) グルタミン酸が脱炭酸されると神経伝達物質のγ-アミノ酢酸が生成される．

⑦ ( ) 生理活性をもつ含窒素気体の二酸化窒素はアルギニンからつくられる．

E アミノ酸代謝異常症

① ( ) 常染色体劣性の遺伝形式をとるアミノ酸代謝異常症の多くは，あるアミノ酸の分解が亢進する疾患で，治療としてはそのアミノ酸を十分補給する必要がある．

② ( ) アルカプトン尿症では，チロシンの異化産物であるアルカプトンが蓄積する．

③ ( ) フェニルケトン尿症の新生児患者にはチロシン制限ミルクを与える必要がある．

問2 A～Pの説明に該当する用語を1～16のなかから選びなさい．

1 窒素同化	2 窒素固定	3 必須アミノ酸
4 糖原性アミノ酸	5 ケト原性アミノ酸	6 トランスアミナーゼ
7 グルタミンシンテターゼ	8 グルタミン酸デヒドロゲナーゼ	
9 アルカプトン尿症	10 フェニルケトン尿症	11 グルタミン
12 グルタミン酸	13 チロシン	14 アルギニン
15 アドレナリン	16 クレアチン	

A 窒素同化の酵素でATPを必要とする．基質はグルタミン酸とアンモニアである． ( )

B そこから代謝された炭素骨格がグルコース合成に向かうことができるアミノ酸． ( )

C 生物がアンモニア状態の窒素を2-オキソグルタル酸やグルタミン酸に組み込んでアミノ酸をつくる現象． ( )

D 窒素同化にかかわるアミノ酸の1つで，グルタミン酸から生成する． ( )

E ピリドキサールリン酸を補酵素とし，種々のアミノ酸からアミノ基を2-オキソグルタル酸に移してグルタミン酸をつくる酵素． ( )

F 塩基性アミノ酸の一種で，尿素回路でも出現する．一酸化窒素の前駆体である．　（　）

G 芳香族アミノ酸の一種．フェニルアラニンからつくられ，メラニンの前駆体でもある．分解経路に異常があるとアルカプトン尿症を発症する．　（　）

H ある種の細菌類にみられる，空気中の窒素を還元してアンモニアをつくる現象．　（　）

I グリシンとアルギニンからできるグアニジノ酢酸を前駆体とする．筋肉や脳ではリン酸型がエネルギー物質となる．　（　）

J アミノ酸代謝異常症の１つ．チロシン分解経路に異常があり，ホモゲンチジン酸が蓄積する．　（　）

K 窒素同化の酵素でNADPHを必要とする．基質はアンモニアと２−オキソグルタル酸．　（　）

L モノアミンに属するカテコールアミンの一種で，ホルモンであるとともに神経伝達物質でもある．チロシンから生成するドーパを前駆体とする．　（　）

M 窒素同化にかかわるアミノ酸の１つであるとともに，除かれたアミノ基の集積物質となる．酸性アミノ酸の１つ．　（　）

N ロイシン，リシン，フェニルアラニン，トリプトファン，チロシン，トレオニン，イソロイシンが含まれる．　（　）

O フェニルアラニンからチロシンへの変換に欠陥があり発症する．通常であればほとんど生じないフェニルアラニンやその異化産物が蓄積する．　（　）

P ヒトでは９種類のアミノ酸が相当し，栄養として摂取する必要がある．　（　）

11 ヌクレオチドとポルフィリン

この章で学ぶこと

▶ 塩基，ヌクレオシド，ヌクレオチドの基本的構造と，その名称や略語がわかる
▶ ヌクレオチドの新生合成系，再利用系，および，それらの阻害剤や代謝異常症について理解する
▶ ヘムに関する合成や分解，鉄の代謝，ビリルビンの生成などの概略がわかる

必須用語

ヌクレオチド，ヌクレオシド，プリン塩基，ピリミジン塩基，アデニン，グアニン，シトシン，ウラシル，チミン，ヒポキサンチン，キサンチン，リボース 5-リン酸，PRPP，加リン酸分解，尿酸，HGPRT，プリン代謝異常症，痛風，ポルフィリン，ヘム，ヘモグロビン，ビリルビン，ウロビリノーゲン

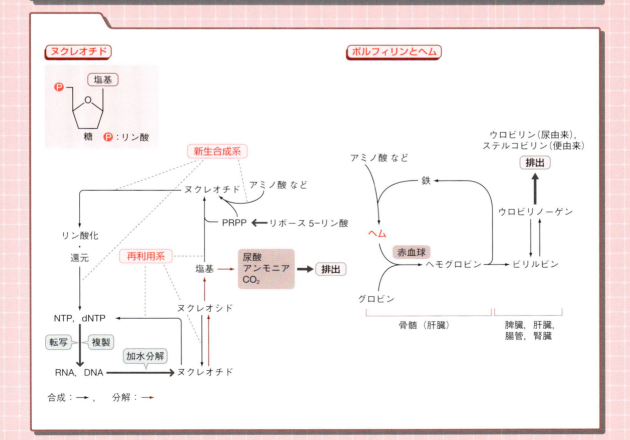

A ヌクレオチドの構造

- 核酸（DNA と RNA）を構成する単位物質を❶_____という．

- RNA の❶_____は，糖であるリボースの1位に塩基が結合したもの（これを❷_____という）を基本に，その糖の❸__位〔注：塩基が結合している糖の位置には「′（ダッシュ）」をつける〕にリン酸が結合した構造をもつ（図11-1）．

- RNA の塩基には❹__環をもつ❺_____（A）とグアニン（G），❻_____環をもつ❼_____（C）とウラシル（U）があり，それぞれカッコ内に示した略語で表す．❷_____の名称は，❺_____の場合はアデノシンとなる（表11-1）．リン酸は3個連続で結合することができ（一リン酸 monophosphate，二リン酸 diphosphate，三リン酸 triphosphate），糖に近い方から❽__，__，__とよばれる．

- アデノシン三リン酸は❾____と略し，一リン酸型ヌクレオチドは「〜ニル酸」ともよばれる〔例：アデノシン一リン酸（AMP）はアデニル酸，グアノシン一リン酸（GMP）はグアニル酸．ただし，イノシン一リン酸（IMP）はイノシン酸〕．

- DNA の❶_____は，糖はリボースの代わりに2-デオキシリボース，塩基はウラシルの代わりに❿____（T）が用いられ，グアニンと2個のリン酸をもつ❶_____は，デオキシグアノシン二リン酸（dGDP）という．なお，核酸合成反応の基質となる❶_____は常に三リン酸型である．塩基あるいはヌクレオシド全般はNと略されるので，三リン酸型ヌクレオチドは，NTPやdNTPと記す．

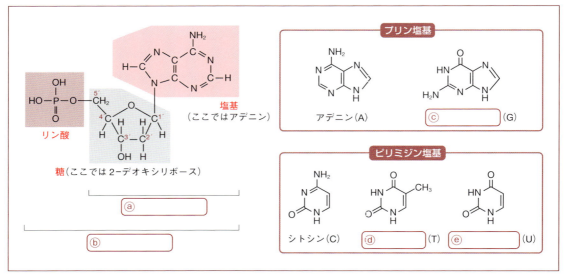

図11-1 ● 塩基，ヌクレオシド，ヌクレオチド

11. ヌクレオチドとポルフィリン

表11-1 ● ヌクレオシドとヌクレオチドの名称と略語

塩基		糖†	ヌクレオシド 名称	ヌクレオチド 一リン酸	二リン酸	三リン酸
プリン塩基	アデニン	R	ⓐ	アデニル酸（AMP）	ADP	ATP*1
		D	デオキシアデノシン	デオキシアデニル酸（dAMP）	dADP	dATP
	グアニン	R	グアノシン	ⓑ （GMP）	GDP	GTP
		D	デオキシグアノシン	デオキシグアニル酸（dGMP）	dGDP	dGTP
	ヒポキサンチン	R	ⓒ	イノシン酸（IMP）	IDP	ITP
ピリミジン塩基	シトシン	R	ⓓ	シチジル酸（CMP）	CDP	CTP
		D	デオキシシチジン	デオキシシチジル酸（dCMP）	dCDP*2	dCTP
	ウラシル	R	ⓔ	ウリジル酸（UMP）	UDP	UTP
	チミン	D	ⓕ	（デオキシ）チミジル酸（dTMP）	dTDP	dTTP

† R：リボース，D：デオキシリボース．
*1 ATP：アデノシン三リン酸．
*2 dCDP：ⓖ ．

● 付随する基の種類により，アデニンとシトシンはアミノ塩基，グアニンとチミンはケト塩基に分類される．

● プリン塩基の⓫＿＿＿＿＿をもつヌクレオシドはイノシン，キサンチンをもつヌクレオシドはキサントシンといい，ヌクレオチド代謝の途中に出現する．ヌクレオチドにはうま味を示すものが多い（**呈味性ヌクレオチド**．例：イノシン酸はカツオ節のうま味）．

B ヌクレオチドの新生合成

● ヌクレオチドの合成には，前駆体をもとにつくる新生合成系と，塩基を再利用する再利用系（**サルベージ経路**）の2つがある．

● 新生合成では，糖代謝系の1つである⓬＿＿＿＿＿＿で生成する**リボース 5-リン酸**（第5章，p.52 参照）からできる**ホスホリボシルピロリン酸**（⓭＿＿＿＿）を土台に，アミノ酸（アスパラギン酸，グルタミンなど）や二酸化炭素などを材料として塩基が構築される（p.116，図11-2）．

● プリンヌクレオチドの合成では，⓭＿＿＿＿に，すでに述べた物質のほかに，**葉酸誘導体**もかかわって塩基（ここでは**ヒポキサンチン**）が組み立てられ，最初のヌクレオチドである⓮＿＿＿＿＿（**IMP**）ができる．IMPは塩基変換反応によってグアニンをもつGMP，あるいはアデニンをもつAMPとなり，GMPからはGTPとdGTPが，AMPからはATPとdATPが生成する（図11-2A）．

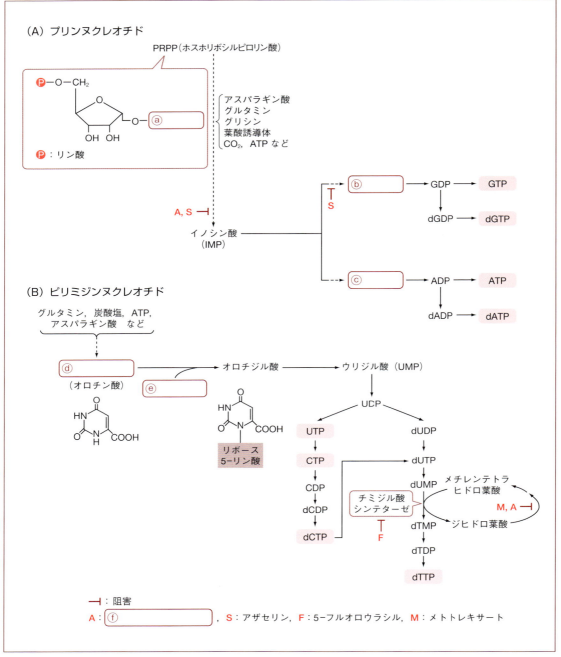

図11-2 ヌクレオチドの新生合成経路

> ピリミジンヌクレオチドの合成では，まず中間体として❶⑤＿＿＿＿＿＿（あるいは**オロチン酸**）という塩基ができ，これが❶③＿＿＿＿と反応して最初のヌクレオチドである❶⑥＿＿＿＿＿＿が生成する．脱炭酸反応によって，❶⑥＿＿＿＿＿＿から**ウリジル酸**（あるいは**ウリジン一リン酸，UMP**），つづいてUDPができ，その後，**UTP**からCTPや種々の反応を経てdCTPがつくられる（**図11-2B**）．

- ❼_____ は，dUMPがメチレンテトラヒドロ葉酸と❽_____ の働きでdTMPとなり，そこから生成する．反応後のジヒドロ葉酸はいくつかの反応を経てメチレンテトラヒドロ葉酸に戻り，再利用される（**図11-2B**）．

- ヌクレオチド合成阻害剤は細胞増殖を抑制するため**抗がん剤**になりうる．**葉酸拮抗剤**の❾_____ は，IMP生成阻害（すなわち，プリンヌクレオチド合成阻害）や葉酸再利用系阻害（すなわち，dTTP生成阻害）の活性をもち，また葉酸再利用系は❿_____ でも抑えられる．グルタミン類似物質の**アザセリン**は，IMPやGMPの生成を阻害し，**5-フルオロウラシル**は❽_____ を阻害する（**図11-2**）．

C ヌクレオチドの分解と再利用，および関連する疾患

- 細胞が死ぬと，核酸はヌクレオチドに分解（異化）され，その後，リン酸がとれてヌクレオシドとなる．さらにヌクレオシドホスホリラーゼによる㉑_____ で，DNAの場合はデオキシリボースーリン酸と塩基，RNAの場合はリボースーリン酸と塩基に分かれる．プリン塩基は㉒_____ に集約されたのち，㉓_____ に変換されて尿や便から排泄され（**図11-3**），ピリミジン塩基は最終的に二酸化炭素とアンモニアに分解される（p.118，**図11-4**）．

- すでに述べた代謝で生じたヌクレオシドや塩基は，ヌクレオチド合成に再利用される．再利用系は新生合成系のようにATPを大量に消費することがないため，積極的に利用される．

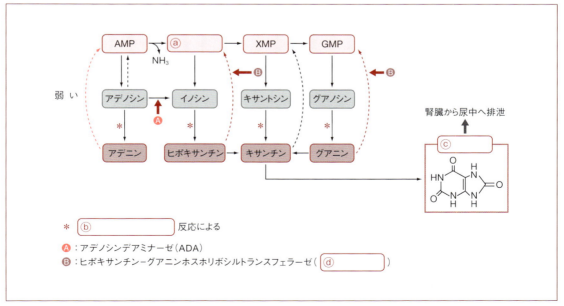

図11-3 ● プリンヌクレオチドの異化と再利用

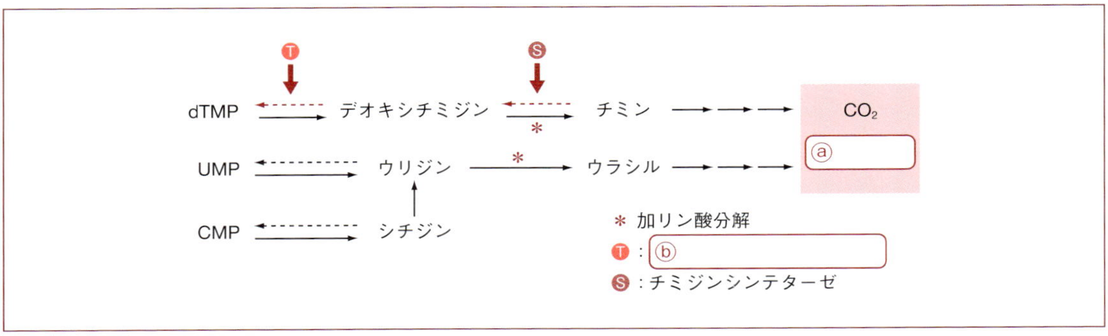

11. ヌクレオチドとポルフィリン

図11-4 ● ピリミジンヌクレオチドの異化と再利用

* 加リン酸分解
- Ⓣ：ⓑ
- Ⓢ：チミジンシンテターゼ

● ピリミジンヌクレオシドとアデノシンは，該当するキナーゼ（例：チミジンであれば㉔_____）によってリン酸が付加されて一リン酸型ヌクレオチドとなり，その後，新生合成経路に入る．しかし，㉕_____，キサンチン，㉖_____のプリン塩基をもつヌクレオシドをリン酸化するキナーゼ活性はないため，いったん塩基となり，PRPPが作用して該当する一リン酸型ヌクレオチドとなる．

● このうち，㉕_____と㉖_____には㉗_____（**ヒポキサンチン-グアニンホスホリボシルトランスフェラーゼ**）が働く．㉘_____の場合はこの経路が微弱なため，すでに述べたようにヌクレオシドのアデノシンがリン酸化されるか，㉙_____（ADA）でいったんイノシンに変換されたのちに㉗_____経路に入る（p.117，**図11-3**）．

● ヌクレオチド異化に欠陥があると，特徴ある疾患を発症するが，そのほとんどは**プリン代謝異常症**である．**尿酸**は水に溶けにくいため，血中の尿酸濃度が上がると，生じた結晶によって組織が冒されて㉚_____を発症する．この予防としては，核酸の多い食品の制限や，飲酒の制限がいわれている（エタノールに由来する㉛_____がATP→AMP + PPiと共役してアセチルCoAになり，このときAMPを分解・排出しようとして尿酸の生成が増えるため）．

● 尿酸はHGPRT活性が低下しても増え（PRPPが過剰になり，核酸合成が亢進する），HGPRTが完全に欠損すると㉜_____を引き起こす．㉙_____（ADA）欠損症になると細胞にdATPがたまり，dATPの毒性が免疫細胞のT細胞に強く出るため，**重症複合型免疫不全症**を発症する．

D ヘムの合成

● 窒素を含む**ピロール環**が4個結合した閉環環状分子を㉝_____という．生物で重要な㉝_____は**ヘム**（**血色素**）と㉞_____（**葉緑素**）であり，ヘムは鉄，㉞_____は㉟_____を含む．

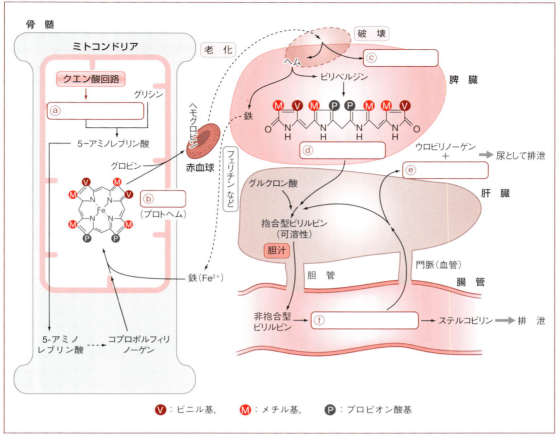

図11-5 ● 人体におけるヘムの代謝

- ヘムは酵素（例：シトクロム c，カタラーゼ）のほか，酸素運搬タンパク質である ㊱_____ やミオグロビンにもみられ，骨髄の幼若な赤血球（一部は肝臓）で合成される．

- ミトコンドリアでグリシンとスクシニルCoAをもとに㊲_____（ALA）ができ，細胞質に出て㊲_____が4個結合する．その後，化学変化を経てコプロポルフィリノーゲンⅢとなったのち，再度ミトコンドリアに入り，さらに化学変化を受けてプロトポルフィリンとなり，そこに鉄が取り込まれてプロトヘム，いわゆるヘムとなる（図11-5）．ヘムに2個のα-グロビンと2個の㊳_____が結合した㊱_____は，4個の酸素分子を運ぶことができる．

E ヘムの分解とビリルビンの代謝

- ヘムは㊴_____などで赤血球分解，ヘモグロビン分解と連動して分解される（図11-5）．まず，ヘムオキシゲナーゼの作用で鉄が外れ（注：鉄はヘモグロビン合成のために再利用される），環状構造が壊れて緑色のビリベルジンとなり，これが還元されてオレンジ色の㊵_____となる．

📍 ❹⓪＿＿＿＿＿は肝臓に運ばれ，❹①＿＿＿＿＿＿によって可溶化し，**胆汁**として分泌される．腸管に入ると非抱合型となり，還元されて無色の❹②＿＿＿＿＿となる．この一部は腸で吸収され，肝臓で❹⓪＿＿＿＿＿となって再利用される（注：一部は尿から排泄される．尿の黄色は❹②＿＿＿＿＿が酸化された❹③＿＿＿＿＿のためである）．これをビリルビンの❹④＿＿＿＿＿という．

📍 腸管の未吸収の❹②＿＿＿＿＿は，黄褐色の**ステルコビリン**などに変化し，糞便として排泄される．赤血球破壊の亢進，肝機能低下などで**血中ビリルビン濃度**が高くなると，皮膚などが黄変する❹⑤＿＿＿＿となる．ヒトの鉄の60％は❹⑥＿＿＿＿＿，30％は**フェリチン**などの❹⑦＿＿＿＿＿にあり，残りの大部分は筋肉中の❹⑧＿＿＿＿＿にある（あとはおもに酵素類にある）．

学習確認テスト

問1 以下の文章が正しい(○)か否(×)かを判断しなさい．

A ヌクレオチドの構造

① (　) 塩基とデオキシリボース（あるいはリボース）が結合したものをヌクレオチドという．
② (　) DNAのプリン塩基はアデニンとグアニン，ピリミジン塩基はチミンとシトシンである．
③ (　) デオキシリボースにシトシンが結合したヌクレオシドをシチジンという．
④ (　) リン酸はヌクレオシド中の糖の5位に，1〜3個結合する．
⑤ (　) 三リン酸型ヌクレオシドのリン酸の位置は，リン酸末端からα，β，γである．
⑥ (　) 高エネルギー物質のATPとRNA合成用基質のATPは，実は別の物質である．
⑦ (　) ヒポキサンチンをもつヌクレオチドのIMPは核酸合成の基質ではない．

B ヌクレオチドの新生合成

① (　) ヌクレオチド合成の鍵となる物質であるリボース5-リン酸は，解糖系から供給される．
② (　) PRPPのリン酸は，糖の1位と5位に合計3個ついている．
③ (　) 塩基の組み立ての材料となる窒素化合物はアンモニアである．
④ (　) ヌクレオチドの新生合成系において最初にできるプリンヌクレオチドはGMP，ピリミジンヌクレオチドはオロト酸である．
⑤ (　) アミノプテリンがあると細胞は死ぬが，ヒポキサンチンとともに加えると生存する．
⑥ (　) PRPPと種々の物質からできるピリミジン環をもつ物質は，塩基性の性質を示す．

C ヌクレオチドの分解と再利用，および関連する疾患

① (　) ヌクレオチド異化では，まずヌクレオシドとなり，つぎに塩基が糖から外れる．
② (　) プリン塩基の異化では，塩基はいったんキサンチンに集約され，その窒素部分は尿酸に代謝される．そして，それが肝臓で無毒の尿素に変換される．
③ (　) ヌクレオチド合成で積極的に使われるのは新生合成系で，再利用系は補助的に使われる．
④ (　) プリン塩基の再利用では，すべての塩基はいったんヒポキサンチンあるいはグアニンに変換され，それらがPRPPとHGPRTの作用でIMPとなり，その後，新生合成経路に入る．
⑤ (　) 痛風など，多くのピリミジンヌクレオチド代謝異常症が知られている．
⑥ (　) アルコール飲料や核酸の多い食品を多量に摂取すると痛風が起こりやすくなる．
⑦ (　) 再利用系を用いたヌクレオチド合成系では，プリン塩基とピリミジン塩基の直接変換も起こる．
⑧ (　) ピリミジンヌクレオチドの分解（異化）と尿素回路はある部分でつながっている．

D ヘムの合成

① (　) ポルフィリンは4個のピロール環が連結した構造をもち，それぞれに金属が結合する．
② (　) ヘモグロビンは赤血球，ミオグロビンは筋肉に含まれ，酸素と結合する．
③ (　) ヘムは血液と同じく骨髄でつくられる．

E ヘムの分解とビリルビンの代謝

① (　) 赤血球はまず脾臓で壊され，そこで生じたヘモグロビンが肝臓で異化される．
② (　) ビリルビンはオレンジ色，ステルコビリンは黄褐色，ウロビリンは黄色を呈する．
③ (　) ヒトの体内にある鉄の半分以上は赤血球のなかにある．

問2 A～Nの説明に該当する用語を1～14のなかから選びなさい．

1 アデニン	2 グアニン	3 シトシン	4 チミン
5 ウラシル	6 ヒポキサンチン	7 PRPP	8 IMP
9 オロチジル酸	10 加リン酸分解	11 HGPRT	12 ヘモグロビン
13 ウロビリノーゲン	14 ヘム		

A　DNAに特有な塩基で，チミジンシンテターゼによってチミジンになる．　(　)
B　プリンヌクレオチド新生合成における最初のヌクレオチド．AMP，GMPの前駆体．(　)
C　プリン塩基の1つで，ATPにも含まれ，アデノシンの成分でもある．　(　)
D　ヌクレオシドホスホリラーゼによってヌクレオシドから塩基が切り出される反応．(　)
E　酸素を運ぶタンパク質で，赤血球中に存在する．　(　)
F　RNAに特有なピリミジン塩基．　(　)
G　二リン酸をもつリン酸化リボースであり，ヌクレオチド合成の普遍的な前駆体．(　)
H　オロト酸とPRPPからつくられる，ピリミジン新生合成の最初のヌクレオチド．(　)
I　ピリミジン塩基の1つ．ウラシルにアミノ基がついた構造をもつ．　(　)
J　ビリルビンが変換されて腸管で生じる．一部は吸収されて肝臓でビリルビンとなり再利用されるが，残りは糞便中のステルコビリンとして排泄される．　(　)
K　プリン塩基の1つ．HGPRTによりGMPに変換される．　(　)
L　イノシン中の塩基で，HGPRTの基質になる．生合成では葉酸誘導体が必要である．(　)
M　プリンヌクレオチドの再利用系で働く酵素．グアニンとヒポキサンチンに作用する．(　)
N　クロロフィルに似た物質で，鉄を含む．グリシンとスクシニルCoAから生成する．(　)

12 ホルモンとビタミン

この章で学ぶこと

▶ 代表的なホルモンの作用，その分泌器官を理解し，欠乏症や過剰症がわかる
▶ 非典型的なホルモンやオータコイドについて理解する
▶ ホルモンの相互作用や協調，競合などによる生体における恒常性の維持の仕組みがわかる
▶ ビタミンの分類，種類，作用，欠乏症などがわかる

必須用語

ホルモン，ビタミン，内分泌，視床下部，下垂体，甲状腺，副甲状腺，ランゲルハンス島，副腎皮質ホルモン，副腎髄質ホルモン，卵胞ホルモン，黄体ホルモン，脳−消化管ホルモン，恒常性の維持，バソプレッシン，アンジオテンシン，カテコールアミン，糖尿病，オータコイド，サイトカイン，B群ビタミン，ビタミンC，ビタミンA，ビタミンD

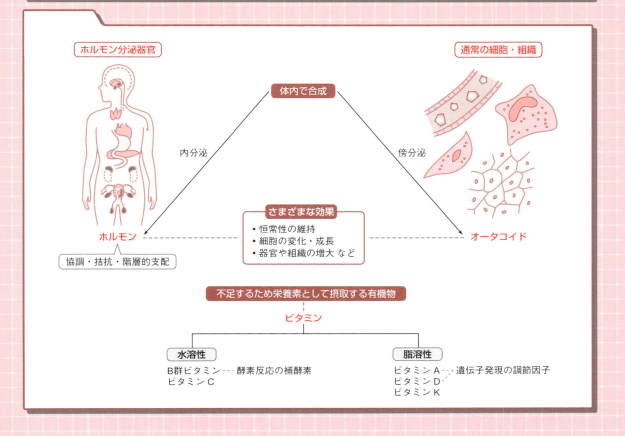

12. ホルモンとビタミン

A 生理機能を調節する因子：ホルモンとビタミン

- ❶_____や❷_____は，代謝調節能を介して微量で生理活性を現し，不足すると欠乏症という病的症状が現れる．❶_____は特定の組織から分泌され，血液で運ばれて標的組織に達するが，この分泌形式を❸_____という．その多くは❹_____やペプチドであるが，ステロイド，アミノ酸，アミンの場合もある．

- ❶_____は細胞表面や細胞内の受容体タンパク質に結合したのち，その刺激が二次刺激，三次刺激……と下流の反応を順次誘発し，タンパク質動態の変化や遺伝子発現変化を介して細胞の状態を変化させる．

- ❷_____は体内では十分に合成できないため，栄養素として摂取する必要のある有機物であり，水溶性と脂溶性に大別される．水溶性のものは代謝調節因子であり，脂溶性のものは遺伝子発現調節因子である．

B それぞれの器官から分泌されるホルモン

- ❺_____からは，（脳）下垂体前葉からのホルモンの分泌を促進するホルモン（例：甲状腺刺激ホルモン放出ホルモン，成長ホルモン放出ホルモン），あるいは抑制するホルモン〔例：成長ホルモン抑制ホルモン（❻_____）〕，すなわち，種々の❼_____が分泌される（表12-1）．

- 脳の一部である松果体からは，睡眠を誘導するメラトニンが分泌される．

- ❽_____は❺_____にぶら下がって存在し，前葉，中葉，後葉からなる．前葉からは生育にかかわる❾_____，乳汁分泌にかかわるプロラクチン，そして複数の刺激ホルモン〔例：副腎皮質刺激ホルモン，甲状腺刺激ホルモン，2種類の❿_____（ゴナドトロピンともいう．黄体形成ホルモンと卵胞刺激ホルモンがある）〕が放出される．❾_____の効果は肝臓でつくられる⓫_____を介して発揮される．後葉からは抗利尿ホルモンの⓬_____や乳汁分泌や子宮収縮にかかわる⓭_____が分泌される．これらは❺_____でつくられたあと後葉に移送・蓄積される．

- ⓮_____からは基礎代謝活性上昇に効くヨウ素を含む⓯_____（T_4）が分泌され，末梢でより活性の高い⓰_____（T_3）に変換される．このほか，血中Ca^{2+}濃度の抑制にかかわる⓱_____も分泌される．

- 副甲状腺（上皮小体ともいう）は，血中Ca^{2+}濃度の上昇能がある⓲_____を分泌する．

表12-1 ● それぞれの器官から分泌されるホルモン（その1）

分泌器官		ホルモン名（略号，別名）	おもな作用
視床下部		副腎皮質刺激ホルモン放出ホルモン（CRH）	下垂体前葉におけるACTHの合成・分泌を促進
		成長ホルモン放出ホルモン（GHRH）	下垂体前葉におけるGHの合成・分泌を促進
		黄体形成ホルモン放出ホルモン（LHRH）	下垂体前葉におけるLH・FSHの合成・分泌を促進
		ⓐ_____ホルモン（TRH）	下垂体前葉におけるTSHの合成・分泌を促進
		ソマトスタチン（成長ホルモン抑制ホルモン）	下垂体前葉におけるGHの合成・分泌を抑制
松果体		メラトニン	睡眠や日周（概日）リズムの調整
下垂体前葉		ⓑ_____（GH）	全身の成長を促進 タンパク質合成や糖新生の促進 肝臓におけるソマトメジンの合成を促進
		甲状腺刺激ホルモン（TSH）	甲状腺ホルモンの合成・分泌を促進
		副腎皮質刺激ホルモン（ACTH）	副腎皮質ホルモンの合成・分泌を促進
		卵胞刺激ホルモン（FSH）	卵巣における卵胞の発育と成熟を促進 精巣における精細管成熟・精子形成を促進
		黄体形成ホルモン（LH）	卵巣における排卵・黄体形成を促進 精巣における男性ホルモンの合成・分泌を促進
		プロラクチン	乳汁の分泌を促進
下垂体後葉		抗利尿ホルモン（ⓒ_____）	腎臓における水の再吸収を促進（抗利尿作用） 血圧上昇作用，ACTH分泌促進
		オキシトシン	子宮平滑筋を収縮，乳汁の射出を促進
甲状腺		トリヨードチロニン（T₃）	成長や基礎代謝を維持 酸素消費，熱産生を促進
		ⓓ_____（T₄）	
		カルシトニン	骨からのリン酸カルシウムの放出を抑制
副甲状腺（上皮小体）		副甲状腺ホルモン（ⓔ_____）	骨からのリン酸カルシウムの放出を促進 腎臓でのカルシウム再吸収を促進，リン酸排泄を増加 腎臓におけるビタミンDの活性化を促進
膵臓（膵島）	B細胞（β細胞）	ⓕ_____	筋肉のグルコース取り込みと筋肉・肝臓におけるグリコーゲン合成を促進 肝臓と腎臓における糖新生を抑制 脂肪組織におけるグルコース取り込みおよび脂肪合成を促進
	A細胞（α細胞）	ⓖ_____	肝臓におけるグリコーゲン分解・糖新生を促進
	D細胞（δ細胞）	ソマトスタチン	下垂体前葉におけるGHの合成・分泌を抑制

📍 膵臓の内分泌腺である❶_____（膵島）から分泌されるおもなホルモンとしては，α細胞（A細胞）から分泌され，血糖濃度を上げる❷_____，β細胞（B細胞）から分泌され，血糖濃度を下げる㉑_____，δ細胞（D細胞）から分泌される**ソマトスタチン**がある．

表12-2 ● それぞれの器官から分泌されるホルモン(その2)

分泌器官		ホルモン名(略号,別名)	おもな作用
副腎皮質		ミネラルコルチコイド(鉱質コルチコイド)	腎臓におけるNa⁺とCl⁻の再吸収,K⁺とH⁺の排泄を促進
		グルココルチコイド(糖質コルチコイド)	糖新生,タンパク質分解の促進,および顔・胴部の脂肪沈着を促進
		性ホルモン	(男性ホルモンおよび卵胞ホルモンの作用を参照)
副腎髄質		アドレナリン,ノルアドレナリン	平滑筋収縮,心拍数の増加,糖・脂質代謝を促進
精巣		男性ホルモン(ⓐ　　　)	男性の二次性徴を発現 生殖機能・精子形成を促進
卵巣	卵胞	卵胞ホルモン*(エストロゲン)	女性の二次性徴を発現 生殖機能・性周期を維持 骨吸収を抑制
	黄体	黄体ホルモン(ⓑ　　　)	性周期後半を維持 乳腺発育を促進
胃		ⓒ	胃酸分泌を促進
小腸		コレシストキニン	膵臓からの消化酵素分泌および胆嚢の収縮を促進
心臓		心房性ナトリウム利尿ペプチド	腎血管拡張により利尿を促進
		脳ナトリウム利尿ペプチド	血管平滑筋弛緩により血圧を降下

＊ 卵胞ホルモンは濾胞ホルモン,女性ホルモンともいわれる.

📍 **副腎**のホルモンは,物質としては㉒＿＿＿＿＿である㉓＿＿＿＿＿と,カテコールアミンである㉔＿＿＿＿＿に大別される(**表12-2**).

📍 ㉓＿＿＿＿＿のうち,㉕＿＿＿＿＿(例:**アルドステロン**)は腎臓機能に働いてイオンバランスを調整し,水の再吸収促進(血液量増大)による**血圧上昇効果**を発揮する.
㉖＿＿＿＿＿(例:**コルチゾール**)は糖新生促進やグルコース取り込み抑制を介して血糖量の上昇を起こすとともに,免疫抑制作用や抗炎症作用も示す.**デキサメタゾンは合成グルココルチコイド**で,抗炎症薬(いわゆるステロイド薬)として汎用されている.男性ホルモンの前駆体の副腎性アンドロゲンも分泌される.

📍 副腎髄質の起源は神経と同じであり,神経伝達物質としても作用する㉗＿＿＿＿＿類,すなわち,㉘＿＿＿＿＿,**ノルアドレナリン**,**ドーパミン**といった㉔＿＿＿＿＿が分泌され,「闘争と逃走」といった神経興奮状態の保持にかかわる.これらは神経に直接作用することもでき,また,その分泌は神経の支配を受けており,神経緊張で高まる.

📍 性腺については,女性では二次性徴発現にかかわる㉙＿＿＿＿＿(**エストロゲン**,**濾胞ホルモン**ともいう.例:**エストラジオール**),性周期の後半を維持する㉚＿＿＿＿＿(例:**プロゲステロン**)がつくられる.男性では精巣において**男性ホルモン**(㉛＿＿＿＿＿ともいう)の**テストステロン**が分泌される.

- 消化管もホルモンを分泌し，胃での❸2_____，十二指腸・小腸での❸3_____やセクレチンなどがある．腸管ホルモンのあるものは脳からも分泌されるので，❸4_____といわれる（例：P物質，ニューロペプチドY，ニューロテンシン）．

- このほか，心臓からは❸5_____（ANP）や脳ナトリウム利尿ペプチド（BNP）といった，尿量を増やし，血液水分量を減らすホルモンが，ヒトの胎盤からは妊娠の維持に必要な❸6_____が分泌される．

C ホルモンによる個体内環境の統御

- ホルモンには，"視床下部→下垂体前葉→末端のホルモン分泌器官"といった作用や分泌の**階層性**，末端のホルモンが上位のホルモンの分泌を抑制するという❸7_____調節があり，全体のバランスにより個体内環境が維持されている．これを❸8_____という．

- 一定の**血中**❸9_____**濃度**（**血糖量**．通常は0.08〜0.1%）は生命の維持に必須であり，その低下は生命の危険を伴う．血糖量が低下すると視床下部で感知され，その情報は下位の内分泌器官に伝わり，❹0_____，**アドレナリン**，**コルチゾール**，**チロキシン**，❹1_____などが分泌されることにより血糖量は上がる．❹0_____，アドレナリン，コルチゾールは，❹2_____を抑えて糖新生を促す．なお前者2つはグリコーゲンの分解を高め，コルチゾールはその合成を高める（p.48，**図5-4**参照）．血糖量を下げるホルモンは❹3_____のみで，細胞への❸9_____の取り込みを促進し，❹2_____の促進と糖新生の抑制，そして，グリコーゲン合成を促進する（**図12-1**）．

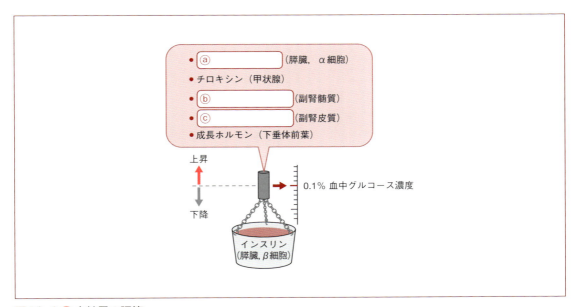

図12-1 ● 血糖量の調節

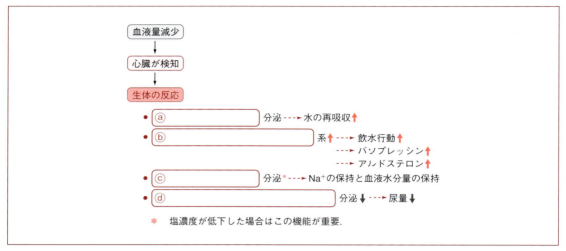

図12-2 ● 血液水分量の調節

● 体内の**水分量**や**塩分量**は血液に反映され，心臓で感知される．**血液量**が減ると，㊹＿＿＿＿＿＿＿＿が分泌されて腎臓での㊺＿＿＿＿＿＿が増え，血液量は増える．腎臓からは**レニン**が分泌され，㊻＿＿＿＿＿＿＿＿が増えて飲水行動が増し，また，㊹＿＿＿＿＿＿＿＿の分泌が増える（レニン-アンジオテンシン系）．さらに，尿量を増やす機能をもつ㊼＿＿＿＿＿＿＿＿＿＿＿＿の心臓からの分泌が減少するため血液量は増える．㊻＿＿＿＿＿＿＿＿は**アルドステロン**を分泌させ，腎臓でのNa^+の再吸収を促進し，浸透圧を上げて血液水分量を保持する（図12-2）．

● **血圧**は基本的に，血液量の増加と交感神経興奮による血管収縮という2つの要因で上昇する．血圧上昇には，カテコールアミン類，レニン-アンジオテンシン系，筋肉を収縮させる㊽＿＿＿＿＿＿＿＿がかかわる（図12-3）．

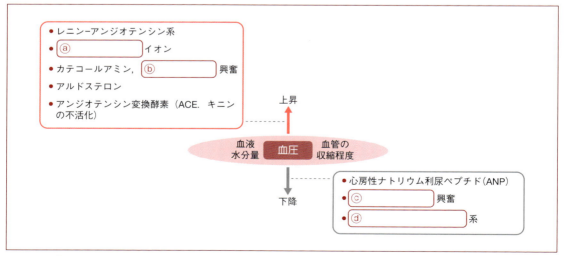

図12-3 ● 血圧の調節

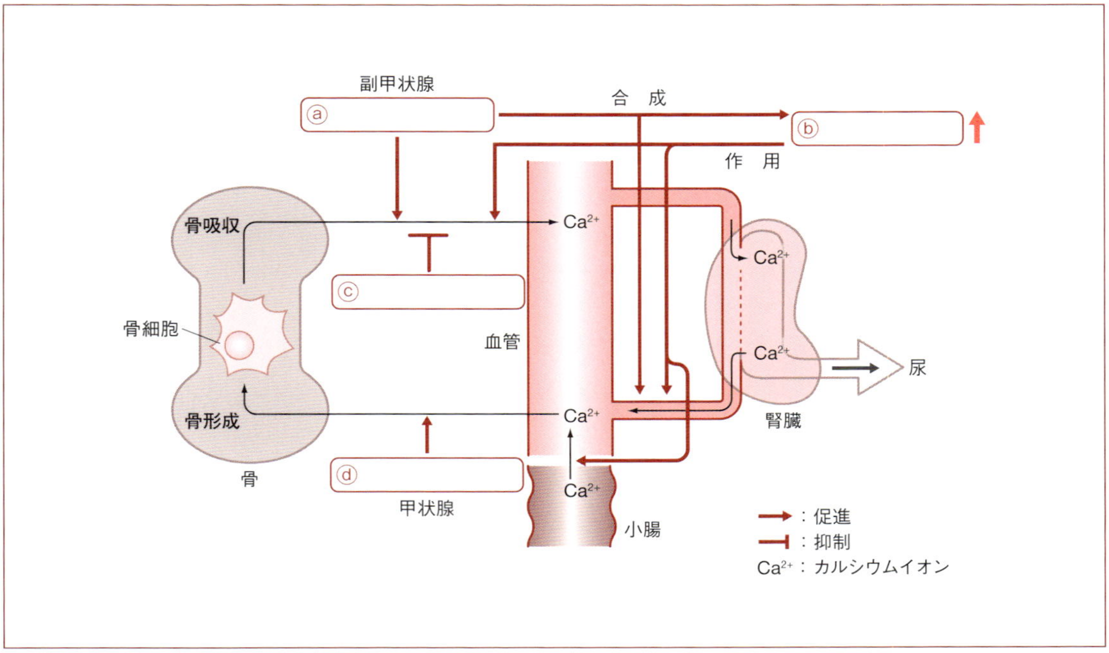

図12-4 ホルモンによるCa^{2+}動態の調節

- 酵素である**レニン**は**アンジオテンシンⅠ**を生成し，これが変換酵素によって**アンジオテンシンⅡ**となる．アンジオテンシンⅡは血管を収縮させ，また，副腎から㊾__________の分泌を増やすことにより，水分とともにNa^{+}も増やす（生体は腎臓からのNa^{+}排出を高めようとして血圧を㊿______）．

- アンジオテンシンⅡ自身にも血管収縮作用がある．血圧を下げるものとしては，(51)__________（キニンは血管拡張能をもつ）や㊼__________などがある．

- **カルシウム代謝**は，**摂取カルシウム量**，**骨形成**，その逆の**骨吸収**に影響される（**図12-4**）．(52)__________は骨吸収や腎臓でのCa^{2+}の再吸収を高めて血中Ca^{2+}濃度を上げ，さらに，腸からのCa^{2+}吸収を促進する(53)__________の活性化にかかわる．一方，(54)__________は血中Ca^{2+}濃度が上昇したときに分泌され，骨吸収と腎臓でのCa^{2+}の再吸収を抑制し，骨形成を促進して血中Ca^{2+}濃度の上昇を抑える．なお，女性ホルモンであるエストロゲンは骨吸収を抑えるので，これが減ると骨粗鬆症を発症しやすい．

D ホルモンに関連する疾患

- ホルモン分泌器官の機能低下や形成不全，あるいは分泌過剰や腫瘍化により，それぞれ欠損症や過剰症が発症しうる（p.130，**表12-3**）．

表12-3 ホルモンに関連する疾患

ホルモン	異常	疾患，特徴
成長ホルモン	不足	下垂体性低身長症
	過剰	下垂体性ⓐ＿＿＿＿，先端巨大症
バソプレッシン	過剰	抗利尿ホルモン分泌異常症候群（➡低ナトリウム血症）
	不足	尿崩症（➡多尿，低張尿）
副腎皮質刺激ホルモン	腫瘍による分泌亢進	ⓑ＿＿＿＿
甲状腺ホルモン	欠乏	慢性甲状腺炎（➡橋本病），クレチン症
	過剰	ⓒ＿＿＿＿
アルドステロン	過剰	原発性アルドステロン症
副腎性アンドロゲン	腫瘍による分泌亢進	副腎性器症候群（➡女性の男性化）
副腎髄質ホルモン	腫瘍による分泌亢進	褐色細胞腫による，高血圧症など
卵胞ホルモン	欠乏	ターナー症候群（染色体異常により起こる）
インスリン	不足	ⓓ＿＿＿＿
	過剰	ⓔ＿＿＿＿〔腫瘍（インスリノーマ）により起こる〕
ガストリン	腫瘍による分泌亢進	ゾリンジャー・エリソン症候群

成長ホルモンは，その不足が低伸長症，過剰が巨人症や先端巨大症の原因となる．クッシング病（クッシング症候群）は腫瘍によって(55)＿＿＿＿＿＿の分泌が亢進する．甲状腺ホルモンの過剰分泌では(56)＿＿＿＿，欠乏では橋本病やクレチン症が起こる．膵島のβ細胞の腫瘍化によりインスリン過剰になると(57)＿＿＿＿を起こすが，一般に重要な疾患は，インスリン分泌の不足・欠損やインスリン感受性の低下によって起こる(58)＿＿＿＿である．1型(58)＿＿＿＿は膵島β細胞の完全欠損が原因であり，疾患の多くを占める2型(58)＿＿＿＿はインスリンの分泌不足や(59)＿＿＿＿＿＿低下で発症する．

E オータコイドとサイトカイン

一般の器官や組織でつくられ，比較的不安定なために産生場所の近傍で作用するホルモン様物質を(60)＿＿＿＿＿という．脂質の**エイコサノイド**に属する(61)＿＿＿＿＿＿，**ロイコトリエン**，**トロンボキサン**は典型的な(60)＿＿＿＿＿である．

アミン由来のものには，**セロトニン**や**ヒスタミン**，ペプチド由来のものには**アンジオテンシン**や血管拡張や炎症に関与する**ブラジキニン**，気体としては血管拡張や気管支弛緩能をもつ(62)＿＿＿＿＿がある．脂肪組織からは食欲抑制や脂肪分解を促進する(63)＿＿＿＿＿やインスリン感受性を高める**アディポネクチン**が分泌される．

12. ホルモンとビタミン　131

ある種の細胞から分泌されて，自身やほかの細胞の増殖，死，分化，運動にかかわるタンパク質を❻❹_____と総称する．❻❹_____には，**増殖因子**（例：血小板由来増殖因子，上皮増殖因子），**腫瘍壊死因子**，ウイルス増殖抑制能や腫瘍増殖抑制能をもつ❻❺_____，白血球の遊走にかかわる❻❻_____，赤血球の分化・増殖に効く❻❼_____などがある．一般に，リンパ球のつくるものを❻❽_____，白血球のつくるものを❻❾_____という．

F 水溶性ビタミン

水溶性ビタミンのうち，❼⓪_____（アスコルビン酸）以外は❼①_____といわれ，9種類がある．それぞれの活性型は酵素の**補酵素**として機能する（**表12-4**）．❼②_____/ナイアシンは酸化還元反応の補酵素であるNAD（ニコチンアミドアデニンジヌクレオチド）やNADP（ニコチンアミドアデニンジヌクレオチドリン酸），**ビタミンB_2（リボフラビン）**は❼③_____（フラビンモノヌクレオチド）やFAD（フラビンアデニンジヌクレオチド），**パントテン酸**はアシル基を運ぶ❼④_____（コエンザイムA）である．

表12-4　B群ビタミンの補酵素としての働きと欠乏症

物質名（ビタミン名）	活性型補酵素	酵素反応	欠乏症
チアミン（ビタミンB_1）	チアミン二リン酸	脱炭酸反応	ⓓ_____ 多発性神経炎
リボフラビン（ビタミンB_2）	フラビンモノヌクレオチド（FMN）フラビンアデニンジヌクレオチド（FAD）	脱水素反応と酸化反応	舌炎 口角炎 皮膚炎
ニコチン酸／ナイアシン	ニコチンアミドアデニンジヌクレオチド（NAD）ニコチンアミドアデニンジヌクレオチドリン酸（NADP）	脱水素反応	ⓔ_____（皮膚炎，下痢，神経障害）
ⓐ_____	コエンザイムA（CoA）	アシルCoAシンテターゼ 脂肪酸合成酵素	まれ 成長停止 神経障害
ピリドキシン，ピリドキサミン（ⓑ_____）	ピリドキサールリン酸（PALPまたはPLP）	アミノ酸の脱炭酸反応	まれ 皮膚炎 けいれん
葉酸（ビタミンM，ビタミンB_9）	テトラヒドロ葉酸（THFまたはTHFA）プテリン補酵素の1つ	ホルミル基やメチル基の転移反応	貧血
コバラミン（ⓒ_____）	5'-デオキシアデノシルコバラミン	分子内カルボキシ基転移反応	悪性貧血
ビオチン（ビタミンH）	（アポ酵素とペプチド結合），補酵素R	CO_2固定反応	皮膚炎
α-リポ酸（チオクト酸）	（アポ酵素とペプチド結合）	2-オキソ酸の酸化的脱炭酸反応	

欠乏症としては，❼❺_____の脚気，ビタミンB_2の皮膚炎や口角炎，❼❷_____/ナイアシンの❼❻_____，葉酸の貧血などがよく知られている．

ビタミンCには補酵素作用はないが，❼❼_____作用があり，種々の代謝調節にかかわる．❼❽_____の生成と成熟に関連があり，不足すると血管壁の強度が低下して出血傾向（**壊血病**）となる．

G 脂溶性ビタミン

脂溶性ビタミンは脂質の一種で，欠乏症と摂り過ぎによる過剰症がある．

❼❾_____（レチノール，レチナール，レチノイン酸）は❽⓪_____などとして摂取後，体内で変換される．網膜の視物質である**ロドプシン**の要素となるため，欠乏すると❽❶_____などを発症する．過剰症としては，妊婦に関しての胎児奇形などが報告されている．

ビタミンDは，植物に多いビタミンD_2（エルゴカルシフェロール）と動物に多いビタミンD_3（❽❷_____）があり，ヒトでは**ビタミンD_3**が重要である．摂取後，ヒドロキシ化されて血中Ca^{2+}濃度の上昇といった機能を発揮する．欠乏すると，❽❸_____，骨軟化症，骨粗鬆症といった骨障害が現れる．

ビタミンAとビタミンDは❽❹_____調節タンパク質の活性化因子である．❽❺_____は種々の**トコフェロール**で，生体脂質の抗酸化作用を発揮する．ビタミンKには，ビタミンK_1（フィロキノン）とビタミンK_2（メナキノン）の2種類があり，血液凝固因子として働くほか，ビタミンDとともに骨の形成にもかかわる．ビタミンKは腸内細菌が産生するため，通常，欠乏症は起こらない．

学習確認テスト ☑

問1 以下の文章が正しい（○）か否（×）かを判断しなさい．

A 生理機能を調節する因子：ホルモンとビタミン

① (　) ホルモンやビタミンは体内でつくられる（おもに）有機物で，微量で作用する．代謝反応の促進や遺伝子発現の調節にかかわる．

② (　) ホルモンは特定の臓器から分泌されて近傍の細胞に作用を及ぼすが，その分泌形式を傍分泌という．

③ (　) ホルモンの大部分はステロイドであり，その他にタンパク質やアミンなどがある．

B それぞれの器官から分泌されるホルモン

① (　) 視床下部の種々のホルモンはホルモンの分泌調節の最上位に位置し，ホルモン調節の中間に位置するそれぞれの刺激ホルモンの分泌を制御する．

② (　) ソマトスタチンは成長抑制ホルモンで，成長ホルモンに拮抗するように働く．

③ (　) 松果体からのホルモンであるメラトニンは時差ぼけ解消に利用されることがある．

④ (　) 下垂体のなかで最も多くのホルモンが合成・放出される部分は中葉である．

⑤ (　) 下垂体後葉から分泌されるホルモンは，下垂体以外でつくられ，その後，後葉に移送されて蓄積・分泌される．

⑥ (　) バソプレッシンは利尿ホルモンであり，腎臓での水の再吸収の促進にかかわる．

⑦ (　) 甲状腺ホルモンはヨウ素を含み，最初にヨウ素3個をもつトリヨードチロニン（T_3）が甲状腺につくられ，その後，末梢組織でヨウ素4個をもつ，より活性の高いチロキシン（T_4）に変換される．

⑧ (　) 心臓はホルモン産生器官ではなく，ホルモン標的器官である．

⑨ (　) 膵臓は消化腺であると同時に内分泌器官でもあり，インスリンやグルカゴンに加えて，ガストリンやセクレチンといった腸管ホルモンも産生する．

⑩ (　) 副腎皮質は糖やミネラルのバランスに効く複数のステロイドホルモンを分泌する．

⑪ (　) 副腎髄質の起源は神経と同一であり，そこからのホルモンの分泌も神経の支配を受ける．

⑫ (　) エストロゲン，濾胞ホルモン，女性ホルモン，発情ホルモンはいずれも卵胞ホルモンの別名で，代表的なものとしてアルドステロンがある．

⑬ (　) 男性ホルモンはアンドロゲンともいわれる．物質としてはテストステロンであり，男性の二次性徴にかかわる．

⑭ (　) プロゲステロンはステロイドからなる性ホルモンの一種で，女性の性周期後半の維持や乳腺の発達などにかかわる．

⑮ (　) 胎盤からはステロイドホルモンである絨毛性性腺刺激ホルモンが分泌される．

C ホルモンによる個体内環境の統御

① (　) 生体に備わっている体内環境を元に戻す自己調整能を定常性の維持という．

② (　) 血糖量は約1％に維持されており，これは血糖量を上げるホルモンと，それに対抗して糖の血中放出を抑えるインスリンとのバランスで行われている．

③ (　) 血液量の増加に直接関与するホルモンとしては，バソプレッシンやアルドステロン，血液量の減少に直接関与するホルモンとしては，心房性ナトリウム利尿ペプチドが知られている．

④ (　) 血圧に関して，アルドステロンは血圧を下げ，心房性ナトリウム利尿ホルモンは血圧を上げる．

⑤ (　) 甲状腺からのトリヨードチロニンは血中Ca^{2+}濃度を上げ，副甲状腺からのパラトルモンは血中Ca^{2+}濃度を下げる．

⑥ (　) 血糖量を上げるホルモンには，グルカゴン以外に，成長ホルモン，チロキシン，アドレナリン，コルチゾールなどが存在する．

D ホルモンに関連する疾患

① (　) バソプレッシンが恒常的に過剰になると，腎臓での水の再吸収が増えるため，血液が薄まって低ナトリウム血症などが起こり，バソプレッシンが減ると多尿症，尿崩症が起こる．

② (　) 副腎皮質ホルモンが欠乏するとクッシング病（クッシング症候群）になる．

③ (　) 甲状腺ホルモンの欠乏で起こるバセドウ病は女性が発症する割合が高い．

④ (　) 糖尿病は血糖量を上昇させるホルモンの過剰でも起こる．

⑤ (　) 副腎髄質ホルモンの過剰分泌は高血圧症の誘引となる．

E オータコイドとサイトカイン

① (　) 典型的なホルモン産生器官から産生されるホルモンが，その器官以外の器官から産生される場合，それをオータコイドという．

② (　) レニン-アンジオテンシン系の最終生成物であるアンジオテンシンⅡは，血液量の増加，血圧上昇などにかかわる．

③ (　) アミンの一種であるヒスタミンは，肥満細胞や白血球（好塩基球）から分泌され，アレルギー，炎症，胃酸分泌，神経伝達などにかかわる．

④ (　) 気体として知られているオータコイドとしては二酸化窒素がある．

⑤ (　) リンホカインは白血球，インターロイキンはリンパ球，ケモカイン，インターフェロン，増殖因子は種々の細胞，エリスロポエチンはおもに腎臓でつくられる．

F 水溶性ビタミン

① (　) 水溶性ビタミンにはB群ビタミンとビタミンCが含まれ，酵素の補酵素となって代謝進行にかかわる．

② (　) 欠乏症として，ビタミンB_1では脚気，ビタミンB_2では皮膚炎など，ナイアシンはペラグラ症候群などが知られている．

③ (　) ビタミンCには酸化作用があり，不足するとコラーゲン組織が弱くなる．この状態は血管に現れやすいため，出血傾向（壊血病）となる．

G 脂溶性ビタミン

① (　) 有色野菜とともにβカロテンを摂取すると，体内でビタミンAに変換される．過剰摂取すると目に蓄積して夜盲症を起こす．

② (　) 脂溶性ビタミンは油に溶けて流れ出るので，食物として摂る場合は調理で油を使用しない方がよい．

③ (　) ビタミンDのうち，ヒトにとくに重要なものはビタミンD_3（コレカルシフェノール）ではなくビタミンD_2（エルゴカルシフェノール）である．

④ (　) ビタミンDの欠乏症にはいくつか骨形成不全関連疾患があるが，これらはビタミンDが腸からのCa^{2+}の吸収にも働くためである．

⑤ (　) 健康食品のなかには脂質にビタミンEを加えてある場合がある．これはビタミンEに脂質吸収を高める性質があるためである．

⑥ (　) ビタミンAとビタミンDは栄養学的にはビタミンであるが，作用の面からはステロイドホルモン（細胞に入ったホルモンが遺伝子発現を制御する）と同等である．

⑦ (　) ビタミンKでは，通常，欠乏症はまれである．これはビタミンKが飲料水に一定量含まれているためである．

問2 A〜Tの説明に該当する用語を1〜20のなかから選びなさい．

1 視床下部	2 下垂体前葉	3 下垂体後葉	4 甲状腺	5 副甲状腺
6 心臓	7 膵臓	8 副腎皮質	9 副腎髄質	
10 バソプレッシン	11 アンドロゲン	12 プロゲステロン		
13 エストロゲン	14 アルドステロン	15 アドレナリン		
16 アンジオテンシン	17 ビタミンA	18 B群ビタミン		
19 ビタミンC	20 ビタミンD			

A 下垂体後葉から分泌される．腎臓での水の再吸収を促すことで尿量を減らし，血液量を増やす．抗利尿作用と血圧上昇作用がある．　　　　　　　　　　　　　　　　　　　　　　　　　(　)

B カテコールアミンの一種の神経伝達物質．　　　　　　　　　　　　　　　　　　　　(　)

C 間脳の一部で，自律神経調節にかかわる．神経機能によってホルモン制御の最上位に位置する多数のホルモンが分泌される．　　　　　　　　　　　　　　　　　　　　　　　　　(　)

D 上皮小体ともいい，パラトルモンを分泌する．　　　　　　　　　　　　　　　　　　(　)

E　アドレナリン，ノルアドレナリン，ドーパミンなどが分泌される．起源は神経系と同一で，神経緊張などで分泌が起こる．　　（　　）

F　卵巣中の黄体から放出されるステロイドで，性周期後半を維持する．　　（　　）

G　アスコルビン酸．ヒトは合成できず，植物から摂取する必要がある．欠乏すると壊血病になる．　　（　　）

H　ホルモン（バソプレッシンやオキシトシン）を分泌するヒトの器官の一部．ホルモンは視床下部でつくられ，ここに移送され，貯蔵・分泌される．　　（　　）

I　ステロイドではないが，ステロイドホルモンのように細胞に直接入り，遺伝子発現を制御する．体内の骨の動態にかかわる．　　（　　）

J　消化器官であり，内分泌器官でもある．複数のホルモンがランゲルハンス島から分泌され，糖尿病発症の阻止には必須である．　　（　　）

K　水溶性ビタミンで，ビタミンC以外の総称．酵素の補酵素として働く．　　（　　）

L　基礎代謝維持に効くチロキシン（T_4），トリヨードチロニン（T_3），血中Ca^{2+}濃度を抑えるカルシトニンが分泌される．　　（　　）

M　腎臓で分泌されるレニンがその生成にかかわる．バソプレッシンの分泌やアルドステロンの分泌は飲水行動を高めて血液量を増やし，血圧を上げる．　　（　　）

N　腎臓の上部にある小型の器官．グルココルチコイドとミネラルコルチコイドに属するステロイドホルモンが分泌される．　　（　　）

O　副腎皮質から分泌される代表的ミネラルコルチコイドであり，腎臓におけるNa^+の再吸収，K^+とH^+の排出を促す．水の再吸収も促進し，血液増加と血圧上昇を起こす．　　（　　）

P　男性ホルモン．おもに精巣でつくられるが，一部は副腎皮質からも分泌される．　　（　　）

Q　3つの部分のうちの1つ．成長に関するホルモンや各種の標的器官をもつ多くの刺激ホルモンが分泌される．　　（　　）

R　脂溶性ビタミンの1つであり，カロテンとして摂取したあとで活性型に変換される．　　（　　）

S　循環系に含まれるこぶし大の器官．血液量をモニターし，その応答として利尿ホルモンを分泌するので，内分泌器官としての役割も発揮する．　　（　　）

T　女性ホルモンともいい，卵巣の卵胞から分泌されるステロイド．　　（　　）

13 血液と生体防御

📖 この章で学ぶこと

▶ 血液の組成，役割，含まれる細胞の特徴，さらにガス交換や血液凝固を理解する
▶ 免疫の全体像を理解するとともに，抗体の多様性や免疫関連疾患を覚える
▶ 血液型が合わない不適合輸血や移植における拒絶反応が免疫とかかわることを知る

📇 必須用語

血漿，赤血球，血小板，白血球，リンパ球，顆粒球，マクロファージ，樹状細胞，血清，ヘモグロビン，血液凝固，フィブリン，ヘパリン，線溶系，免疫，自然免疫，獲得免疫，貪食作用，抗原，抗体，T細胞，B細胞，細胞性免疫，体液性免疫，抗原抗体反応，クラススイッチ，アレルギー，自己免疫疾患，免疫不全症，血液型，HLA，主要組織適合抗原

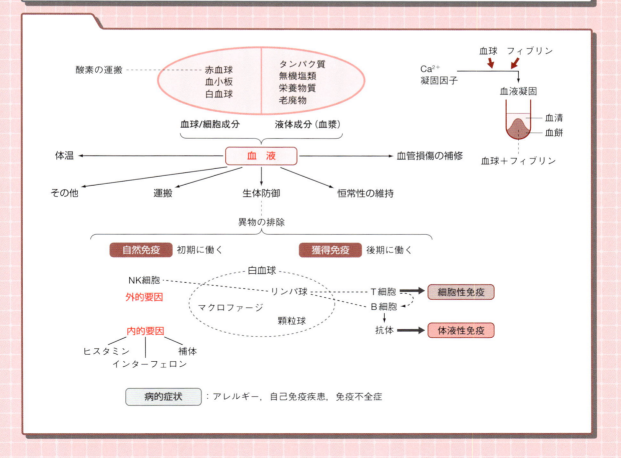

A 血液の成分と役割

- ヒトの循環系は❶_____とリンパ系から構成される．血液は細胞成分とさまざまなものが溶けている液体成分からなり，液体成分は❷_____という．

- 血球は，ヘモグロビンを含んで赤い❸_____（ヒトのものは無核），細胞断片である❹_____，核をもつ細胞である白血球に分けられる．白血球には❺_____（B細胞，T細胞，NK細胞），❻_____（好中球，好酸球，好塩基球），単球とその誘導細胞である❼_____，樹状細胞，そして肥満細胞（マスト細胞ともいう）が含まれる．

- ❷_____には，多数のタンパク質や無機塩類，糖質（例：グルコース），アミノ酸，気体（例：二酸化炭素，一酸化窒素），老廃物（例：尿素）などが含まれており，脂質はタンパク質と結合した❽_____（第7章，p.76参照）として存在する．最も多いタンパク質は❾_____であり，その他に主要なものとして数種類のグロブリンが存在する．血液をそのまま静置すると凝固し，固体部分の❿_____と液体部分の⓫_____に分離する（図13-1）．

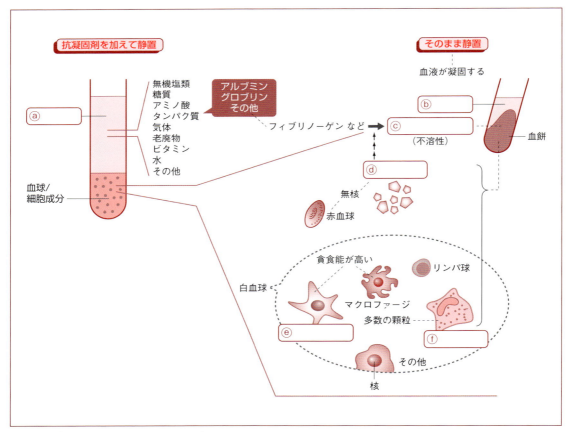

図13-1 ● ヒトの血液の成分（採血後）

- 血液の役割には，酸素（赤血球）や種々の物質（血漿全般）の運搬，生体防御（白血球，γグロブリン，補体など），血液凝固〔血小板，タンパク質（種々の凝固因子）など〕のほか，体温や恒常性の維持といったものもある．

B 血液によるガス交換

- 生体は酸素を肺から取り入れて末梢の組織に運び，末梢の組織からは二酸化炭素（炭酸ガス）を運び，肺から排出する．この気体の相互輸送を⓬＿＿＿＿といい，肺における酸素の取り込みと二酸化炭素の排出は，細胞内呼吸に対して⓭＿＿＿＿という．酸素は赤血球に含まれる⓮＿＿＿＿中のヘム（実際はそのなかにある鉄原子）に結合する．

- ⓮＿＿＿＿と酸素の結合量は，酸素の圧（分圧）が高い肺では多く，分圧の低い深部組織では少なくなるため，結果的には肺で酸素が取り込まれ，組織で放出される（図13-2）．加えて，二酸化炭素分圧が高いと酸素結合力が⓯＿＿＿＿なるため，末梢の組織ではさらに赤血球が酸素を放出しやすくなる．

- 末梢の血管である⓰＿＿＿＿は薄い細胞層で組織液と接しており，酸素は血液から細胞膜を通過して組織液に溶け，それが細胞に利用される．二酸化炭素はアルブミンにより運搬される．

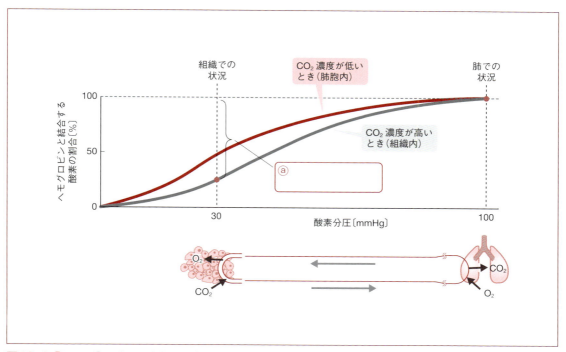

図13-2 ● ヘモグロビンと酸素の結合

C 血液凝固

- 血管の損傷により出血すると，血液は自ら固まって損傷部を塞ぎ，止血する．この現象を❼_____といい，連続した生化学反応で進行する（図13-3）．

- 血管の内部にストレスが発生すると，❽_____から多数の**血液凝固因子**が放出される．血液凝固因子は基本的にタンパク質を限定分解する酵素で，酵素Aが酵素Bの前駆体を限定分解して酵素Bを生成し，つぎに酵素Bが酵素Cの前駆体を限定分解して酵素Cを生成するといった反応が連続して起こる．最終的には，**プロトロンビン**が限定分解されて加水分解酵素の❾_____となり，❾_____が可溶性の**フィブリノーゲン**を限定分解して不溶性の❿_____とする．❿_____は血球を巻き込み，凝集塊（**血餅**）を形成する．

- 血液凝固因子には，スチュアート因子，血液凝固第Ⅷ因子（抗血友病因子），血液凝固第Ⅹ因子など多数ある．㉑_____は出血傾向の遺伝病である．㉒_____は凝固反応に必要で，㉒_____と結合するクエン酸やEDTAは凝固反応を阻止する．タンパク質の一種の㉓_____はトロンビンなどを不活化するアンチトロンビンを活性化するので，やはり血液凝固を阻止する．

- 凝固系とは逆に，血管内凝血塊（血栓）を加水分解するシステムを㉔_____といい，これに関与するものにフィブリンを分解する**プラスミン**や，プラスミンを活性化する**ウロキナーゼ**などの㉕_____（タンパク質限定分解酵素の一種）がある．㉔_____は生理的に偶然に生じる血栓の溶解などに関与する．

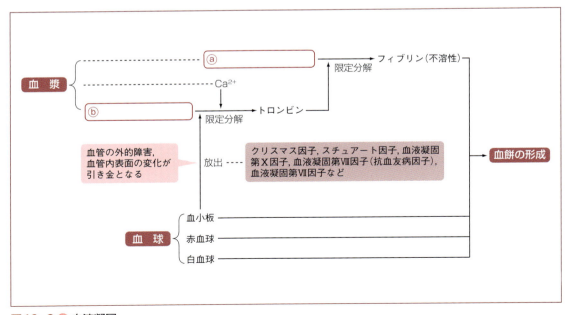

図13-3 ● 血液凝固

D 免疫系と免疫応答

- 動物には，外来性の異物，生物や細胞，ウイルスなどの侵入があったとき，それらを排除して個体を守る生体防御機構がある．この仕組みを㉖_____という（本来は病気を免れるという意味）．㉖_____にかかわる器官系を**免疫系**といい，骨髄，胸腺，脾臓，リンパ節などが含まれる．実際に効果を及ぼすのはそれらに含まれる白血球系の細胞群である（図13-4）．

- 生体に異物が付着・侵入するとまず㉗_____（**先天性免疫**ともいう）で対応し，その後，㉘_____（**適応免疫**ともいう）が働く（図13-5）．㉗_____は，最初に働く物理・化学的作用による外的防御（例：酸による殺菌，尿による排泄，表皮角質による保護など）と，その後に働く生物学的作用による内的防御に分けられる．

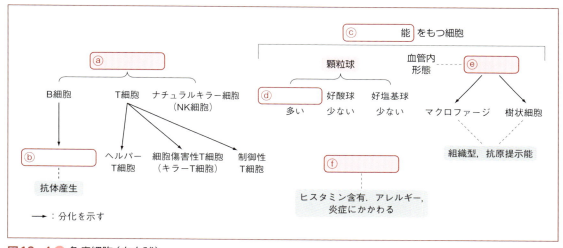

図13-4 免疫細胞（白血球）

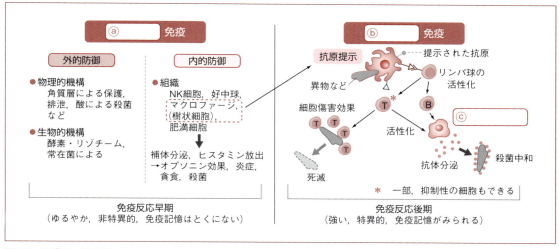

図13-5 免疫応答

- 内的防御では，好中球やマクロファージなどの㉙＿＿＿＿（細胞で包んで分解・消化する作用）をもつ細胞や免疫監視能をもつ㉚＿＿＿＿（ナチュラルキラー細胞）などがかかわるが，分子の大まかな構造を認識して対応するため，異物に対する反応特異性は低い．内的防御にかかわる液性因子には細胞溶解効果をもつ㉛＿＿＿，マクロファージ遊走促進物質の㉜＿＿＿＿，抗ウイルス能をもつ㉝＿＿＿＿＿＿などがある．傷害組織部に白血球が集まって起こる㉞＿＿＿（発赤，疼痛，発熱などを特徴とする）も内的防御の1つの反応である．

- ㉘＿＿＿＿は㉗＿＿＿＿によって誘導され，リンパ球や樹状細胞を含む多くの白血球がかかわる．時間はかかるが，その反応は特異的で強く，㉟＿＿＿＿（一度目よりも二度目の免疫応答反応のほうが強い）がみられる．

- 免疫反応を起こす物質を㊱＿＿＿という．侵入した㊱＿＿＿はマクロファージや㊲＿＿＿＿によって**貪食**され，㊱＿＿＿の断片が細胞表面に提示される．提示された㊱＿＿＿には，その㊱＿＿＿に対応する特異的㊳＿＿＿＿やB細胞というリンパ球に認識され，細胞は活性化して分裂する．このうち，㊴＿＿＿＿＿といわれる細胞は標的細胞やウイルス感染細胞を死滅させるが，このタイプの応答を㊵＿＿＿＿という．

- 一方，㊶＿＿＿＿＿に助けられたB細胞は㊷＿＿＿＿に分化したのち，抗原と特異的に結合するタンパク質の㊸＿＿＿を分泌し，それが免疫に直接かかわる．このタイプの免疫応答を**体液性免疫**という．㊸＿＿＿は抗原との特異的な結合（㊹＿＿＿＿＿＿）を通して，毒素やウイルスの無毒化・中和反応，抗原の凝集や沈殿，炎症の誘導，異物の貪食されやすさ（オプソニン化）を高める．

E 抗体とその多様性

- **抗体**は血漿グロブリン中の**γグロブリン**画分に含まれる．抗体分子は**軽鎖（L鎖）**が㊺＿＿＿（H鎖）に結合したものが，2個結合した構造をもつ（図13-6）．軽鎖がつく側の末端のアミノ酸配列は，抗体ごとに異なる個々の抗原と結合する**可変部（可変領域）**で，それ以外は㊻＿＿＿＿（定常領域）という．抗体には重鎖定常領域の違いにより，IgMやIgD，IgG，IgAやIgEのクラスがあるが，クラスは形質細胞の分化に伴って上に述べた順に変化する（これを㊼＿＿＿＿という）．

- 抗体の遺伝子は，複数の㊻＿＿＿＿と，可変部に相当する多数の短いアミノ酸配列を含むV領域，D領域，J領域とに分断されて存在する．B細胞の増殖過程において，可変部はV-D-Jからそれぞれ1つずつ選択され，組換えにより連結・再編される．再編された可変部は，組換えにより定常部遺伝子のある部位の直上に連結され，その連結が変化することによって㊼＿＿＿＿が起こる．T細胞が抗原と結合する㊽＿＿＿＿＿も類似の仕組みでできる．

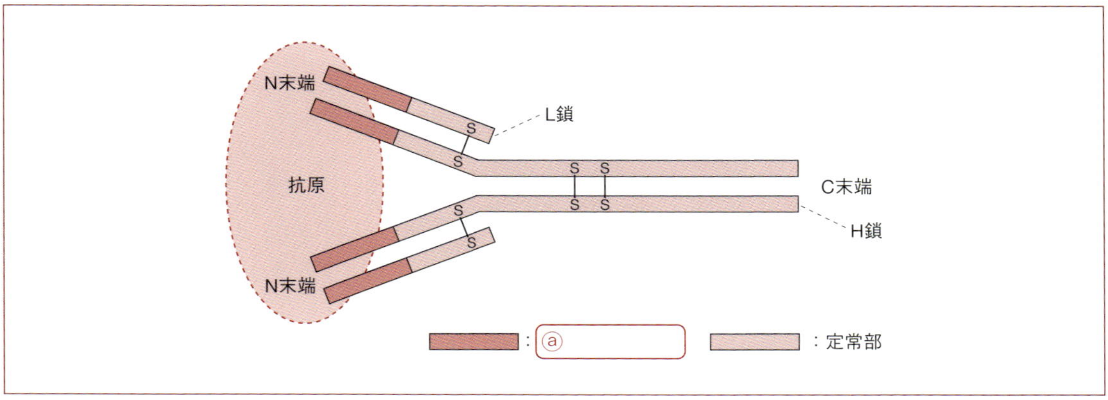
N末端
L鎖
S
S
S S
S S
抗原
C末端
S
S
H鎖
N末端
：ⓐ
：定常部

図13-6 抗体の構造
ヒトIgGを例とする．

- 1個のリンパ球（クローン）は1種類の可変部しかつくらず，抗原提示によってそれに相当するリンパ球が刺激され，増殖する（この現象を㊾＿＿＿＿＿という）．

F 病的免疫反応

- 免疫が過剰になると**過敏症**，いわゆる(50)＿＿＿＿＿を起こす．これは，抗原に繰り返し曝露することを通して免疫が強まることで起こり，喘息，花粉症，アトピー性皮膚炎，血清病などの疾患を引き起こし，(51)＿＿＿や**IgG**などがかかわる．短期間に全身で起こる強い症状は(52)＿＿＿＿＿といい，**ショック症状**が出る場合もある．

- 免疫は自身の成分に対しては生じない．これは胎児期に自己を抗原とするリンパ球が排除されるためと考えられる．しかし，生後もそのようなリンパ球が残ると(53)＿＿＿＿＿〔例：全身性エリテマトーデス（SLE），リウマチ，多発性硬化症，若年性糖尿病〕が起こる．免疫が働かないために起こる疾患には(54)＿＿＿＿＿があり，HIV−1ウイルスへの感染により発症する疾患は**後天的免疫不全症候群**（(55)＿＿＿＿）とよばれる．

G 血液型と輸血・移植

- 赤血球表面の抗原の違いに基づく血液の分類法を(56)＿＿＿＿といい，多くのものがある．抗原に対する抗体が体内にあると，赤血球の移入（**輸血**）による抗原−抗体反応によって不適合輸血の病的症状が現れる場合がある．

- (57)＿＿＿＿**式血液型**は，優性のA型，B型と劣性のO型からなる(58)＿＿＿＿＿の遺伝様式をとる．B型（A型）の個体はA型（B型）に対する抗体をもつので，A型の血液をB型の人間に輸血すると病的症状が現れる．

- **Rh式血液型**では，その抗原をもつRh⁺と抗原をもたないRh⁻の人がいる．Rh⁻の人にRh⁺の血液を輸血すると，やがて受血者の体内に❺⓽＿＿＿＿ができるので，つぎにRh⁺輸血を受けると不適合輸血の症状が出る．

- 白血球のみならず，すべてのヒト細胞の表面には❻⓪＿＿＿＿という細胞型を決定する複数の抗原がある．この抗原の総体を❻①＿＿＿＿＿＿＿＿＿＿＿＿（MHC）といい，T細胞が自己細胞と非自己細胞を区別する目印となる．MHCの組み合わせは多様で，数万通りある．異種MHC細胞が入ると細胞傷害性T細胞が攻撃し，移植の場合は移植片が排除される❻②＿＿＿＿＿＿が起こる．

学習確認テスト ☑

問1 以下の文章が正しい（○）か否（×）かを判断しなさい．

A 血液の成分と役割

① (　) 血液を容器に入れて静置したとき，上澄みの液体は血清という．
② (　) ヒトの血球のうち，核をもっているものは赤血球と白血球（リンパ球を含む）である．
③ (　) マクロファージや樹状細胞は細胞内に多数の小粒（顆粒）をもつので，一括して顆粒球といわれる．
④ (　) 血液中に溶けているタンパク質で最も多いものはアルブミンである．
⑤ (　) T細胞，B細胞，NK細胞とはリンパ球の種類のことである．
⑥ (　) アルブミンは血圧浸透圧の維持にも重要で，肝臓病などで血中のアルブミンが減少すると血液は低張になり，組織に水分が移動するため，むくみ（浮腫）の症状が出る．

B 血液によるガス交換

① (　) 赤血球は酸素を運ぶが，酸素と結合していないときは二酸化炭素を運ぶ．
② (　) 酸素は赤血球中のγグロビンに結合して運ばれる．
③ (　) 二酸化炭素の多い組織内では，酸素はより速やかに赤血球から離れる．

C 血液凝固

① (　) 血液凝固因子はおもに血小板から放出される．
② (　) 採血用試験管にヘパリンを入れるのは，血液を早く固まらせて，血清と血餅に分離させるためである．
③ (　) トロンビンやフィブリンはタンパク質分解酵素活性をもつ．
④ (　) 血管内で血栓ができやすい病気に血友病がある．
⑤ (　) プラスミノーゲンアクチベーターの活性の弱い人は血栓ができやすい．

D 免疫系と免疫応答

① (　) 免疫を獲得する場合，まず自然免疫ができ，それが消えたあとに獲得免疫ができる．

② ( ) 獲得免疫で働く特異的リンパ球が残存し，それが次回の抗原刺激に素早く強く反応するため，免疫記憶という現象が生じる．

③ ( ) 唾液中のリゾチームが細菌を殺す現象は，自然免疫の1つの形態である．

④ ( ) 樹状細胞やマクロファージは自然免疫，獲得免疫の両方にかかわる．

⑤ ( ) 炎症が自然免疫の一形態といわれるのは，炎症には多くの白血球が集合し，傷害や病原体などの異物に対処する反応であるからである．

⑥ ( ) B細胞がかかわる免疫を細胞性免疫，T細胞がかかわる免疫を体液性免疫という．

⑦ ( ) ヘルパーT細胞とは，細胞傷害効果を高める役割をもつT細胞である．

⑧ ( ) 体液性免疫では，補体，インターフェロン，ヒスタミンが効く．

E 抗体とその多様性

① ( ) 抗体は血漿中のアルブミン画分に含まれるタンパク質で，可変領域と定常領域からなる．定常領域は基本的に抗体の種類にかかわらず一定の構造をもつ．

② ( ) 抗体のクラススイッチの順番は，IgAやIgE→IgG→IgMやIgDである．

③ ( ) 通常，1種類のB細胞（あるいは形質細胞）は数種類の抗体を産生できるが，抗原刺激を受けると，該当する抗体をとくに大量に産生するようになる．

F 病的免疫反応

① ( ) アレルギーは抗原に連続してさらされることにより，免疫反応が過剰に強くなって起こる病的状態である．

② ( ) アレルギー反応のうち，局所にみられる強い反応（局所の発赤，疼痛，炎症）をアナフィラキシーという．

③ ( ) 組織・器官特異的に起こる自己免疫疾患には，クローン病，重症筋無力症，自己免疫性肝炎，ギラン・バレー症候群，橋本病，円形脱毛症など，多くのものがある．

G 血液型と輸血・移植

① ( ) 輸血においては同一血液型どうしの輸血が原則であるが，緊急時にはO型の血液（あるいは血球）がAB型のヒトに輸血される場合がある．

② ( ) Rh^-の妊婦がRh^+の胎児を妊娠しても，輸血ではないので問題ない．

③ ( ) 細胞性免疫を抑える薬を使うと，HLA型の異なる人間どうしの移植が可能である．

問2 A～Nの説明に該当する用語を1～14のなかから選びなさい．

1 白血球	2 血小板	3 赤血球	4 フィブリン	5 トロンビン
6 T細胞	7 B細胞	8 樹状細胞	9 顆粒球	10 肥満細胞
11 抗体	12 補体	13 自然免疫	14 獲得免疫	

A　タンパク質分解酵素によって限定的に分解されることにより生成する．限定分解によって不溶化する．血餅に含まれる．（　）

B　リンパ球の一種で，抗原刺激を受けて形質細胞に分化し，1種類の抗体をつくる．（　）

C　マスト細胞ともいう．アレルギーや炎症にかかわり，ヒスタミンを分泌する．（　）

D　血漿のγグロブリン画分に含まれる．重鎖と軽鎖がS−S結合で結合したものがさらにS−S結合で二量体となる構造をもつ．（　）

E　巨核球に由来する細胞の断片．血液凝固因子や増殖因子（PDGF）を放出する．（　）

F　生体防御の最終段階で働く．リンパ球がかかわり，免疫記憶がみられる．（　）

G　細胞性免疫で働くリンパ球の一種．胸腺thymusで成熟するのでこの文字をもつ．（　）

H　タンパク質分解酵素の一種．フィブリノーゲンを限定分解する．血液凝固に必須．（　）

I　異物などが侵入した場合に最初に働く生体防御システム．外的防御と内的防御からなる．応答はそれほど強くなく，また，特異性は低い．（　）

J　自然免疫でも効くが，おもに獲得免疫で働く．異物などを分解し，表面に抗原提示する．（　）

K　血液細胞の一種で核をもつ．さまざまな形態，機能の細胞の全体を表す用語．（　）

L　好塩基球，好酸球，好中球があり，特徴的な形の核をもつ．貪食作用や物質分泌能をもつ．（　）

M　血液の赤い色の原因となる細胞．内部にヘモグロビンをもち，酸素と結合する．（　）

N　自然免疫に働く血中タンパク質の一種．タンパク質分解活性の連続で活性化し，細胞溶解効果などを発揮する．（　）

栄養素の消化・吸収

この章で学ぶこと

▶ 消化器官とはどのようなもので，どのような働きをもっているかを理解する
▶ 三大栄養素の消化と吸収の過程，とくに消化酵素の性質について理解する

必須用語

吸収，消化，消化管，消化腺，蠕動運動，唾液腺，アミラーゼ，胃，塩酸，ペプシン，ガストリン，膵臓，キモトリプシン，トリプシン，リパーゼ，肝臓，胆汁，小腸，十二指腸，セクレチン，コレシストキニン，刷子縁，乳び管，大腸，ペプチダーゼ，プロ酵素

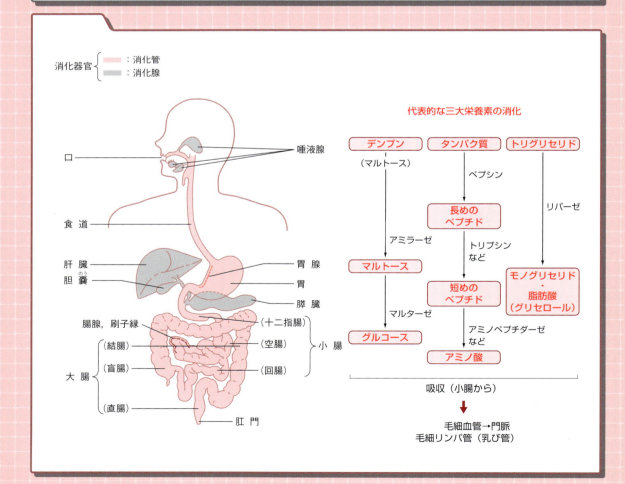

A 栄養の摂取

- 従属栄養生物である動物は，生命維持のために食べ，取り入れた**食物**を物理的に粉砕し，酵素を含む消化液で加水分解し，食物中の**栄養素**を低分子化して❶_____する．この低分子化の一連の過程を❷_____という．

- 主要な栄養素は，❸_____，❹_____，❺_____の**三大栄養素**であり，多くはそのままでは吸収できない大きな分子として摂取されるので，❷_____は必須である．❸_____，❹_____，❺_____はそれぞれ，❻_____（例：グルコース），脂肪酸や❼_____など，❽_____にまで消化される．

- 消化にかかわる器官系を❾_____（あるいは**消化器官**）といい，口から食道，❿_____，小腸，大腸を通って肛門に至る⓫_____と，消化液を分泌する⓬_____（例：唾液腺，胃腺，⓭_____と胆嚢，⓮_____，腸腺および刷子縁）からなる（図14−1）．

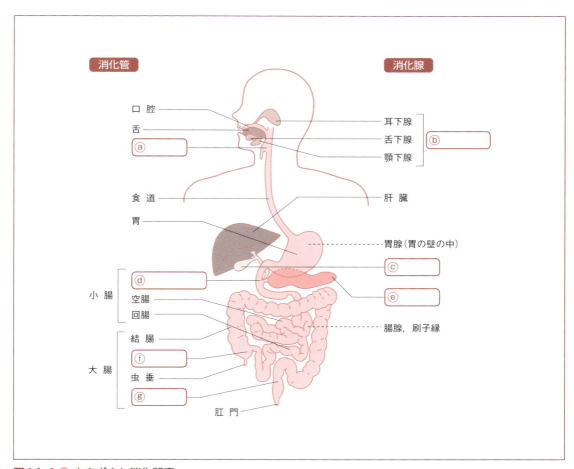

図14-1 さまざまな消化器官

❷_____ はホルモンを血中に放出する内分泌腺とは違い，酵素を細胞外空間に分泌する❺_____である．❶_____ は波打つようなしごき運動（❻_____運動という）で内容物を下流へと移動させる．消化によって低分子化された栄養素は，小腸の壁から吸収される．ヒトなどが消化管で行う消化は，細胞が貪食能で取り込んだ食物や異物を細胞内酵素で消化する形式に対し，❼_____という．

B 消化器官の働き

1 口，咽頭，食道

食物は歯による咀嚼で粉砕され，❽_____（**耳下腺，顎下腺，舌下腺**）から分泌される**唾液**で水分を供給され，デンプンは唾液中の❾_____によって部分的に消化される．唾液には食物の流動性を高める効果や，含まれる❿_____という酵素による殺菌効果もある．流動性を得た食物は咽頭の働きで食道に送られ，食道はそれを胃に送る．

2 胃

食物は㉑_____から**胃**に入るが，胃は1.5Lほどの容量をもち，食物を数時間とどめることができる．胃の消化腺である**胃腺**からは，㉒_____と消化液の混合物である**胃液**が分泌され，胃液の強い酸のため食物は殺菌される．胃液には消化酵素前駆体の**ペプシノーゲン**が含まれており，ペプシノーゲンは㉒_____の作用で構造変化し，タンパク質消化酵素活性をもつ㉓_____となる．

このほか，ホルモンである㉔_____によって胃液の分泌が促進される．胃の内側は粘液で覆われており，また，粘液はアルカリ性になっていて塩酸を中和するので，胃自身が消化されることはない．

消化された内容物は胃の㉕_____から出て小腸（十二指腸）へ移動する．

3 膵臓

膵臓は内分泌器官でもあるが（**第12章**, p.125 参照），消化酵素を分泌する外分泌器官でもある．消化液は**膵液**といい，三大栄養素のすべての消化酵素が含まれている．タンパク質分解酵素には㉖_____（キモトリプシン前駆体）や㉗_____（トリプシン前駆体）のほか，ペプシン，エラスターゼ，カルボキシペプチダーゼの前駆体がある（**表14−1**）．

このほか，膵液には糖質を分解する**アミラーゼ**や，脂質を分解する㉘_____，核酸分解のための**ヌクレアーゼ**も含まれる（**表14−2**）．

膵液は十二指腸内に分泌されるが，炭酸水素塩を含むため，pHは約8.5とアルカリ性を示し，胃からの酸性内容物のpHを中和することができる．

表14-1 ● 膵液中のタンパク質分解酵素

切断タイプ	基質	活性型酵素名（前駆体酵素名）	活性化因子	分解産物	切断するアミノ酸残基
エンドペプチダーゼ	タンパク質・ペプチド	トリプシン（ⓐ　　　）	エンテロキナーゼ	ⓓ	Arg, Lys
	タンパク質・ペプチド	キモトリプシン（ⓑ　　　）	トリプシン		Tyr, Trp, Phe, Met, Leu
	エラスチンなど	ⓒ（プロエラスターゼ）	トリプシン		Ala, Gly, Ser
	タンパク質・ペプチド	ペプシン（ペプシノーゲン）	—		Tyr, Trp, Phe, Leu
ⓔ	タンパク質・ペプチド	カルボキシペプチダーゼA（プロカルボキシペプチダーゼA）	トリプシン	アミノ酸	Val, Leu, Ile, Ala
	タンパク質・ペプチド	カルボキシペプチダーゼB（プロカルボキシペプチダーゼB）	トリプシン		Arg, Lys

表14-2 ● 膵液中の酵素（タンパク質用酵素以外）

酵素名	基質	分解産物
リパーゼ	ⓐ	2-モノグリセリドと脂肪酸
コレステロールエステル加水分解酵素	コレステロールエステル	コレステロール
ⓑ	デンプン	デキストリン（限定的に分解されたデンプン），マルトース，マルトトリオース
リボヌクレアーゼ	RNA	ⓒ
デオキシリボヌクレアーゼ	ⓓ	デオキシリボヌクレオチド
ホスホリパーゼA₂	ⓔ	脂肪酸，リゾリン脂質

4 肝臓

肝臓には通常の血管系のほか，小腸で吸収した栄養素を肝臓に運ぶ㉙_____が入る．肝臓は，**グリコーゲン代謝**，血糖の調節，タンパク質（アルブミンなど）や脂質（コレステロールなど）の合成，解毒（例：アンモニアを尿素に変換），ヘモグロビン由来の胆汁色素の㉚_____をグリシンなどに抱合させて胆汁酸として胆汁中に分泌するなど，多彩な機能がある．**胆汁**は胆嚢で濃縮・蓄積され，総胆管で合流して十二指腸に分泌される．胆汁は脂質を分散・乳化させる作用がある．

5 小腸

胃と盲腸の間にある7mほどの消化管を㉛_____といい，上流側から㉜_____，**空腸**，**回腸**という．㉜_____は最初のC字状の20〜30cmの部分で，**膵管**と**胆管**が連絡している．胃からの内容物はpHを中和され，酵素による本格的な消化が行われる．

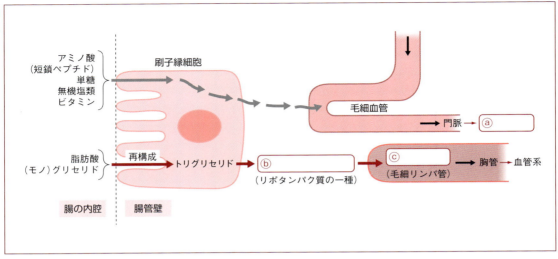

図14-2 ● 刷子縁細胞からの栄養素の吸収

- ❷_____の下流に続く前半を❸_____、後半を❹_____という。❶_____ではホルモンの❺_____や❻_____が分泌され、それぞれ腸運動の促進と抑制にかかわる。

- 小腸での消化は十二指腸でおおよそ完了し、それ以降は栄養素の吸収がおもな役割となる。小腸の内面はヒダで覆われており、そこには突起状組織の❼_____があり、さらに❼_____の細胞表面には非常に多くの細かな毛状構造（微絨毛。この部分の構造全体を❽_____という）で覆われている（図14-2）。この構造のため、小腸の内面の面積は大きく、吸収の効率化に寄与している。

- 小腸にも消化腺の**腸腺**がみられる。腸腺や刷子縁には複数の酵素があり、消化の最終仕上げを行う。低分子化した成分は刷子縁から小腸内壁の細胞を通り、❾_____や❿_____に入る。

6 大 腸

- 小腸の下流、⓫_____から肛門の手前までを**大腸**といい、その大部分を⓬_____、最後尾を**直腸**という。⓫_____は小腸との連結部分で虫垂が付着している（草食動物は大きな⓫_____をもち、実際に消化を行っている）。

- 大腸からは消化液は出ず、おもな働きは⓭_____の吸収とそれによる便の生成で、摂食してから便として排泄されるまでの時間はおよそ12〜24時間である。

- 大腸には多種・多数の⓮_____（例：乳酸菌、大腸菌）が常在し、食物繊維などの発酵を行って栄養素やビタミンを産生しており、その一部は吸収される。

C それぞれの栄養素の消化と吸収

1 糖質

糖質のおもな栄養物質はグルコース重合体の㊺＿＿＿＿＿であるが、このほかにもスクロース、ラクトース、マルトースなどの二糖、フルクトースやグルコースなどの単糖、そして、いくつかの複合多糖類がある（第4章 参照）。

㊺＿＿＿＿＿は唾液中のアミラーゼ（ジアスターゼともいう）で㊻＿＿＿＿＿となるが、ここでの消化は時間も短く限定的である。デンプンの実質的な消化は㊼＿＿＿＿＿で行われ、生じた㊻＿＿＿＿＿は刷子縁酵素である㊽＿＿＿＿＿によってグルコースになる（表14-3）。スクロース、ラクトースもそれぞれ小腸のスクラーゼ、ラクターゼで単糖に切断される。加水分解された単糖は刷子縁細胞を経由して毛細血管に入る。

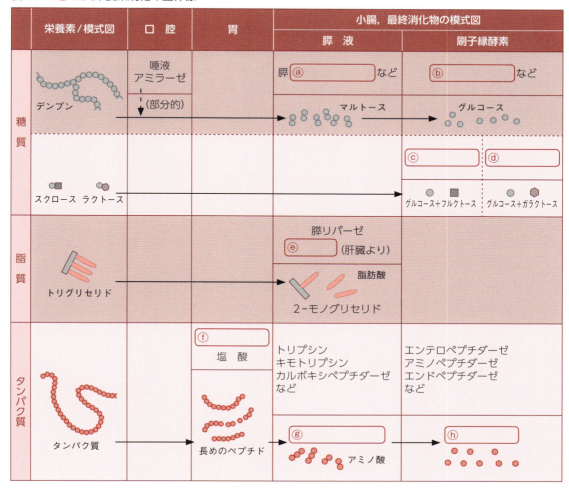

表14-3 ● 三大栄養素消化の全体像

2 脂 質

代表的な中性脂肪である㊾＿＿＿＿＿＿(TG)は㊿＿＿＿＿＿で消化されるが，このとき，界面活性剤として作用する51＿＿＿＿＿によって脂質は乳化されるので，消化されやすくなる(p.153，**表14-3**)．㊾＿＿＿＿＿＿が**脂肪酸**と**グリセロール**(グリセリンともいう)に完全に加水分解されることはまれで，グリセロールに脂肪酸が1個ついた**モノグリセリド**が多くできる．リン脂質は52＿＿＿＿＿＿によって加水分解される．

脂肪酸やグリセロールは刷子縁細胞に入ったあと，一部は毛細血管に入るが，多くは㊾＿＿＿＿＿＿に再構成され，同時に吸収されるコレステロールとともにリポタンパク質である53＿＿＿＿＿＿に組み立てられ，54＿＿＿＿＿とよばれる毛細リンパ管に入る(p.152，**図14-2**)．

3 タンパク質

タンパク質は，まず胃においてペプシンにより長めの**ペプチド**に切断され，これが膵液中の55＿＿＿＿＿＿(ペプチド鎖を内部で切断する)であるトリプシン，キモトリプシン，ペプシン，エラスターゼと，56＿＿＿＿＿＿(ペプチド鎖を端から切断する)である57＿＿＿＿＿＿の作用を受ける(p.153，**表14-3**)．

異なる切断特性をもつそれぞれの酵素が一緒に作用することにより，タンパク質はアミノ酸の数が2～3個の短いペプチドになり，さらに刷子縁酵素である別種のエンドペプチダーゼやアミノ酸をアミノ末端からエキソ形式で切断するいくつかのアミノペプチダーゼによって58＿＿＿＿＿となり，刷子縁から吸収されて毛細血管に入る．

タンパク質分解作用の強い胃液や膵液中の酵素が分泌組織を破壊しないよう，はじめそれぞれの酵素は活性のない59＿＿＿＿＿として分泌され，それがpHの変化による構造変化(例：ペプシノーゲン)や，ほかの酵素による部分切断によって活性をもつようになる．

4 その他の物質

核酸は膵液中の**ヌクレアーゼ**によって60＿＿＿＿＿＿になり，刷子縁酵素によって，リン酸，糖，塩基に切断され，吸収される．ミネラルやビタミンも小腸で吸収される．ビタミンAやビタミンDといった61＿＿＿＿＿＿の吸収は，脂質の共存で促進され，ビタミンDは62＿＿＿＿＿の吸収を高める．

学習確認テスト ☑

問1 以下の文章が正しい（○）か否（×）かを判断しなさい．

A 栄養の摂取

① (　) 三大栄養素とは，デンプン，中性脂肪，タンパク質の3種類である．
② (　) 消化・吸収にかかわる器官系を消化系あるいは消化器官といい，消化管と消化腺に大別される．
③ (　) 消化には細胞内消化と細胞外消化の2つの様式があるが，ヒトの消化は消化管内で行われる細胞内消化である．
④ (　) 消化の目的は，高分子の栄養素を分子量が数千程度となるように切断し，吸収しやすくすることである．

B 消化器官の働き

① (　) 口ではアミラーゼやリゾチームという消化酵素が分泌され，デンプンの（部分的）消化に効いている．
② (　) 唾液を分泌する消化腺を唾液腺といい，耳下腺，鼻下腺，顎下腺の3箇所がある．
③ (　) 胃に食物が入る部位を幽門，食物が出る部位を噴門という．
④ (　) 胃では消化酵素としてトリプシン，ホルモンとして胃液の分泌を促進するガストリンが産生される．
⑤ (　) 胃液の強い酸の実体は炭酸水素である．
⑥ (　) 膵臓の外分泌腺細胞はトリプシンやキモトリプシンを合成する．合成されたばかりのものは不活性だが，胃から十二指腸に出た酸性pHの内容物にふれることで活性化する．
⑦ (　) 膵液はアルカリ性であるため，中性脂肪を分散・乳化でき，消化酵素のリパーゼが働きやすくなる．
⑧ (　) 肝臓ではさまざまな化学反応が起こっており，そのなかの1つに，血中に放出されるタンパク質や脂質の合成がある．
⑨ (　) 胆汁酸の原料は，筋肉で酸素を運搬するミオグロビンというタンパク質である．
⑩ (　) 小腸は上流から，十二指腸，回腸，空腸といい，消化はおもに空腸で行われる．
⑪ (　) コレシストキニンとセクレチンはそれぞれ腸運動の促進と抑制にかかわる．
⑫ (　) 小腸の主要な働きは，栄養素の消化，栄養素の吸収，水の吸収である．
⑬ (　) 大腸では食物繊維が消化され，消化産物は腸内細菌の栄養となる．

C それぞれの栄養素の消化と吸収

① (　) デンプンの消化の順番は，アミラーゼによるマルトースの生成，スクラーゼによるマルトースからグルコースの生成である．

② (　) 糖の主要な消化酵素は唾液アミラーゼであるが，食物が口腔内にとどまる時間が短いため，その酵素反応はおもに胃内で実行される．

③ (　) トリグリセリドは膵リパーゼでグリセロールと脂肪酸に分解されるが，それらは水によく溶けるので，ほとんどは吸収されたのち毛細血管に入る．

④ (　) 胆汁酸が脂質消化を助けるのは，脂質を化学変化させて水溶性にすることにある．

⑤ (　) 刷子縁から吸収された脂肪酸とグリセリドは，一度，疎水性の中性脂肪に組み立てられ，タンパク質やコレステロールを取り込み，キロミクロンとなって毛細リンパ管に入る．

⑥ (　) タンパク質を最初に消化する酵素はトリプシンである．

⑦ (　) タンパク質のエキソペプチダーゼには，トリプシン，キモトリプシン，エラスチン，ペプシンがある．

⑧ (　) ペプシンはペプシノーゲンが塩酸で活性化されて生成する．

⑨ (　) 核酸は膵液中のヌクレアーゼでヌクレオチドに分解されてから吸収される．

⑩ (　) Ca^{2+}はビタミンDの吸収を促進する．

問2　A～Nの説明に該当する用語を1～14のなかから選びなさい．

1 胃	2 膵臓	3 肝臓	4 十二指腸
5 アミラーゼ	6 ペプシン	7 トリプシン	8 唾液腺
9 リパーゼ	10 ヌクレアーゼ	11 刷子縁	12 胆汁
13 大腸	14 ガストリン		

A ヒト最大の器官で，胃の高さで身体の右側にある．消化酵素はつくらないが，脂質消化を助ける物質をビリルビンから合成・分泌する．　(　)

B 糖質の消化酵素の1つで，唾液や膵液中に含まれる．ジアスターゼとよばれることもあり，反応産物はマルトースである．　(　)

C 肝臓で産生され，胆嚢で濃縮・蓄積される．消化にもかかわるが，不要物を腸管に排出する排泄器官としての意味合いもある．　(　)

D グリセリドのエステル結合に作用し，脂肪酸を遊離させる．リン脂質を標的にする場合は別の酵素がかかわる．　(　)

E 十二指腸の窪んだ部分にはまったかたちで存在する器官で，内分泌および外分泌器官である．大部分の生体成分に対する消化酵素を分泌する．　(　)

F 消化管の一種であるが消化は行わず，水分を吸収する．内部に細菌類を生息させている．　(　)

G 小腸の主要なエンドペプチダーゼの1つで，膵臓で前駆体として産生される．　(　)

H 腸管ホルモンの一種で，おもに胃幽門部付近のG細胞から分泌されるが，十二指腸からも分泌される．食物が入ったという刺激によって分泌され，胃液の分泌を促す． (　　)

I 小腸の微絨毛の細胞表面にみられるブラシ状の繊維状構造．いくつかの消化酵素をもち，また，その構造は栄養素の高い吸収効率に効いている． (　　)

J 鉤状の消化管で，食物を一時とどめる．酸性環境でタンパク質の消化を行う． (　　)

K 顎下腺，舌下腺，耳下腺からなる消化腺の1つで，そのなかには消化酵素のほか，自然免疫にかかわるリゾチームを含む． (　　)

L タンパク質消化酵素の一種のエンドペプチダーゼ．強い酸性条件で活性化する． (　　)

M 小腸の一部で，消化の中心的部位．分泌される消化液の影響でアルカリ性を示す． (　　)

N 核酸全般を消化して，ヌクレオチドにする酵素． (　　)

15 遺伝子の生化学

この章で学ぶこと

▶ 核酸の単位となるヌクレオチド，DNA鎖の基本構造，二重らせん構造について理解する
▶ DNA複製の仕組みと同時に，組換え，損傷，修復といったDNAの変動について理解する
▶ 転写とその制御機構，転写の制御配列や制御因子，転写後のRNA加工などを理解する
▶ 翻訳機構の基本であるコドン・遺伝暗号やリボソームの機能がわかる
▶ 真核生物のゲノムの存在様式，クロマチン構造がわかる

必須用語

DNA，RNA，リン酸ジエステル結合，塩基対，相補性，二重らせん，ハイブリダイゼーション，半保存的複製，プライマー，岡崎断片，不連続複製，DNAポリメラーゼ，校正機能，逆転写酵素，テロメラーゼ，突然変異，相同組換え，DNA損傷，DNA修復，転写，プロモーター，基本転写因子，RNAポリメラーゼ，エンハンサー，転写調節タンパク質，オペロン，スプライシング，翻訳，リボソーム，コドン，tRNA，読み枠，ゲノム，クロマチン，ヒストン，ヌクレオソーム，制限酵素，DNAリガーゼ，ベクター，cDNA

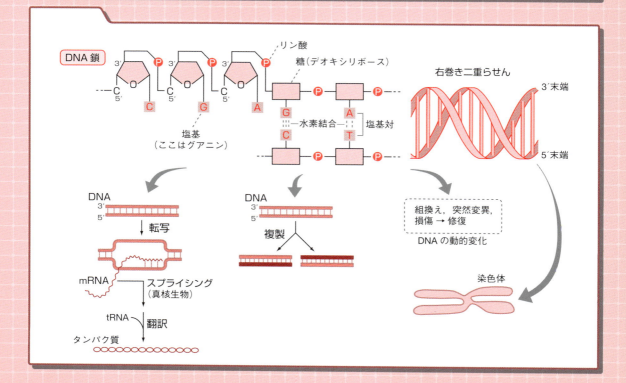

A 核酸：DNAとRNA

- 核に含まれる酸性物質である**核酸**には，❶＿＿＿＿＿＿＿＿（DNA）と❷＿＿＿＿＿＿（RNA）があり，いずれも❸＿＿＿＿＿＿が多数結合した高分子である．DNAを例にとると，単位となる❸＿＿＿＿＿＿は，アデニン（A），グアニン（G），シトシン（C），チミン（T）のいずれかの❹＿＿＿をもち（p.114，図11-1参照），リン酸が糖（デオキシリボース）の5'位に1個つく（図15-1A）．RNAでは，糖はリボース，塩基はチミンの代わりに❺＿＿＿＿＿＿（U）が使われる．

- ヌクレオチドの糖の3'位のヒドロキシ基に，別のヌクレオチドのリン酸基にある1個のヒドロキシ基が，脱水縮合によって❻＿＿＿＿＿＿＿＿＿＿（p.7，図1-5参照）で共有結合すると，ジヌクレオチド（ヌクレオチド×2）ができ，さらに遊離の糖の3'位に別のヌクレオチドが結合することができる．このような重合反応が何度も続いて高分子になったものが**ポリヌクレオチド**，すなわち，DNAやRNAである．

- 核酸には，遊離のリン酸基をもつ❼＿＿＿末端と，遊離のヒドロキシ基をもつ❽＿＿＿末端がある．すでに述べたヌクレオチドの伸長方向（❼＿＿＿→❽＿＿＿）は，DNAやRNAにおける実際の合成方向でもある．核酸は糖とリン酸の骨格から塩基が出る構造を共通にもち，塩基の種類は特異的である．核酸にはリン酸基があるためH^+を放出する酸の性質を示し，自身は負に荷電する．

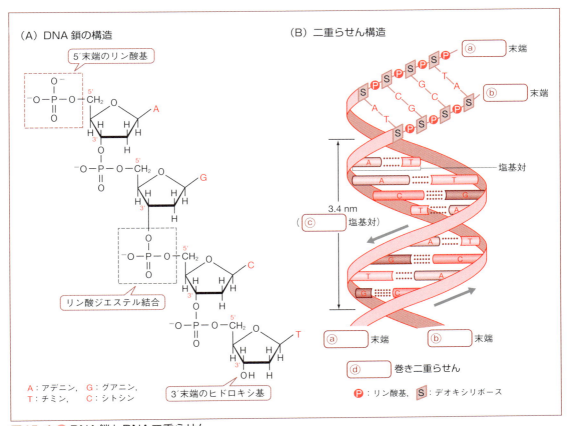

図15-1 ● DNA鎖とDNA二重らせん

❾_____は，通常，2本が結合した**二本鎖**として存在する．二本鎖は方向性の異なるそれぞれの鎖が塩基を内側にして，塩基どうしが**水素結合**で結合する．塩基どうしの結合を❿_____といい，❿_____は，AにはT，GにはCが結合すると決まっている．この二本鎖の一方の塩基配列が決まれば他方も決まる性質を塩基配列の⓫_____という．

DNAの二本鎖は全体で右にねじれた構造をとり（約10塩基対で1回転），この構造を⓬_____といい，ワトソンとクリックにより提唱された（p.159，**図15-1B**）．DNAを加熱や水素結合切断剤（例：尿素，ホルムアミド）で処理すると，塩基対の水素結合が切れて一本鎖となるが，この状態を⓭_____という．

⓭_____した核酸はその起源にかかわらず，塩基配列がおよそ相補的であれば二本鎖を形成する．この過程を⓮_____という．⓮_____のしやすさの目安は⓯_____（**融解温度**）であり，⓯_____が高いほど一本鎖にはなりにくく，高い塩基対の不一致度や有機溶媒濃度，高いAT含量，低い一価陽イオン濃度，鎖の短小度は，⓯_____を下げる．

DNAとは異なり，⓰_____は基本的に一本鎖で存在するが，分子内の相補的塩基どうしで短い二本鎖構造をとりやすい．このため，球状の分子形をとるものが多く，タンパク質に類似した性質（例：酵素活性，物質結合性）をもつものもある．

DNAはゲノムやそれ以外の遺伝因子（例：プラスミドDNA，ミトコンドリアDNA）として利用される．RNAはDNAを転写したコピーで，タンパク質合成や酵素，遺伝子発現調節因子や細胞調節因子，複製のプライマーや物質結合因子，そして逆転写酵素の鋳型など，多様な目的に使われる．

Ⓑ DNA複製と複製酵素

DNAは細胞分裂の前に，二本鎖が部分変性し，各一本鎖上に新生DNA鎖ができるが，このプロセスを⓱_____という．DNAの複製は鋳型上にある核酸（これを⓲_____という．DNAプライマー，RNAプライマーのいずれでもよいが，細胞内では⓳_____が使われる）の3'末端のヒドロキシ基にヌクレオチドを付加するように3'末端側へ進む（**図15-2**）．複製の基質は⓴_____で，反応によって端の2個（γ位とβ位）のリン酸基が外れ，糖に近い1個（α位）のリン酸基が取り込まれる．

DNA複製は複製開始点（㉑_____ともいう）から両方向に進む．複製部分のDNAが変性し，変性部分（この部分を㉒_____という）が両側に進む．㉒_____での新生DNA鎖には，DNA合成がフォークと同じ方向に進む㉓_____鎖と逆向きに進む㉔_____鎖があり，㉔_____鎖ではプライマーから短いDNA（これを㉕

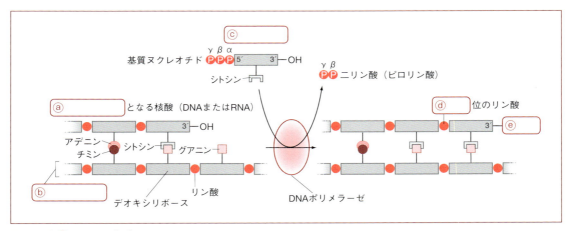

図15-2 ● DNAの合成

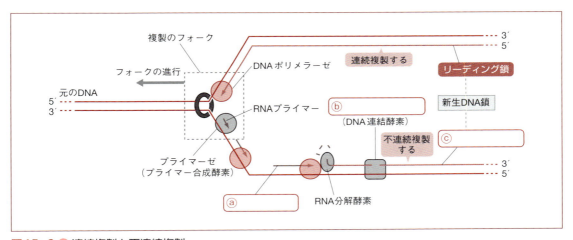

図15-3 ● 連続複製と不連続複製

という）が合成され，それがすでにできているDNAと連結される．この機構を㉖_____という（図15-3）．DNAについていたRNAプライマーは酵素で除かれ，DNAに変換される．

📍複製用の㉗_____には間違って取り込んだヌクレオチドをエキソヌクレアーゼ活性で戻って削除する活性があり，これが複製の誤りを正す㉘_____として働く．

📍㉗_____のなかには特殊なものもある．RNAを鋳型にしてDNAを合成するものを㉙_____といい，RNAウイルスの一種で，白血病ウイルスやエイズウイルスなどのRNAウイルスが含まれるグループのレトロウイルスで最初に発見された．

📍新生DNA鎖のラギング鎖の5′末端ではRNAプライマーが酵素で取り除かれないため，DNAは複製のたびに短くなる．

- 染色体のDNA末端を㉚＿＿＿＿といい，真核細胞にはこの部分を複製する酵素㉛＿＿＿＿がある．この酵素は，自身がもつRNAをもとにDNAを合成する逆転写酵素の一種である．

- 通常の酵素は高温で失活して機能を失ってしまうが，耐熱性細菌の酵素は失活しない．このような酵素を使った反応温度を周期的に変えることで進める連続的DNA増幅反応を㉜＿＿＿＿（**ポリメラーゼ連鎖反応**）といい，DNAの増幅，検出，定量など，さまざまな目的に利用される．

- DNA合成により塩基配列を分析することができ，その分析法を㉝＿＿＿＿（現行の標準法．開発者にちなんで，㉞＿＿＿＿ともいう）といい，基質類似物質の㉟＿＿＿＿を加える．これがDNAに取り込まれると，3′末端がヒドロキシ基でないため，鎖の伸長が止まる．

C 突然変異，組換え，損傷，修復

- DNAに生じた塩基の変化や，短い領域の欠失，挿入を㊱＿＿＿＿，あるいは単に**変異**といい，前者を㊲＿＿＿＿，後者をそれぞれ**欠失変異**，**挿入変異**という（図15-4）．㊱＿＿＿＿の要因の1つは内因性のもので，おもにDNAポリメラーゼの複製ミスが原因となる．その他の要因は外因性のもので，後で述べるような損傷がDNAに起こり，その後，その部分の複製で変異が生じる．このような場合，DNAの損傷要因を変異原という．㊱＿＿＿＿が遺伝子の内部，とりわけタンパク質を指定するDNA領域に生じると，タンパク質がつくられなくなったり構造が変化したりする．

- 細胞内に一定の長さをもつ，実質的に同じ塩基配列をもつDNAが存在すると，その間でDNA鎖の入れ替えが起こる．このようにして，構成の異なるDNAができる過程を㊳＿＿＿＿（あるいは**DNA組換え**）という．このタイプの㊳＿＿＿＿を㊴＿＿＿＿といい，基本的にABCとabcの㊳＿＿＿＿により，たとえばAbCとaBcができる相互組換えである．真核生物では減数分裂をしている生殖細胞でみられる．細菌も何らかの原因で細胞に類似DNAが入ると，それと染色体DNAの間で㊳＿＿＿＿が起こる．相同性がなくとも起こる**非相同組換え**という現象もある．

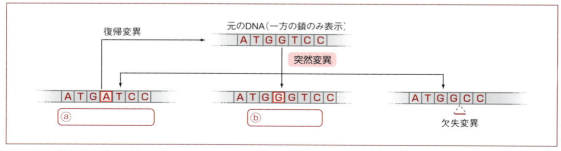

図15-4 ● 突然変異の種類

15. 遺伝子の生化学　163

- DNAが異常で非生理的な構造をとることを❹〇＿＿＿＿といい，その原因物質をDNA傷害剤という．損傷の種類には，DNA切断，塩基除去，塩基構造の変化，そして，架橋（DNA鎖の共有結合）がある．DNA切断はγ線やX線，ある種の薬剤などで起こり，塩基除去は高温，酸など，架橋は特異的薬剤で起こる．最も頻度の高い損傷は塩基構造の変化で，これには，脱アミノ，アルキル化，酸化のほか，隣接するピリミジン塩基が共有結合するピリミジン二量体（❹①＿＿＿＿がとくによくできる）がある．

- ピリミジン二量体は❹②＿＿＿によって生じ，核酸は波長❹③＿＿＿nmの❹②＿＿＿を特異的に吸収する．修飾塩基は別種塩基としての挙動をとるため，突然変異になる場合がある（例：シトシンの脱アミノではチミン様の挙動をとる❹④＿＿＿になり，結果，GC塩基対がAT塩基対に変異する）．

- DNA損傷は内因的にも外因的にも比較的頻繁に起こるため，細胞は損傷を修復する多数の酵素を働かせて，細胞の健全性を維持している．❹⑤＿＿＿＿には，逆反応による**直接修復**，損傷部分を強引にDNA合成させる**複製時修復**，正常鎖を利用して組換え反応で修復させる**組換え修復**，損傷塩基を含む短いDNAを除き，その後，DNA合成で元通りにする❹⑥＿＿＿＿がある．色素性乾皮症という紫外線で皮膚が黒ずむ疾患をもつ患者では，❹⑥＿＿＿＿酵素の欠損がみられる．

D 遺伝子の転写：RNA合成

- RNAポリメラーゼがDNAをもとにRNAをつくる過程を❹⑦＿＿＿といい，真核生物では核内で起こる．複製と違って，転写開始にプライマーは不要である．❹⑦＿＿＿は，通常は1つの遺伝子ごとに起こる（モノシストロニック転写という．細菌には並んだ複数の遺伝子がまとめて❹⑦＿＿＿されるポリシストロニック転写もある）．DNAは二本鎖が必要であるが，酵素は一方の鎖を鋳型にし，他方と相同なRNA鎖を合成する．❹⑦＿＿＿されるDNA鎖を❹⑧＿＿＿鎖といい，遺伝情報を含む．

- 複製は一定のタイミングと速度で進むのに対し，転写はゼロから非常に高い効率まで，さまざまである．転写調節はDNA配列中の**転写調節配列**により行われる．遺伝子の近傍のRNAポリメラーゼ結合部位で，転写の基本的な効率を決める部分を❹⑨＿＿＿＿という．真核生物のRNAポリメラーゼの機能は不完全なため，機能を補うための，遺伝子に共通な複数の❺〇＿＿＿＿が必要である．真核生物には3種類の❺①＿＿＿＿＿，すなわちRNAポリメラーゼⅠ，RNAポリメラーゼⅡ，RNAポリメラーゼⅢがあり，それぞれリボソームに含まれるリボソームRNA（rRNA），タンパク質をコードするメッセンジャーRNA（mRNA），アミノ酸を運搬する転移RNA（tRNA）を合成する（p.164，**図15-5**）．細菌は1種類の酵素ですべてのRNAを合成する．

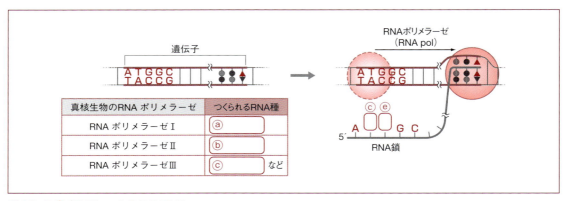

図15-5 ● 転写とつくられるRNA

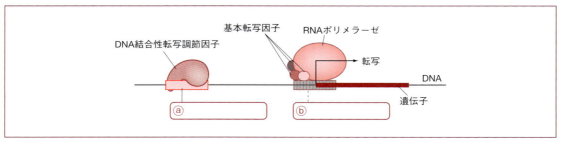

図15-6 ● 真核生物の転写の調節

- 転写調節配列にはこのほか，遺伝子に対していろいろな場所にあって転写効率を高める❺❷＿＿＿＿＿＿が遺伝子ごとに存在する（種類，位置，数は遺伝子特異的）．❺❷＿＿＿＿＿＿にはそれぞれに特有のDNA結合性の❺❸＿＿＿＿＿＿が結合する（図15-6）．

- 細菌には複数の関連遺伝子を1つのプロモーターで制御・転写する❺❹＿＿＿＿＿＿という仕組みがあり，転写のオン・オフは❺❺＿＿＿＿＿＿というDNA配列に転写調節因子が結合することで行われる．ラクトースの利用に関するラクトースオペロンでは，❺❺＿＿＿＿＿＿には阻害因子の❺❻＿＿＿＿＿＿が結合し，ラクトースは❺❻＿＿＿＿＿＿に結合してその効果を抑える（図15-7）．このため，培地にラクトースを加えると転写が開始される．

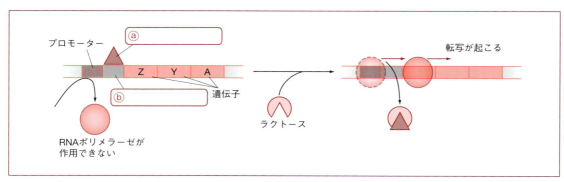

図15-7 ● ラクトースの代謝にかかわるラクトースオペロン

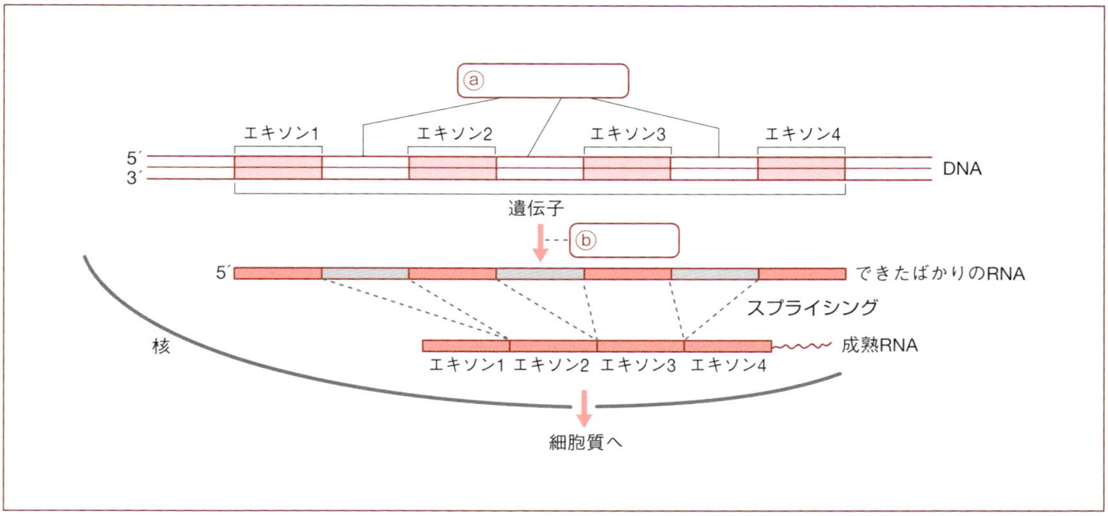

図15-8 スプライシング
mRNAの例.

合成されたRNAは，部分切断や化学修飾などを経て成熟する．真核生物のmRNAの3′末端にはアデニル酸が連なった(57)______が，5′末端にはメチル化グアノシンを含む(58)______がついており，mRNAの安定性や翻訳効率化に効いている．RNAの内部を除く機構は(59)______といい，(59)______で除かれる部分を(60)______，残る部分を(61)______という（**図15-8**）．(60)______や(61)______のいくつかを利用する(59)______は，(62)______という．

E タンパク質合成

タンパク質合成は(63)______といい，真核生物では細胞質で起こる．(63)______ではmRNAに結合した(64)______が塩基配列をアミノ酸配列に読み替えてアミノ酸を重合する．塩基配列は3個が連続して1つのアミノ酸をコード（指定，暗号化）する．この3連続の塩基を(65)______といい，64通りある．たとえば，AUGは(66)______の(65)______で，翻訳開始コドンとしても働く．UAA，UAG，UGAの3種類の(65)______はアミノ酸を指定せず，翻訳終結のシグナルである(67)______として機能する．多くの場合，1つのアミノ酸には複数の(65)______が割り当てられており，この現象を(68)______，それら一連の(65)______を**同義コドン**という．

(63)______では，アミノ酸と結合した(69)______がリボソームにきて，アミノ酸どうしが**ペプチド結合**で連結される．(69)______中にはコドンと相補的に結合する(70)______があるが，mRNAの3番目の塩基との塩基対の厳密性が低いため（これを(71)______という）に縮重が起こる．mRNA中でのコドンの取り方を(72)______という．(72)______は3種類あるが，開始コドンが決まることにより，結果的に正しい(72)______での翻訳が進む．

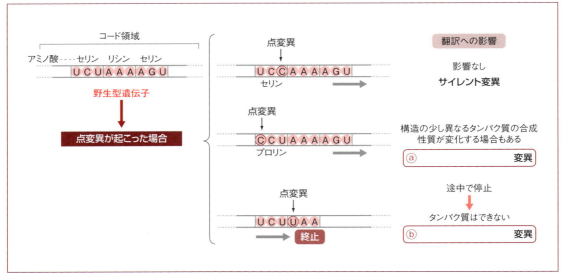

図15-9 ● コード領域に生じた点変異の影響

- 細菌では翻訳開始部位の上流の❼③＿＿＿＿＿，真核生物では**キャップ構造**（あるいは IRES という内部結合部位）にリボソームが結合し，下流の開始コドンまで移動する．真核生物の開始 AUG コドンの周辺の塩基には一定の規則性（コザックルール：AccAUGG）がある．突然変異でコドンが変化してアミノ酸が変化するタイプの変異を❼④＿＿＿＿＿，終止コドンに変化するタイプの変異を❼⑤＿＿＿＿＿という（図15-9）．❼⑤＿＿＿＿＿や，挿入変異や欠失変異（読み枠がずれていずれ終止コドンが現れる）では，安定なタンパク質合成は起こらない．mRNA の配列をもつ短い二本鎖 RNA（これを **siRNA** という）を細胞に入れると mRNA が分解されて遺伝子が抑制される❼⑥＿＿＿＿＿（**RNAi**）という現象が起こる．

F 真核生物のゲノムとクロマチン

- DNA の1セットを❼⑦＿＿＿＿＿といい，細胞の基本的性質を決め，生存に必須である．真核生物の❼⑦＿＿＿＿＿の大きさは，酵母では約1.2億塩基対（遺伝子数は約5,500個），ヒトでは約30億塩基対（遺伝子数は約22,000個）である．高等真核生物のゲノムには遺伝子以外の部分が多く，その多くは遺伝子間領域と繰り返し配列である．

- 真核生物のゲノムは細菌のような裸の状態ではなく，タンパク質が多数結合した❼⑧＿＿＿＿＿という状態をとっており，タンパク質の多くは❼⑨＿＿＿＿＿である（図15-10）．まず，4種類の**コアヒストン**が2個ずつ結合したヒストン八量体に，164塩基対の DNA が巻きついた❽⓪＿＿＿＿＿という構造ができ，それがヒストン H1 などの**リンカーヒストン**によって束ねられて太い30 nm 線維となり，それが何重にも折りたたまれて，顕微鏡で観察できる**染色体**となる．

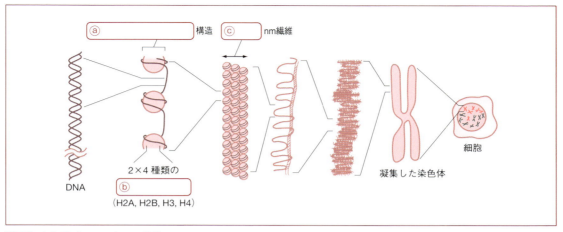

図15-10 クロマチンの構造

- 細胞核の染色で均一に染まる**真正クロマチン**はゆるんだクロマチン構造となっており，不均一に染まる⑧1＿＿＿＿＿は凝集した繊維になっており，不活性状態の遺伝子領域に対応する．

G 遺伝子組換え実験

- DNAを塩基配列特異的に切断する酵素を⑧2＿＿＿＿＿といい，切断時，末端に短い一本鎖部分を残すので，この一本鎖部分と相補的に結合するDNAは容易に付着できる．ここにDNA連結酵素の⑧3＿＿＿＿＿を作用させると**リン酸ジエステル結合**ができて，異種DNAでも1つの組換えDNA分子にすることができる．

- 一方のDNAをウイルスやプラスミドといった自己複製DNAにして組換えDNA分子をつくると，目的のDNAを細胞内で増幅させることができる．この場合，目的DNAを細胞に導入したり，あるいは増やしたり細胞内で機能を発現させたりするためのDNAを⑧4＿＿＿＿＿という．組換えDNA分子を生細胞に導入したり，増幅させたりするなどの操作は⑧5＿＿＿＿＿という．RNAは，直接は使用できないが，RNAをもとに逆転写酵素でつくったDNA（これを⑧6＿＿＿＿＿という）に変換すると利用でき，mRNA由来のcDNAを使うと細胞内でのタンパク質合成もできる．

学習確認テスト

問1 以下の文章が正しい（○）か否（×）かを判断しなさい．

A 核酸：DNAとRNA

① (　) 核酸はヌクレオチドが多数結合したものであり，DNAでは塩基とリボース，そして，3個のリン酸をもつリボヌクレオチドが単位となる．

② (　) 核酸の5′末端と3′末端にはそれぞれ遊離のヒドロキシ基とリン酸基がある．

③ (　) AT塩基対が多いDNAほど二本鎖は安定になる．

④ (　) DNAの5′-AGTGCの相補鎖は5′-TCACGである．

⑤ (　) 核酸の二本鎖形成反応に食塩を添加すると反応は促進される．

⑥ (　) DNAの二重らせんにおいて，らせん1回転のなかに含まれる塩基対は約10個である．

B DNA複製と複製酵素

① (　) DNAが複製される場合，もとのDNA鎖はそのまま二本鎖として残り，二本鎖をコピーした新生DNAが二本鎖としてできる．

② (　) 複製で最初に取り込まれるヌクレオチドは三リン酸型になっている．

③ (　) DNAポリメラーゼは，3′→5′の方向にDNAを伸ばす．

④ (　) 岡崎断片とは，DNA合成でプライマーとなる短い核酸である．

⑤ (　) 染色体末端をテロメアといい，そのDNAを複製する酵素はRNAを含む．

⑥ (　) PCRで使用されるDNAポリメラーゼは高温でも失活しない（耐熱性がある）．

⑦ (　) ジデオキシ法（サンガー法）とは，DNAの塩基特異的な化学分解を利用した塩基配列解析法のことである．

C 突然変異，組換え，損傷，修復

① (　) 多細胞生物の体細胞に起こった突然変異は子孫には遺伝しない．

② (　) 精子や卵のDNAは染色体レベルの組換えを経ている．

③ (　) 紫外線はプリン二量体というDNA損傷を起こす．

④ (　) 損傷のある短いDNA鎖を除き，その後DNAポリメラーゼでDNA合成してからDNAリガーゼで連結する修復の仕組みを複製時修復という．

⑤ (　) シトシンが損傷的に脱メチル化されるとチミンになる．

D 遺伝子の転写：RNA合成

① (　) 真核生物は遺伝子数が多いため，複数の縦列に並んだ遺伝子を一気に転写するといった現象がみられる．

② (　) 転写にも，複製と同様，重合反応開始のためのプライマーが必要である．

③ (　) 大腸菌のRNAポリメラーゼの機能を発揮させるためには，基本転写因子が必要である．

④ (　) 転写プロモーターには遺伝子特異的な転写調節因子が結合する．

⑤ (　) オペロンとはゲノム中に散らばっている複数の遺伝子が，特定の刺激や誘導物質で一斉に転写されるシステムで，原核生物に広くみられる．

⑥ (　) 真核生物のrRNAやtRNAの5′末端にはキャップ構造，3′末端にはポリA鎖という構造がみられる．

⑦ (　) 合成されたRNAの中央部が切断され，一方が成熟RNAとして利用される場合，利用される方をエキソン，利用されない方をイントロンという．

E タンパク質合成

① (　) 翻訳には3種類のRNA，すなわち，rRNA，mRNA，tRNAがかかわる．

② (　) コドンのなかにはアミノ酸を指定しない終止コドンが複数存在する．

③ (　) 1つのtRNAが複数のコドンを認識するのは，コドンのさまざまな場所の塩基の塩基対結合があいまいなために起こる現象である．

④ (　) リボソームがmRNA中でとる読み枠は，個々の遺伝子で決まっておらず，開始コドンが決まることによって決められる．

⑤ (　) ナンセンス突然変異が起こると，アミノ酸が一部のみ変化した，ほぼ同等のタンパク質が生成する．

⑥ (　) 原核生物と真核生物ではコドンの使い方が多少異なる．

F 真核生物のゲノムとクロマチン

① (　) ゲノムには多数の遺伝子が含まれており，その数は生物で大きく異なるが，ゲノムサイズを遺伝子数で割った値は生物間でほぼ等しい．

② (　) ヒトのゲノム中には繰り返し配列が多数存在する．

③ (　) クロマチンを構成する主要タンパク質は1種類のヒストンタンパク質である．

④ (　) ヒストンとDNAが結合・凝集した30 nmの繊維状構造をヌクレオソームという．

⑤ (　) クロマチンは染色性の違いにより真正クロマチンとヘテロクロマチンに分けられ，このうち遺伝子が発現しているのはおもにヘテロクロマチンである．

G 遺伝子組換え実験

① ( )　制限酵素で切断したDNAが簡単に付着するのは，酵素がDNA末端にそのまま付着し，その酵素どうしに結合性があるためである．

② ( )　DNA末端に作用してリン酸ジエステル結合を形成する酵素をDNAリガーゼという．

③ ( )　遺伝子組換え実験でRNAを利用するためには逆転写酵素が必要である．

④ ( )　遺伝子組換え実験を使うと，真核生物のゲノムDNAからでも，効率は悪いが大腸菌中でタンパク質を合成させることができる．

問2　A～Zの説明に該当する用語を1～26のなかから選びなさい．

1 DNA	2 mRNA	3 tRNA	4 cDNA
5 DNAポリメラーゼ	6 RNAポリメラーゼ	7 リン酸ジエステル結合	
8 チミン	9 シトシン	10 リーディング鎖	11 ラギング鎖
12 岡崎断片	13 プライマー	14 PCR法	15 サンガー法
16 プロモーター	17 エンハンサー	18 基本転写因子	
19 (配列特異的)転写調節因子		20 ナンセンス変異	
21 ミスセンス変異	22 コドン	23 アンチコドン	24 ゲノム
25 クロマチン	26 テロメア		

A　RNAを鋳型とし，逆転写酵素で合成される核酸．遺伝子組換え実験で，真核生物のタンパク質を大腸菌で発現させる場合は必須な材料となる．　　　　　　　　　　　　　　　　　( )

B　DNA合成の際，鋳型DNAに水素結合し，合成のきっかけとなる核酸．実験では短いDNAを使うが，細胞ではRNAが用いられる．3′末端がヒドロキシ基である必要がある．　　　　( )

C　転写反応でRNAポリメラーゼが結合し，遺伝子のはじまり部分にあるDNA領域．転写の方向と基本的転写量の維持にかかわる．　　　　　　　　　　　　　　　　　　　　　　　　( )

D　核酸の一種で，リボヌクレオチドを単位とする．タンパク質の遺伝情報をリボソームに伝達する．真核生物の場合は，キャップ構造やポリA鎖を有する．　　　　　　　　　　　　　( )

E　真核生物のRNAポリメラーゼの機能発揮に必要な因子群．遺伝子の種類にかかわらず必要である．
　　( )

F　塩基の1つ．これをもとにした塩基対はほかの塩基対より結合力が高い．脱メチル化されるとウラシルになる．　　　　　　　　　　　　　　　　　　　　　　　　　　　　　　　　　( )

G　真核生物の染色体の末端に存在する構造．短いDNA配列が多数繰り返して存在し，染色体構造の保護に効いている．この部分の複製には特殊な酵素が用いられる．　　　　　　　　　　( )

H　核酸関連酵素の一種．ヌクレオチドの重合反応にかかわり，種々の種類が存在する．新規DNA合成はできず，既存核酸の3′末端のヒドロキシ基にヌクレオチドを重合する．　　　　　( )

I 耐熱性DNAポリメラーゼと1組のプライマーを使ってDNAの特定領域を増幅する技術．温度を95℃→50℃→70℃などと変化させるサイクルを30回程度繰り返す．（　）

J tRNA中にみられる3個連なった塩基配列．mRNAがもつ遺伝暗号配列と塩基対結合する．（　）

K mRNA中のコード領域中における3個連続した塩基配列で，特定のアミノ酸を指定する．64種類あるが，いくつかのものは同じアミノ酸を指定する．（　）

L 複製されるDNA鎖の一方の名称．不連続DNA合成が起こり，フォークと反対の方向にDNA合成が進行する．他方の新生DNA鎖に比べて合成が遅れて進行する．（　）

M 核酸関連酵素の一種．プライマーがなくとも，合成の開始ができる．二本鎖DNAを利用し，その一方に相補的なリボヌクレオチドを重合する．大腸菌では1種類，真核生物では複数種が存在する．（　）

N タンパク質のコード領域に起こる突然変異の1つ．あるアミノ酸のコドンが終止コドンに変異し，翻訳が強制的に終了する．通常，細胞内にタンパク質は検出されない．（　）

O 塩基の一種．対合する塩基対の結合力は，ほかの塩基対より弱い．紫外線により二量体が形成される．（　）

P 真核生物の染色体の存在様式で，核に含まれる染色質の物質的名称．ヌクレオソーム構造が基本となり，それが何重にも折りたたまれて核内に存在する．（　）

Q ラギング鎖として最初につくられる短いDNA断片．（　）

R 遺伝子特異的な転写調節（活性化）配列．DNA結合性の転写活性化因子が結合する配列．真核生物では遺伝子に対する距離，位置，方向性に無関係で効く．（　）

S ヌクレオチドどうしの結合様式．（デオキシ）リボースの5′末端と3′末端を連結し，水素イオンを放出することができる．（　）

T 核酸の一種で，デオキシリボヌクレオチドを単位とする．おもな役目はゲノムで，内部に遺伝子を含む．通常は二本鎖となっている．（　）

U 生物がもつ固有の染色体DNAの1セット．その生物の特質を決定づけ，生存に必須で，内部に遺伝子を含む．多細胞生物のものは単細胞生物のものよりサイズが大きい．（　）

V DNA複製で合成される鎖の一方の名称．DNA合成が連続的に進む．線状DNA鋳型の3′末端のプライマー部分は複製されない．（　）

W エンハンサー因子ともいわれる，転写活性化因子．塩基配列特異的なDNA結合能がある．（　）

X 核酸の一種で，リボヌクレオチドを単位とする．RNAポリメラーゼⅢによって合成され，アミノ酸と結合し，分子内にアンチコドンを有する．（　）

Y タンパク質のコード領域に起こる突然変異の1つ．あるアミノ酸のコドンが別のアミノ酸コドンに変異するため，性質の異なる（場合によっては機能を失った）タンパク質が生成される．（　）

Z 古典的DNAシーケンスの代表的な方法．ジデオキシヌクレオチドを基質に加えてDNA合成させ，DNA合成が塩基特異的に止まったものを分析する．（　）

がんの生化学

この章で学ぶこと

▶ がん細胞とは,どのような性質をもつものかを理解する
▶ がん化の原因について,がんウイルスも含めて理解する
▶ がん遺伝子,がん原遺伝子,がん抑制遺伝子について説明できる

必須用語

がん,不死化,発がん剤,接触阻害,足場依存性,トランスフォーム,アポトーシス,がんウイルス,シグナル伝達,転写調節,ヒトパピローマウイルス,逆転写酵素,がん遺伝子,がん原遺伝子,がん抑制遺伝子,*p53*,多段階発がん

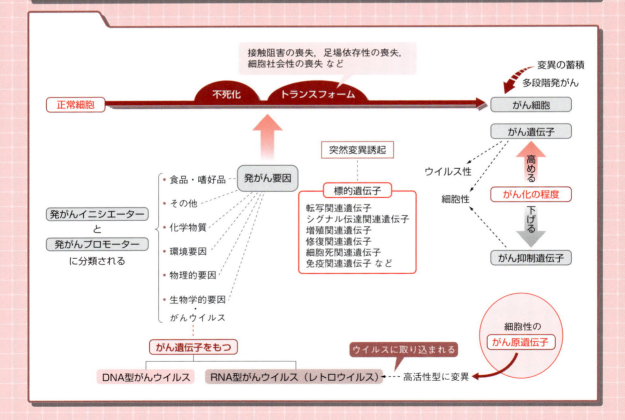

A がんとがん細胞

❶_____は，遺伝子に突然変異をもつ**がん細胞**が際限なく増殖し，場合によっては全身に転移し，放置すると個体を死に至らしめる致死性疾患である．胃がんや肺がん，骨肉腫や白血病などの通常の❶_____において，がん細胞は遺伝子に変異をもつが，❷_____であるため遺伝しない．しかし，なかには高率に子孫に遺伝する**家族性がん**というものもある．

がん細胞はつぎの2点で遺伝的に正常細胞とは異なる．1点目は，普遍的にみられる継続的で高い増殖性である．通常，細胞は有限の細胞分裂回数をもつが，がん細胞にはこの制限がなく，❸_____している．これががん細胞の本質である．増殖性が高いため，がん細胞はDNA合成阻害剤に対する感受性が高く，それらの薬剤はしばしば**抗がん剤**として利用される．

2点目は，細胞どうしが接触しても増殖する（❹_____の喪失），浮遊しながら増殖できる（❺_____の喪失），無関係な細胞集団中でも増殖する（**細胞社会性の喪失**），さらに，プロテアーゼ分泌活性が高い，血管新生能が高いといった特徴がみられることである．このようながん細胞に特徴的な性質をもつことを細胞が❻_____しているという（**図16-1**）．

がん組織のなかには，がん細胞を産生し，分化能をもつ**がん幹細胞**があると考えられる．一般に，がん幹細胞には抗がん剤が効きにくく，難治性である．

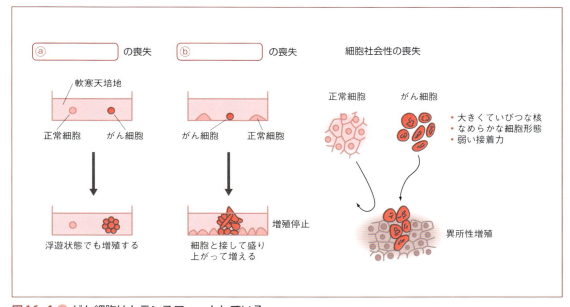

図16-1 がん細胞はトランスフォームしている

B がん化の原因

- がん細胞は細胞の増殖能と性質にかかわる遺伝子群に突然変異をもっているため，第15章(p.162)で述べた突然変異の誘発要因は❼＿＿＿＿となりうる．❼＿＿＿＿は大きく，物理的要因，化学的要因，生物的要因に分けられる．

- 物理的要因の主たるものは，X線やγ線などの電磁波に代表される❽＿＿＿＿であり，さらに高温や摩擦なども要因となりうる．化学的要因としては，重金属，化学物質(例：タール成分，ダイオキシン)，環境要因(例：煤，アスベスト)，嗜好品(例：たばこ)などがある．生物的要因のうち，生物が原因になるものとしては，カビの毒素(例：アフラトキシン，肝臓がんの原因)や胃がんの原因となる❾＿＿＿＿菌などがある．もう1つは**がんウイルス**であり，がんウイルスの遺伝子が宿主ゲノムに挿入されることにより，細胞ががん化する．

- 発がん要因のうち，DNAに直接損傷を与えるものを❿＿＿＿，遺伝子発現の向上に働くものを⓫＿＿＿＿という(図16-2)．⓫＿＿＿＿だけではがん化には至らないが，がん化に向かう細胞の増殖にかかわる．

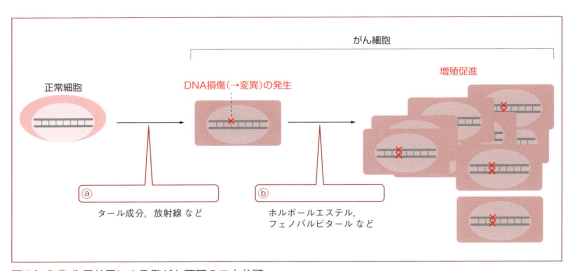

図16-2 ● 作用効果による発がん要因の二大分類

- 発がん要因によってがん化につながる遺伝子が及ぼす最終的な効果としては，増殖の制御やトランスフォームのほか，DNAの修復と細胞死制御に関するものがある(表16-1)．DNA損傷を抑えるDNA修復はがん化の根本を抑える重要な過程であり(第15章，p.162参照)，また，DNAに過度の傷害が発生したとき，細胞を自死(これを⓬＿＿＿＿という)に導くこともがん細胞の発生を抑えるのに効いている．異常細胞を監視・処理する免疫機能としての役割もある．

16. がんの生化学

表16-1 ● がん化にかかわる遺伝子のカテゴリー

遺伝子のカテゴリー	がん化に向かう場合の変化	
増殖に関する遺伝子	増殖促進 ⓐ	，増殖抑制 ⓑ
ゲノム安定性に関する遺伝子	修復 ⓒ	，変異誘発 ⓓ
細胞死に関する遺伝子	アポトーシス促進↓	，アポトーシス抑制↑
分化に関する遺伝子	分化促進 ⓔ	，脱分化促進 ⓕ
遺伝子発現関連遺伝子	転写活性化↑	，シグナル伝達活性化↑
がんの進展にかかわる遺伝子	トランスフォーメーション関連遺伝子 ⓖ	，転移・浸潤に関連する遺伝子 ⓗ

● がん化に直接の効果をもつ遺伝子を発現させるための遺伝子もがん化にかかわる．これには，細胞に生理的効果を与えるリガンド（効果物質），リガンドが結合する受容体，受容体からの情報を細胞内で伝える❸_____（例：プロテインキナーゼ，Gタンパク質），そして，それらシグナルの最終標的である❹_____にかかわる遺伝子が含まれる．

C がんウイルス

● がんの原因となるウイルスを❺_____といい，DNA型がんウイルスとRNA型がんウイルスに分けられる．❺_____は，一般のウイルスのように宿主細胞を殺して，増殖した子ウイルスが出てくるというタイプの感染ではなく，ウイルスゲノムが宿主ゲノムに組み込まれ，その結果，細胞は死なずにがん化し，ウイルス粒子が増えない非増殖性感染が多い．宿主ゲノムに組み込まれるウイルスのゲノムには，すでに述べたがん関連遺伝子が含まれる．

● 哺乳類にがんを起こすがんウイルスは多く存在し，ヒトにがんを起こすがんウイルスも複数存在する（**表16-2**）．DNA型がんウイルスとしては，**子宮頸がんの原因となる**❻_____，肝臓がんの原因となる❼_____，バーキットリンパ腫を起こす**EBウイルス**がある．一方，RNA型がんウイルスとしては，**レトロウイルス科**に属する**ヒトT細胞白血病ウイルス**とフラビウイルス科に属する**C型肝炎ウイルス**がある．レトロウイルス科のRNA型がんウイルスは❽_____をもち，感染後，❽_____の活性でウイルスゲノムはDNAに変換され，それが宿主ゲノムに組み込まれる．エイズの原因ウイルスである❾_____は，がんウイルスではないが，エイズの末期には免疫が低下してカポジ肉腫などのがんを発症する．

表16-2 ● ヒトのがんウイルスの種類

DNA型がんウイルス	がんの種類	RNA型がんウイルス	がんの種類
EBウイルス	バーキットリンパ腫 など	ⓒ	成人T細胞白血病
ⓐ	子宮頸がん	ⓓ	肝臓がん
ⓑ	肝臓がん		

D　がん遺伝子，がん抑制遺伝子

- DNA型がんウイルスがつくるがん遺伝子産物は，宿主のがん抑制遺伝子産物と結合して，その機能を抑える働きがあり，RNA型がんウイルスがつくるがん遺伝子産物は，がん化に関連する宿主の転写因子あるいは転写補助因子に関連したタンパク質である．

- DNA型がんウイルスの研究から❷＿＿＿＿＿という概念が確立したが，DNA型がんウイルスの❷＿＿＿＿＿は細胞には存在しない．一方，RNA型がんウイルス，とりわけレトロウイルスがもつ❷＿＿＿＿＿（これを**オンコジーン**という）は，細胞にもともとあった遺伝子がウイルスゲノムに変異したかたちで組み込まれた㉑＿＿＿＿＿（オンコジーンと対比させて**プロトオンコジーン**という）で，その実体は活性が高まるように変化したシグナル伝達因子（例：c-Ras）や転写調節因子（例：c-Myc）などである（図16-3）．実際のヒトのがん細胞からも活性化型に変異した❷＿＿＿＿＿が見つかる．通常，がん細胞と正常細胞を融合させると正常細胞になり，がんの形質は一般には劣性と認められる．

- その後，がん細胞で変異した（機能が低下した）変異遺伝子の発見から，細胞にはがん化を抑える㉒＿＿＿＿＿があることが明らかになった．㉒＿＿＿＿＿は多くのがん細胞で見つかり，このなかには細胞の健全性の維持にとって最も重要な㉓＿＿＿，家族性網膜芽細胞腫で見いだされた㉔＿＿＿，家族性乳がんの原因遺伝子として見いだされた*BRCA1*など，多くのものがある．

- ヒトのがんでは，多くの❷＿＿＿＿＿や㉒＿＿＿＿＿でそれぞれ活性化や機能低下に関する変異が見つかっており，進展したがんには複数の変異が蓄積している（このようにしてがんが進展することを㉕＿＿＿＿＿という）．変異数が増すに従って，上皮の過形成→腺腫（良性腫瘍）→がん→悪性度の高いがん/転移などと推移する．以上のことから，がんは遺伝しないが，がんになりやすい体質は遺伝するといえる．

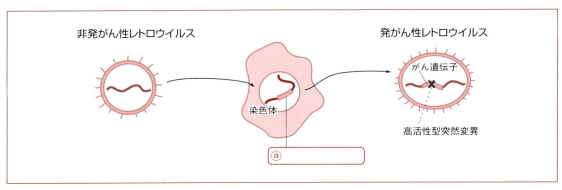

図16-3　発がん性レトロウイルスの起源

学習確認テスト

問1 以下の文章が正しい（○）か否（×）かを判断しなさい．

A がんとがん細胞

① (　)　頻度は高くないが，ある種のがんは一定の確率で遺伝する．

② (　)　がん細胞は不死化細胞であるが，それ以外の性質は正常細胞と基本的に変わらない．

③ (　)　正常細胞は浮遊培養でも増えることができるが，がん細胞は浮遊状態では増えず，ほかの細胞や基質に寄り添った状態で増える．

④ (　)　トランスフォームしている状態はがん細胞の基本的性質であり，細胞増殖速度が速いかどうか，細胞分裂回数が有限か無限かはがんの悪性にかかわることで，がんの基本的性質ではない．

B がん化の原因

① (　)　生物が感染することによって宿主をがん化させる例の1つとして，毒素を産生するカビや，いくつかの細胞内感染性の細菌類（例：結核菌，チフス菌）などがある．

② (　)　発がん性を示す電離能（イオン化する活性化）のある電磁波（光の性質をもつもの）には，赤外線，紫外線，マイクロ波がある．

③ (　)　ピロリ菌はカビの一種で，肝臓がんの原因となる．

④ (　)　発がん剤は，細胞増殖，細胞死，DNA修復などにかかわる遺伝子の変異にかかわる．

⑤ (　)　発がんプロモーターはがん化のきっかけとなるDNA損傷を生じさせる．

C がんウイルス

① (　)　がんウイルスは基本的に細胞増殖性を高めるが，最終的には細胞は死ぬ．ウイルスがつぎつぎに細胞に感染することによってがん細胞の増幅がみられる．

② (　)　A型肝炎ウイルスはDNA型がんウイルスの1つである．

③ (　)　DNA型がんウイルスのがん遺伝子産物は，宿主ゲノムのDNAを損傷させる活性をもつ．

④ (　)　発がん性レトロウイルスは宿主ゲノムに挿入するDNAをつくる必要上，逆転写酵素をもつ．

D がん遺伝子，がん抑制遺伝子

① (　)　RNA型がんウイルスのもつがんにかかわる遺伝子をがん原遺伝子といい，それがウイルスから細胞ゲノムに転移してがん遺伝子となる．

② (　)　がん遺伝子 *Myc*，*Src*，*Fos* などの前にcがついたものは，細胞内のがん原遺伝子を示す．

③（　）p53は代表的ながん原遺伝子で，ある種のがんウイルスゲノムに存在する．

④（　）細胞は正常かがんの2段階のいずれかに分類され，がんになるときの変異した1個の遺伝子の種類によってがんとしての悪性度が決まる．

問2　A～Lの説明に該当する用語を1～12のなかから選びなさい．

1 不死化	2 トランスフォーム	3 がん遺伝子
4 がん抑制遺伝子	5 がん原遺伝子	6 電離放射線
7 発がんイニシエーター	8 ヒトパピローマウイルス	9 B型肝炎ウイルス
10 C型肝炎ウイルス	11 アスベスト	12 多段階発がん

A　ヒトのがんウイルスの一種．DNA型で，子宮頸がんの原因になる．　　　　　（　）

B　細胞をがん化と逆の方向に向かわせたり，がん遺伝子の作用を打ち消したりする活性をもつ遺伝子．p53やRbなど，非常に多くのものがあり，活性の種類も多様である．　　（　）

C　γ線やX線，宇宙線などが含まれる．それらによってイオン化された分子がDNAなどを攻撃（おもに切断）し，がん化を推進する．　　　　　　　　　　　　　　　　　　　　（　）

D　がん化にはいくつもの遺伝子の変異が関与し，多くの場合，変異のたびに悪性度が増す．（　）

E　ヒトのがんウイルスの一種．DNA型で，かつて血清肝炎とよばれた病気の原因ウイルスである．
　　　　　　　　　　　　　　　　　　　　　　　　　　　　　　　　　　　　　（　）

F　ウイルス，とくに発がん性レトロウイルスのがん遺伝子の原型となった細胞の遺伝子．野生型で通常の発現量であればがん化には直結しない．　　　　　　　　　　　　　　　　（　）

G　細胞（とくに培養化している細胞）ががん細胞に特徴的な性質をもつように変異すること．接触阻害や足場依存性の喪失など，いくつかの観点から判断される．　　　　　　　　　（　）

H　環境発がん物質の最も重要なものの1つ．石綿ともよばれ，かつては建材や断熱剤などに広く使われていた．　　　　　　　　　　　　　　　　　　　　　　　　　　　　　　（　）

I　細胞をがん化の方向に向かわせる遺伝子．細胞やがんウイルスがもつ．生物学的・生化学的活性は，プロテインキナーゼや転写因子などさまざまである．　　　　　　　　　　　（　）

J　発がん要因の分類の1つ．DNA傷害活性のあるもの．　　　　　　　　　　　　（　）

K　細胞が際限なく分裂を繰り返す能力を獲得した状態．がん細胞の本質的な性質の1つ．（　）

L　ヒトのがんウイルスの一種．RNA型で，輸血などを介して肝炎を発症し，時間経過とともに肝硬変から肝臓がんに至る．
　　　　　　　　　　　　　　　　　　　　　　　　　　　　　　　　　　　　　（　）

スッキリわかる！ グングン身につく！
生化学ドリル

2016 年 1 月 10 日　1 版 1 刷　　　　　　Ⓒ2016
2023 年 7 月 31 日　　　　5 刷

著　者
　　たむらたかあき
　　田村隆明

発行者
　　株式会社 南山堂　代表者 鈴木幹太
　　〒113-0034　東京都文京区湯島 4-1-11
　　TEL 代表 03-5689-7850　　www.nanzando.com

ISBN 978-4-525-13161-6

JCOPY ＜出版者著作権管理機構 委託出版物＞
複製を行う場合はそのつど事前に(一社)出版者著作権管理機構(電話03-5244-5088，FAX 03-5244-5089, e-mail: info@jcopy.or.jp)の許諾を得るようお願いいたします．

本書の内容を無断で複製することは，著作権法上での例外を除き禁じられています．また，代行業者等の第三者に依頼してスキャニング，デジタルデータ化を行うことは認められておりません．

スッキリわかる！ グングン身につく！

生化学ドリル

解答・解説 編

南山堂

1 生体の構成成分

(p.1 ～ p.10)

空欄解答

Ⓐ 元素と原子

①元素，②H，P，Cl，Fe，③1，④14，⑤16，⑥30，⑦酸素，⑧主要3元素，⑨主要4元素，⑩カルシウム，⑪リン，⑫硫黄，⑬鉄，⑭ヨウ素，⑮原子，⑯陽子，⑰中性子，⑱電子，⑲負(マイナス)

Ⓑ 分子と化合物

⑳分子，㉑2，㉒分子量，㉓化合物，㉔示性式，㉕構造式，㉖分子式，㉗高分子，㉘有機物，㉙二酸化炭素，㉚水，㉛酸素，㉜一酸化窒素，㉝タンパク質，㉞核酸

Ⓒ 水，溶液，濃度，浸透圧

㉟強い，㊱溶質，㊲溶媒，㊳モル濃度，㊴アボガドロ数，㊵ミリ，㊶マイクロ，㊷ナノ，㊸200，㊹半透膜，㊺浸透圧，㊻等張，㊼低張

Ⓓ 酸と塩基

㊽陽イオン，㊾プラスイオン，㊿陰イオン，(51)マイナスイオン，(52)引き合う，(53)電解質，(54)非電解質，(55)酸，(56)塩基，(57)pH，(58)7，(59)酸，(60)小さい，(61)アルカリ，(62)大きい

Ⓔ 共有結合と非共有結合

(63)共有結合，(64)1，(65)2，(66)3，(67)4，(68)イオン，(69)水素，(70)疎水

Ⓕ 基と化学結合の形式

(71)基，(72)化学基，(73)ヒドロキシ，(74)カルボキシ(あるいはカルボキシル)，(75)アミノ，(76)ケトン，(77)アルデヒド，(78)エーテル，(79)エステル

図1-1 ⓐ酸素，ⓑ水素，ⓒカルシウム，ⓓリン，ⓔ硫黄

図1-2 ⓐ電子，ⓑ陽子，ⓒリチウムイオン，ⓓLi^{+}

図1-3 ⓐ 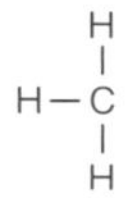 ⓑ 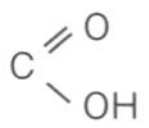 ⓒカルボキシ(あるいはカルボキシル)

図1-4 ⓐO^{-}，ⓑH^{+}，ⓒOH^{-}

図1-5 ⓐカルボキシ(あるいはカルボキシル)，ⓑN，ⓒC＝O，ⓓO，ⓔP

学習確認テスト

問1

Ⓐ 元素と原子

①(✕) 元素と原子の説明が逆になっている．

②(○) 元素記号はアルファベット1文字あるいは2文字で表記する．

③(✕) 生物の主要4元素は重量の大きい順に，酸素，炭素，水素，窒素である．

④(✕) 電子は正電荷をもつ原子核(実際には陽子)の周りにあり，負電荷をもっている．

⑤(○) 炭素の原子量は12である．

⑥(○) 骨はカルシウム(主成分はリン酸カルシウム)が多く，核内の核酸(DNA，RNA)にはリンが大量に含まれ，タンパク質(アミノ酸のシステインやメチオニンなど)には硫黄が含まれている．

Ⓑ 分子と化合物

①(✕) アルゴンやヘリウムなどの希ガスを除き，酸素，窒素，水素などの気体は2原子が共有結合した分子として存在する．

②(○) 分子の状態を表す表記を化学式といい，C_2H_6は分子式，CH_3CH_3は示性式，CH_3-CH_3は共有結合が1つ描かれており，部分的に構造式の形式をとっている．

③(✕) およそ分子量10,000以上の分子を高分子といい，低分子が多数連なった重合分子である．

④(✕) 炭素を含む化合物でも一酸化炭素は無機物と定義される．

⑤(○) 正しい．

Ⓒ 水，溶液，濃度，浸透圧

①(✕) 水は分子どうしが水素結合で引き合っているため，分子の運動や移動が比較的制限されている．このため気体になりにくく(蒸発しにくい)，固体にはなりやすい．

②(✕) 濃度は溶媒に対する溶質の量である．

③（✗）分子量2,000の物質が100 gあるので，量は0.05 mol〔50 mmol（ミリモル）〕である．これが水10 Lに溶けているので，5 mMとなる．

④（○）1 nmは$1×10^{-9}$ mであり，その100万倍（$×10^6$）は$1×10^{-3}$ m，すなわち1 mmとなる．

⑤（✗）浸透圧は物質の種類には依存せず，単にモル濃度に依存するので，この場合，浸透圧は同じとなる．

⑥（✗）赤血球を高張液に入れると，内部の水が外部に出ていき，細胞が収縮する．溶血はしない．

Ⓓ 酸と塩基

①（✗）原子から電子が出ると陽イオンになり，原子に電子が入ると陰イオンになる．

②（✗）酸性物質が電離してプロトンが放出されると，残った部分は陰イオンとなる．

③（✗）pHが7より大きい状態はアルカリ性といい，水素イオン濃度は中性に比べて低い．

④（✗）アルコール類や通常の糖類，ベンゼンなどの有機溶媒は水中でも電離しない非電解質であり，核酸，タンパク質，塩類，アミノ酸は電解質である．

Ⓔ 共有結合と非共有結合

①（○）正しい．

②（○）正しい．

③（✗）水素結合やイオン結合といった非共有結合は弱い結合で，分子骨格の形成には関与しない．分子の形をつくったり，分子どうしの弱い結合（複合体形成，会合）にかかわったりする．

④（✗）分子内に親水部分と疎水部分をもつ分子を水に入れると，分子の親水部分は水分子側を向き，疎水部分は水を避けて中央に集まる．

Ⓕ 基と化学結合の形式

①（✗）アルコール類がもつヒドロキシ基の酸素は電子を引きつける力が弱く，このため，酸素についている水素は電子を失って解離しにくい．つまり，酸性は示しにくい．

②（○）カルボキシ基にある水素は水素イオンとして電離しやすく，残った部分は負に荷電する．つまり，酸の性質を示しやすい．

③（✗）アルコールの−OHと酸のカルボキシ基の−OHの間で水が除かれるかたちで結合する形式はエーテル結合ではなく，エステル結合．酸素と水素が結合にかかわる．

④（○）正しい．

問2

A → 5，B → 7，C → 2，D → 6，E → 3，F → 1，G → 9，H → 4，I → 8

2 化学反応と代謝 (p.11〜p.18)

空欄解答

Ⓐ 化学反応とその進み方

❶化学反応，❷質量保存の法則，❸自由エネルギー，❹放出，❺反応速度，❻活性化エネルギー，❼触媒，❽酵素，❾平衡，❿質量作用の法則，⓫ルシャトリエの原理，⓬律速反応

Ⓑ 化学反応の種類

⓭脱水縮合，⓮重合，⓯加水分解，⓰酸化還元，⓱異性化

Ⓒ 生体内の化学反応：代謝

⓲代謝，⓳同化，⓴異化，㉑エネルギー代謝，㉒反応の共役，㉓吸エルゴン，㉔発エルゴン，㉕無機リン酸，㉖脱共役，㉗熱，㉘代謝系，㉙解糖系，㉚カルビン-ベンソン回路，㉛代謝式，㉜リン酸，㉝乳酸，㉞代謝回転

図2-1　ⓐ活性化エネルギー，ⓑ吸エルゴン反応

図2-2　ⓐ平衡定数，ⓑ濃度の積

図2-3　ⓐNH，ⓑR_2，ⓒCHO，ⓓ$\overset{C}{\underset{C}{\|}}$，ⓔ$H_2$，ⓕ$H_2OH$

図2-4　ⓐ酸化，ⓑ還元，ⓒ吸エルゴン，ⓓ発エルゴン

学習確認テスト
問1

A 化学反応とその進み方
① (✗) 共有結合の変化を伴う分子構造の変化は化学反応であるが，溶解や相変異(固体→液体など)は化学反応ではない．
② (○) たとえば，光合成では二酸化炭素と水を原料とし，光エネルギーを利用してグルコースが合成される．
③ (✗) 高温にしないと反応が進まない反応Bの方が大きな活性化エネルギーを必要とする．
④ (✗) 触媒は反応速度を上げるが平衡には影響しないので，一方の反応のみ反応速度が高まることはない．

B 化学反応の種類
① (○) アミノ酸のアミノ基と別のアミノ酸のカルボキシ基の間で脱水縮合してペプチド結合が形成される．この反応が連続して起こることによってポリペプチド鎖，つまり，タンパク質ができる．
② (✗) 酸化還元反応では電子を与える物質と電子を受け取る物質が必要で，電子を与える物質は酸化され，電子を受け取る物質は還元される．つまり，両者は必ず共役する．
③ (✗) 異性化でも共有結合の状態が変われば化学反応である．
④ (○) この性質を旋光性といい，旋光性の異なるそれぞれの物質を光学異性体という．

C 生体内の化学反応：代謝
① (✗) 同化とは合成代謝，異化とは分解代謝のことである．
② (○) 正しい．
③ (✗) ATPの加水分解は発エルゴン反応，ADPとリン酸からATPができる反応は吸エルゴン反応であるが，高分子物質ができるときには発エルゴン反応の共役が必要である．
④ (✗) 二次代謝は生命活動には直接かかわらない代謝のことで，生物の生存を助けたり，外敵から身を守ったりするためにつくられるものが多い．
⑤ (○) この過程を脱共役という．発熱あるいは体温産生に効いていて，細胞内のペルオキシソームなどでさかんに起こっている．
⑥ (✗) 代謝式は各段階の反応を示すものではなく，全体の反応をまとめたり，分子の出入りを相殺して簡略化したりした形式上の反応式である．
⑦ (○) 代謝回転の時間は生体内での分子の寿命と相関する．

問2

A→3, B→5, C→6, D→1, E→4, F→7, G→2

3 酵素
(p.19 〜 p.30)

空欄解答
A 酵素とその特徴
❶ 酵素，❷ リボザイム，❸ タンパク質，❹ 基質，❺ 基質特異性，❻ アイソザイム，❼ 至適温度，❽ 至適pH，❾ 金属酵素，❿ 補酵素，⓫ アポ酵素，⓬ ホロ酵素，⓭ NAD，⓮ CoA，⓯ 補欠分子族，⓰ ヘム

B 酵素反応の理論
⓱ ミカエリス−メンテン，⓲ V_{max}，⓳ K_m，⓴ [S]，㉑ やすい，㉒ 高い，㉓ ラインウィーバー−バーク

C 酵素反応の阻害
㉔ 活性中心，㉕ 不可逆的阻害，㉖ 可逆的阻害，㉗ 競合阻害，㉘ 上昇する，㉙ 非競合阻害，㉚ V_{max}，㉛ 不競合阻害

D 酵素の分類
㉜ 6，㉝ カタラーゼ，㉞ ペルオキシダーゼ，㉟ 酸化還元酵素，㊱ 転移酵素，㊲ 加水分解酵素，㊳ 脱離酵素，㊴ 付加酵素，㊵ 異性化酵素，㊶ 合成酵素，㊷ ATP

E 酵素活性の調節
㊸ アロステリック効果，㊹ フィードバック阻害，㊺ 限定分解(あるいは部分切断)，㊻ チモーゲン，

㊼タンパク質，㊽血液，㊾リン酸化，㊿プロテインキナーゼ，㉑もつ

図3-1 ⓐ基質，ⓑペプシン，ⓒトリプシン（あるいはキモトリプシン），ⓓ初速度

図3-2 ⓐNADH，ⓑNAD$^+$，ⓒアシル基，ⓓパントテン酸

図3-3 ⓐK_m，ⓑⅠ，ⓒⅡ，ⓓミカエリス-メンテン，ⓔV_{max}，ⓕK_m

図3-4 ⓐ競合阻害，ⓑ非競合阻害，ⓒ不競合阻害

図3-5 ⓐNADH，ⓑADP，ⓒⓅ-Ⓟ，ⓓH_2O，ⓔフルクトース6-リン酸，ⓕATP，ⓖAMP

学習確認テスト

問1

A 酵素とその特徴

① (✗) 大多数の酵素はタンパク質である．しかし，リボザイムはRNA自身が酵素活性をもっている．

② (✗) 酵素は大多数がタンパク質で，高温で変性・失活するため，金属触媒のように温度上昇に従って反応速度自体が上がることはなく，ほぼ成育条件付近の温度で至適を示す．

③ (○) これも特異性の1つの形式．基質に対する特異性は0％あるいは100％ということではないので，本来の基質と類似する物質であれば，ある程度の反応性を示す場合がある．

④ (✗) アイソザイムとは，同一個体内にあり，同じ反応を触媒するが，タンパク質としては別の酵素のことである．

⑤ (✗) ペプシンが胃で働くことができるのは，胃が酸性で，ペプシンの至適pHが酸性だからである．したがって，十二指腸のようなアルカリ性の環境ではペプシンは十分な活性は示さない．

⑥ (✗) 補酵素は基質の1つである．基質がない限り反応は起こりえないので，「弱くしか反応できない」という記述は間違いである．

⑦ (✗) NADは水素を運ぶ補酵素で，CoAはアセチル基のみならず，アシル基全体に作用する補酵素である．

B 酵素反応の理論

① (✗) 酵素反応において，基質濃度を増やすと反応速度は上がるが，直線的になることはなく，一定の上限がある．そして，上限の反応速度，すなわち最大速度（V_{max}）以上にはならない．

② (✗) 基質濃度が高い反応初期の反応速度は初速度である．

③ (○) 正しい．

④ (✗) K_mが大きければ大きいほど，基質との結合力は小さい．

⑤ (✗) V_{max}の単位は速度（例：時間あたりにできる生成物の量）として，K_mの単位は濃度で表される（mMオーダーの場合が多い）．

⑥ (○) 基質最大値（Y軸として表示される）部分の切片からV_{max}が，仮想上の速度無限大値（X軸として表示される）部分の切片からK_m（実質的には$1/V_{max}$が2倍になったところの基質濃度）が求められる．

C 酵素反応の阻害

① (✗) 酵素においては基質と結合する部位と触媒部位は同じで，活性中心という．

② (✗) 熱失活したタンパク質は不可逆的に変性・不溶化し，そのままでは元に戻ることはない．

③ (✗) 競合阻害では，競合阻害剤Bは基質Aと活性中心を取り合うかたちで結合する．このため，基質Aの濃度を高めれば競合阻害剤Bの結合は低下するので，阻害は軽減される．

④ (✗) 競合阻害剤は活性中心に結合するので，基質結合が阻害される．つまり，K_mは上昇する．ただし，結合した基質は通常通り反応できるのでV_{max}は変化しない．

⑤ (✗) 非競合阻害物質は活性中心ではなく，別の場所に結合する．基質と競争的に活性中心を奪いあうことはないのでK_mは変化しない．V_{max}は下がる．

D 酵素の分類

① (○) 酸化還元酵素，転移酵素，加水分解酵素，脱離酵素，異性化酵素，合成酵素の6種類に分類される．

② (✗) 酸化還元酵素は反応形式によって異なるよ

び方をされる．基質に分子状酸素をつける酵素はそのうちの1つで，酸素添加酵素という．脱水素酵素は水素を酸素以外の基質（通常は補酵素）に渡す．酸素に電子を渡すものは酸化酵素という．

③（✕）水が関与して基質を分解・解裂させる酵素はヒドラーゼである．アンヒドラーゼは脱離酵素の1つで，C−O結合に作用する．例としては，カルボニックアンヒドラーゼ（炭酸脱水酵素）がある．

④（✕）DNAへのヌクレオチド付加は転移反応であるため，合成酵素という名前をもつものの，分類上は転移酵素である．

⑤（○）正しい．

E 酵素活性の調節

①（✕）アロステリック効果とは，酵素の活性中心以外に結合することにより，結果的に酵素活性を修飾する効果のことである．

②（○）アロステリック酵素には，酵素内に効果物質の結合部位（アロステリック部位）がある場合と，アロステリック部位がゆるく結合している別のタンパク質上にある場合とがある．

③（✕）代謝系の最下流反応の生成物（つまり，最終産物）がより上流（反応系の最初の反応のことが多い）の酵素を阻害する現象をフィードバック阻害という．

④（○）正しい．

⑤（✕）ペプシノーゲンやキモトリプシノーゲンはいわゆるチモーゲン（プロ酵素）で，活性はない．特定の環境中（例：pHの変化，消化酵素の存在下）で限定分解され，生じた断片が活性をもつ．

⑥（✕）プロテインキナーゼはタンパク質リン酸化酵素の総称．基質特異的に働き，多くの種類がある．多くの場合，タンパク質はリン酸化されて活性をもつ．

問2

A→6，B→4，C→9，D→14，E→12，F→11，G→5，H→7，I→2，J→13，K→10，L→1，M→3，N→8

4 糖 質

(p.31 ～ p.43)

空欄解答

A 糖の基本構造

①糖質，②糖，③単糖，④アルドース（あるいはアルド糖），⑤ケトース（あるいはケト糖），⑥オリゴ糖，⑦多糖，⑧炭水化物，⑨ピラノース，⑩フラノース

B 糖の異性体

⑪不斉炭素，⑫D，⑬L，⑭D,L異性体，⑮エピマー，⑯D−マンノース，⑰D−ガラクトース，⑱アノマー，⑲ヘミアセタール，⑳高く，㉑配糖体，㉒グリコシド結合

C 単 糖

㉓単糖，㉔五炭糖，㉕六炭糖，㉖リボース，㉗グルコース，㉘フルクトース，㉙ガラクトース，㉚マンノース

D 単糖の誘導体

㉛単純糖質，㉜グルコサミン，㉝*N*−アセチルグルコサミン，㉞6，㉟ウロン酸，㊱アルドン酸，㊲デオキシリボース，㊳糖アルコール，㊴ソルビトール

E アルコール

㊵アルコール，㊶エチルアルコール，㊷グリセロール，㊸低級，㊹高級，㊺アルデヒド基，㊻アセトアルデヒド

F オリゴ糖

㊼マルトース，㊽ラクトース，㊾スクロース，㊿転化糖

G 多 糖

(51)多糖，(52)ホモ多糖，(53)ヘテロ多糖，(54)貯蔵多糖，(55)構造多糖，(56)デンプン，(57)アミロース，(58)アミロペクチン，(59)グリコーゲン，(60)ヨウ素デンプン反応，(61)セルロース，(62)*N*−アセチルグルコサミン，(63)グリコサミノグリカン，(64)グルクロン酸，(65)ヒアルロン酸，(66)コンドロイチン硫酸，(67)ヘパリン，(68)D−ガラクトース

H 複合糖質

❻❾複合糖質，❼⓪糖鎖，❼①プロテオグリカン，❼②糖タンパク質，❼③*N*-グリコシド型，❼④*O*-グリコシド型，❼⑤ムチン

図4-1 ⓐアルデヒド基，ⓑH，ⓒO，ⓓアルドース（あるいはアルド糖），ⓔケトン基，ⓕケトース（あるいはケト糖）

図4-2 ⓐD-グルコース，ⓑ変換，ⓒ還元性

図4-3 ⓐβ-D-グルコース，ⓑα-L-グルコース，ⓒα-D-グルコフラノース，ⓓα-D-フルクトース，ⓔOH，ⓕH，ⓖOH，ⓗH

図4-4 ⓐペントース，ⓑヘキソース

図4-5 ⓐグルコサミン，ⓑ $\overset{O}{\underset{CH_3}{\|}}C$ ，ⓒ糖アルコール，ⓓCH_2OH，ⓔ $\overset{O}{\underset{O^-}{\|}}C$ ，ⓕデオキシ糖

図4-6 ⓐ $\overset{H}{\underset{O}{}}\overset{H}{}$ ，ⓑ $\overset{H}{}\overset{H}{\underset{O}{}}$ ，ⓒスクロース，ⓓセロビオース，ⓔグリコシド

図4-7 ⓐα1→4，ⓑα1→6，ⓒβ1→4

図4-8 ⓐβ1→3

学習確認テスト

問1

A 糖の基本構造

① (✗) 糖は3〜9個の炭素と，それらの炭素に結合する複数のヒドロキシ基をもつ．水にはよく溶けるが，イオン化することはない．また，甘味は必要要件ではない．

② (✗) 糖の分類基準の1つは，分子内にアルデヒド基かケトン基をもつことである．

③ (✗) 炭水化物という名称は栄養学でよく使われる．これは糖の別のよび名で，炭素が水と化合したという意味をもつ．

④ (◯) -ose（オース）という接尾辞は糖に対してつけられる．

⑤ (✗) 五員環がフラノース環，六員環がピラノース環である．

B 糖の異性体

① (✗) D, L異性体はグリセルアルデヒドにならって決められるが，D型では不斉炭素につくヒドロキシ基は右側に位置する．

② (✗) エピマーは不斉炭素につくOH，Hの向きが異なる異性体のことであり，互いにフレキシブルに変換することのない異なる分子で，糖としての名称も変わる．

③ (◯) 異なるエピマーであれば名称も変わる．

④ (✗) 最も遠い不斉炭素につく置換基と同じ側にあるものはβ，反対側にあるものはαである．

⑤ (✗) アノマー性OHは還元性をもち，ほかの分子と反応してグリコシド結合する．

⑥ (✗) 三者の構造式のなかで実際の分子の形に最も近い状態を示す表記法はリーベス式である．

⑦ (✗) DNA中には塩基とデオキシリボース（deoxyribose）が結合するグリコシド結合がある．デオキシ（deoxy-）とはde-（除く）＋ oxy-（酸素）の意味があり，デオキシリボースはリボースの還元型である．

C 単糖

① (✗) 単糖のうち，五炭糖はペントース，六炭糖はヘキソースである．これは数を表すギリシャ語〔1（モノ），2（ジ），3（トリ），4（テトラ），5（ペンタ），6（ヘキサ）……〕に由来する．

② (✗) これらはすべて五炭糖である．アラビノースとキシロースは植物に多く存在するが，リボースはRNAやATPといった生物に必須な物質の構成要素で，生物普遍的に存在する．

③ (✗) glu, gal, fruはそれぞれグルコース，ガラクトース，フルクトースで，いずれも六炭糖である．

④ (✗) こんにゃくの主成分はマンナンといい，その構成単位はマンノースという六炭糖である．

D 単糖の誘導体

① (✗) アミノ糖のアミノ基は糖の2位の炭素に結合している．

② (✗) *N*-アセチルグルコサミンはグルコサミンのアミノ基の窒素にアセチル基がつく．

③ (✗) アルドン酸では1位，ウロン酸では6位の炭素が酸化されてカルボキシ基になっている．

④（✕）糖アルコールは糖のカルボニル〔−C(=O)−〕の酸素が還元されたもの〔−C[OH]−〕で，糖に複数のヒドロキシ基があることから，ヒドロキシ基の数は必ず複数に（糖より多く）なる．このため，ヒドロキシ基を1つしかもたない一価アルコールに比べて，ヒドロキシ基の数は必ず多くなる．

E アルコール
①（✕）エタノールやグリセロールは糖代謝産物であり，物理化学的な性質とは切り離して，糖に分類される．
②（✕）低級アルコールは炭素(鎖)数の少ないアルコール（通常，5個以下）のことで，水溶性である．メタノール(C_1)，エチレングリコール(C_2)，グリセロール(C_3)，ブタノール(C_4)などがある．
③（○）代謝的にはアルコール発酵の最終段階で，アセトアルデヒドがアルコールデヒドロゲナーゼで還元されてエタノールとなる（**第5章**，p.47参照）．

F オリゴ糖
①（✕）オリゴ糖とは，通常，単糖の数が2〜10個程度までの糖をいう．
②（✕）グルコースが$\alpha 1 \rightarrow 4$結合で2個連なった二糖がマルトースである．
③（✕）還元末端どうしが結合するため，還元性は示さない．
④（✕）スクロースを加水分解するとグルコース＋フルクトースの転化糖となり，（甘味の非常に強い）フルクトースの影響で，トータルでは甘味が強くなる．

G 多 糖
①（✕）貯蔵多糖も構造多糖もホモ多糖のグループなので，ヘテロ多糖はない．ヘテロ多糖をもつものはプロテオグリカン中の糖部分，すなわちグリコサミノグリカンで，二糖を単位として重合したヘテロ多糖がみられる．
②（○）枝分かれ構造のアミロペクチンは直鎖状のアミロースに比べて粘り気が強い．もち米は100%アミロペクチンである．

③（✕）甲殻類の殻の成分はキチンという，N-アセチルグルコサミンが重合したホモ多糖である．
④（○）糖の成分としてはこのほかにN-アセチルガラクトサミン，ガラクトース，L-イズロン酸，キシロースなどもある．
⑤（○）ヒアルロン酸は関節（とくに関節液）のほか，皮膚や硝子体（目の一部）にもある．
⑥（✕）血液凝固阻止剤として利用されるのはヘパラン硫酸ではなく，ヘパリン heparin である．肝臓で合成され，細胞表面に存在する．hepat-は肝臓の接頭辞．

H 複合糖質
①（✕）糖鎖とは，タンパク質や脂質と結合している糖，すなわち複合糖質にある糖（多糖やオリゴ糖）である．
②（○）正しい．
③（✕）血清タンパク質は複合糖質であり，糖鎖はN-グリコシド結合でタンパク質と結合している．

問2
A→7，B→4，C→10，D→1，E→6，F→13，G→9，H→5，I→14，J→8，K→2，L→12，M→11，N→3

5 糖質の代謝
(p.44〜p.58)

空欄解答

A 解糖系によるグルコースの異化
❶グルコース，❷インスリン，❸解糖系，❹グルコース6-リン酸，❺グリセルアルデヒド3-リン酸，❻ATP，❼基質レベル，❽ホスホエノールピルビン酸，❾ピルビン酸，❿乳酸，⓫4，⓬ADP，⓭呼吸，⓮好気呼吸，⓯嫌気呼吸

B 発 酵
⓰アルコール発酵，⓱有用な，⓲発酵，⓳解糖系，⓴アルコールデヒドロゲナーゼ，㉑パスツール効果，㉒酢酸発酵，㉓アセトアルデヒドデヒドロゲナーゼ

C グリコーゲンの生成・分解とその調節
㉔グリコーゲン，㉕グルコース 6-リン酸，㉖UDP-グルコース，㉗加リン酸分解，㉘グルカゴン，㉙アドレナリン，㉚cAMP，㉛グリコーゲンホスホリラーゼ，㉜インスリン

D クエン酸回路
㉝酸素，㉞アセチル CoA，㉟オキサロ酢酸，㊱クエン酸回路，㊲ミトコンドリア，㊳2-オキソグルタル酸，㊴スクシニル CoA，㊵GTP，㊶抑制，㊷活性化，㊸1，㊹3，㊺1

E グルコースの新生
㊻糖新生，㊼ホスホエノールピルビン酸，㊽オキサロ酢酸，㊾リンゴ酸，㊿肝臓，51乳酸，52コリ回路，53クエン酸回路，54トリグリセリド，55アセチル CoA，56栄養素

F ペントースリン酸回路
57グルコース 6-リン酸，58ペントースリン酸回路，59 6-ホスホグルコノラクトン，60リブロース 5-リン酸，61NADPH，62チアミンピロリン酸，63リボース 5-リン酸，64キシルロース 5-リン酸

G グルクロン酸経路
65グリコーゲン合成経路，66UDP-グルクロン酸，67グルクロン酸抱合，68L-グロン酸，69アスコルビン酸，70ペントースリン酸回路

H 糖代謝にかかわる疾患
71ガラクトース血症，72ラクトース不耐症，73糖原病（あるいは糖原蓄積症），74リソソーム病

図5-1 ⓐグルコース 6-リン酸，ⓑグリセルアルデヒド 3-リン酸，ⓒホスホエノールピルビン酸，ⓓ好気的，ⓔNAD^+，ⓕ乳酸

図5-2 ⓐピルビン酸，ⓑアセトアルデヒド

図5-3 ⓐグルコース 1-リン酸，ⓑUDP-グルコース，ⓒウリジン三リン酸

図5-4 ⓐアドレナリン，ⓑグルカゴン，ⓒcAMP，ⓓインスリン

図5-5 ⓐミトコンドリア，ⓑアセチル CoA，ⓒCOOH，ⓓスクシニル CoA，ⓔGTP，ⓕリンゴ酸，ⓖオキサロ酢酸

図5-6 ⓐP_i（無機リン酸），ⓑフルクトース 6-リン酸，ⓒフルクトース 1,6-ビスリン酸，ⓓリンゴ酸

図5-7 ⓐ酸化的，ⓑNADPH，ⓒグルクロン酸

学習確認テスト

問1

A 解糖系によるグルコースの異化

① （○） グルコース以外の単糖もグルコースの解糖系に合流して代謝される．

② （✗） 酸素の有無にかかわらず，グルコースはまず解糖系で代謝され，酸素がある場合はピルビン酸からクエン酸回路に入る．

③ （✗） 最初の段階は基質にリン酸基をつけて活性化状態にする準備段階であり，最初にリン酸化される部位はグルコースの6位である．

④ （✗） グリセルアルデヒド 3-リン酸とジヒドロキシアセトンリン酸が1分子ずつ同時にでき，ジヒドロキシアセトンリン酸はグリセルアルデヒド 3-リン酸に変換される．結果的に，グリセルアルデヒド 3-リン酸が2分子できるが，同時にできるわけではない．

⑤ （✗） 解糖系では，初期に2分子のATPが使われるが，結果的に2分子のグリセルアルデヒド 3-リン酸ができ，その後，合計4分子のATPが産生されるため，エネルギー消費的に2分子純増となる．

⑥ （○） 代謝系の途中において，グリセルアルデヒド 3-リン酸が1,3-ビスホスホグリセリン酸になる過程で2 molのNADHが産生される．ピルビン酸から乳酸に還元されるときにはその分が使われるため，このNADH産生は相殺されるが，ピルビン酸から乳酸になることがない場合はその分が純増となり，相当するエネルギーが産生される．

⑦ （✗） 筋肉が嫌気的に運動する場合は解糖系と同じ反応が起こるので，老廃物としては解糖系の最終産物である乳酸が蓄積する．

⑧ （✗） ATPを産生するのは，1,3-ビスホスホグリセリン酸とホスホエノールピルビン酸である．

Ⓑ 発　酵
① (✗) 酸素を消費するのは一般的ではなく，また，この過程ではエネルギーを生み出す（基質を酸化してエネルギーを取り出す）．
② (○) 空気があるとむしろアルコール発酵は抑えられる．これがパスツール効果である．
③ (✗) エタノールの代謝では，アセトアルデヒドを経由して酢酸になり，それがミトコンドリアに移り，CoA存在下でアセチルCoAになってクエン酸回路に入る．

Ⓒ グリコーゲンの生成・分解とその調節
① (✗) グリコーゲンはエネルギーの長期蓄積物質とはならない．一時的な貯蔵物質の意義がある．長期貯蔵する場合は，動物では中性脂肪（場合によっては筋肉タンパク質も），植物ではデンプンが利用される（ショ糖なども一定期間貯蔵がきく）．
② (✗) グリコーゲン合成に向かう解糖系の基質はグルコース6-リン酸である．
③ (○) グリコーゲン分解では加リン酸分解という特殊な反応が起こる．
④ (✗) 筋肉にもグリコーゲンが蓄積されるが，これは筋肉自身で消費するためのものである．全身のために使われるのは肝臓にあるグリコーゲンである．
⑤ (○) グルカゴンには血糖量を上げる作用があり，グリコーゲンの分解を促進し，合成を抑える．
⑥ (✗) 血糖上昇に効くホルモンは細胞内でATPからcAMPができる反応を高める．cAMPはプロテインキナーゼに作用して活性化し，それが結果的にグリコーゲン合成系代謝を抑え，分解（グルコース産生）を高める．

Ⓓ クエン酸回路
① (✗) クエン酸回路はATP濃度が高いとき（エネルギーに余裕のあるとき）は抑制される．
② (✗) クエン酸回路に入る直接の基質はアセチルCoAである．アセチルCoAがオキサロ酢酸と反応してクエン酸となり，クエン酸回路に合流する．
③ (✗) 還元型補酵素として，$FADH_2$が1 mol生成されるが，その他に生成されるのはNADPHではなくNADH，ATPではなくGTPである．
④ (✗) クエン酸回路で放出される二酸化炭素は，イソクエン酸が2-オキソグルタル酸になるときと2-オキソグルタル酸がスクシニルCoAになるとき，脱炭酸反応で産生される．
⑤ (○) CoAは高エネルギー物質である．
⑥ (○) 正しい．
⑦ (✗) ATP，GTPのみに注目すると正しいが，高エネルギーを内包している還元型補酵素の産生量はミトコンドリア内（クエン酸回路に入る前と入ったあとをあわせて）の方が格段に多い（解糖系では2 molであるのに対して，ミトコンドリア内では5 molである）．

Ⓔ グルコースの新生
① (✗) ペントースリン酸回路には逆流できない部分が2箇所あり，糖新生には利用できない．
② (✗) 解糖系の後半部分で糖新生に利用されない経路は，ピルビン酸（実際はピルビン酸が非酵素的に変化したエノールピルビン酸）からホスホエノールピルビン酸になる部分．
③ (✗) ミトコンドリアに入ることは正しいが，アセチルCoAを経由して通常のクエン酸回路に入ることはせず，オキサロ酢酸になり，それがリンゴ酸に戻ってから細胞質に出る．
④ (✗) 糖新生では糖類のみならず，タンパク質（実際にはアミノ酸）や脂質の異化中間体も利用される．
⑤ (✗) 筋肉中の乳酸が糖新生にまわるときは，いったん筋肉から出て肝臓に行き，そこでピルビン酸になって，ピルビン酸が辿る経路をたどる．この回路がコリ回路である．乳酸が蓄積しやすい筋肉が，乳酸を自前でグルコースに再生・利用することはしない．

Ⓕ ペントースリン酸回路
① (○) 正しい．
② (○) ペントースリン酸回路はすべての生物に必須である．脂肪酸合成に必要なNADPHもこの経路がおもな産生経路である．
③ (✗) ペントースリン酸回路はATP合成のための代謝系ではない．

G グルクロン酸経路

① (〇) グルコース 6-リン酸→グルコース 1-リン酸→UDP-グルコースまでは共通である.
② (✗) グルクロン酸抱合を実施するための前駆体はUDP-グルクロン酸である.
③ (✗) L-グロン酸はアスコルビン酸（ビタミンC）合成の前駆体となるが，ヒトを含むいくつかの動物にはこの酵素がない．大部分の植物はこの酵素をもつので，ヒトはおもに植物（野菜，果物など）からアスコルビン酸を摂取することになる．
④ (✗) グルコース以外の単糖は細胞に入った直後にグルコースに異性化するのではなく，別の修飾を受け，それが解糖系などに合流する．

H 糖代謝にかかわる疾患

① (✗) この症状はラクトース不耐症というが，その原因はラクトースが本来小腸にあるラクターゼで分解・消化できず，そのまま大腸に移動するためである．
② (✗) これらの病態は糖原病といわれる．
③ (✗) この分解酵素が欠損した場合，分解酵素が作用する場所であるリソソームに糖鎖などが蓄積する．

問2
A→4, B→11, C→17, D→15, E→8,
F→12, G→3, H→14, I→7, J→1, K→10,
L→18, M→5, N→9, O→16, P→2, Q→13,
R→6

6 生体エネルギーとATP
(p.59〜p.68)

空欄解答

A 生体内における酸化還元反応

❶ 奪われる, ❷ 得る, ❸ 標準酸化還元電位, ❹ 酸化, ❺ 還元, ❻ 水素, ❼ 酸素, ❽ プロトン（あるいはH^+）, ❾ フラビン, ❿ ピリジン, ⓫ 脱水素, ⓬ NADH, ⓭ 還元当量, ⓮ 過剰, ⓯ エネルギー生成, ⓰ 物質合成

B 高エネルギー物質：ATP

⓱ ATP, ⓲ 高エネルギー物質, ⓳ エネルギー通貨, ⓴ 基質レベルのリン酸化, ㉑ 酸化的リン酸化, ㉒ 光リン酸化

C 電子伝達系からATP合成まで：酸化的リン酸化

㉓ ミトコンドリア, ㉔ 高い, ㉕ 電子伝達系, ㉖ 呼吸鎖, ㉗ 内膜, ㉘ 複合体, ㉙ 補酵素Q, ㉚ シトクロムc, ㉛ 複合体Ⅰ, ㉜ 複合体Ⅱ, ㉝ 膜間腔, ㉞ プロトンポンプ, ㉟ 10, ㊱ 6, ㊲ プロトン, ㊳ 化学浸透説, ㊴ ATP合成酵素, ㊵ 酸化的リン酸化, ㊶ 4, ㊷ 酸素, ㊸ 水

D 糖代謝におけるエネルギー収支

㊹ 7, ㊺ GTP, ㊻ $FADH_2$, ㊼ NADH, ㊽ 25, ㊾ グリセロール 3-リン酸シャトル, ㊿ 30, ㊾ 脱共役, ㊿ 熱

図6-1 ⓐ ピリジン, ⓑ 酸化, ⓒ H H (図), ⓓ 還元, ⓔ H^+

図6-2 ⓐ アデニン, ⓑ ADP, ⓒ AMP,
ⓓ HO–P(=O)(OH)–O〜P(=O)(OH)–OH

図6-3 ⓐ マトリックス, ⓑ 膜間腔, ⓒ 内膜

図6-4 ⓐ 膜間腔, ⓑ 内膜, ⓒ マトリックス, ⓓ シトクロムc, ⓔ プロトンポンプ

表6-1 ⓐ 25, ⓑ 3, ⓒ 30

学習確認テスト

問1

A 生体内における酸化還元反応

① (✗) 電子は標準酸化還元電位の低い方から高い方へ移動する．
② (✗) 解離した酸素からは反応にあずかる電子を取り出せない．最も効率よく電子を取り出せるのは炭素に結合している水素で，水素の多い物質ほど取り出せるエネルギーも大きい．
③ (✗) この場合，電子も2個移動する．
④ (✗) NAD^+が2個の電子をもつ水素原子と，電

子を失った水素原子（プロトン H^+）を受け取るので，NADHとH^+が1個ずつできる．
⑤（〇）FMNはフラビンモノヌクレオチド，FADはフラビンアデニンジヌクレオチドの略である．
⑥（✗）$NADP^+$はNADPHに比べて圧倒的に少ない．NADPHが還元的反応を介して物質合成にかかわる．

Ⓑ 高エネルギー物質：ATP

①（✗）エネルギーリン酸基の結合様式に依存し，すべてが高エネルギー物質ではない．高エネルギー物質は本文で示したもののほかに，ホスホエノールピルビン酸，1,3-ビスホスホグリセリン酸などに限定され，二リン酸，グルコース 6-リン酸などはこれにあたらない．
②（✗）ATPのリン酸基はエネルギーレベルが大きいが，不安定でもあり，比較的簡単に加水分解される．
③（✗）大部分のATPは，好気的条件での酸化的リン酸化によってつくられる．
④（✗）ATPはエネルギー通貨としてダイナミックに利用されるが，合成された先から使用されることが基本で，保存されない．

Ⓒ 電子伝達系からATP合成まで：酸化的リン酸化

①（✗）電子伝達系に関する因子はミトコンドリアの内膜に固定化された状態で存在する．原核生物では細胞膜に存在する．ミトコンドリアは好気性細菌の細胞内共生した名残とみなされる．
②（✗）伝達されるのはプロトンではなく，電子である．
③（✗）電子伝達系は，酸素のない場合は駆動しない．これは電子を最後に受け取る酸素がないためである．また，発酵のように電子が有機物に渡されることはない．
④（✗）電子伝達系で主要な要素である酵素複合体は，ミトコンドリアの内膜に固定されている．
⑤（✗）複合体Ⅰ，複合体Ⅲ，複合体Ⅳがプロトンポンプ活性をもつ．
⑥（✗）シトクロムcは複合体Ⅲと複合体Ⅳの連結部にあり，複合体Ⅲへ電子を運ぶ電子伝達物質は補酵素Qである．
⑦（✗）ポンプによる能動輸送ではなく，ほかの物質に水素を移して膜を通過させ，その後，水素を酸化型補酵素に移して還元型を組み立てるシャトルといわれる機構である．
⑧（✗）脳や筋肉では，NADHはグリセロール3-リン酸シャトル機構でマトリックスに運ばれて$FADH_2$に変換される．そこから出た電子は電子伝達系の途中の補酵素Qに渡されるため，生じるプロトン数は減る．
⑨（〇）正しい．

Ⓓ 糖代謝におけるエネルギー収支

①（✗）32 molは解糖系の分も含めた1 molのグルコースから合成されるATPの数．ミトコンドリア内だけでは25 molである．
②（✗）細胞がつくる熱の大部分は，プロトン勾配の解消がATP合成に使用されなかった脱共役の場合に生じる．

問2

A→3, B→12, C→6, D→13, E→4, F→8, G→10, H→2, I→14, J→9, K→1, L→11, M→7, N→5

7 脂　質

(p.69〜p.80)

空欄解答

Ⓐ 脂質とは

❶有機溶媒，❷脂質，❸単純脂質，❹エステル，❺エステル結合，❻複合脂質，❼誘導脂質，❽エネルギー

Ⓑ 脂肪酸とその分類法

❾カルボキシ基，❿脂肪，⓫グリセロール，⓬中鎖脂肪酸，⓭二重結合，⓮パルミチン酸，⓯ステアリン酸，⓰ *trans*，⓱リノール酸，⓲エイコサペンタエン酸，⓳ドコサヘキサエン酸，⓴3，㉑4，㉒ *n*-3系列，㉓リノール酸，㉔リノレン酸，㉕必須脂肪酸

Ⓒ エイコサノイド

㉖アラキドン酸，㉗プロスタグランジン，㉘トロンボキサン，㉙ロイコトリエン

Ⓓ 中性脂肪

㉚グリセロール，㉛エステル，㉜中性脂肪，㉝アシル，㉞トリグリセリド，㉟リパーゼ，㊱ロウ

Ⓔ リン脂質

㊲複合，㊳レシチン，㊴脂質二重層，㊵セラミド，㊶スフィンゴミエリン

Ⓕ 糖脂質

㊷糖脂質，㊸スフィンゴ糖脂質，㊹グリセロ糖脂質，㊺ガングリオシド

Ⓖ ステロイド

㊻ステロイド，㊼17，㊽コレステロール，㊾エルゴステロール，㊿一次胆汁酸，(51)二次胆汁酸，(52)界面活性剤，(53)プロビタミンD_2，(54)紫外線，(55)ステロイドホルモン，(56)グルココルチコイド，(57)ミネラルコルチコイド，(58)アンドロゲン，(59)エストロゲン

Ⓗ テルペノイド

(60)テルペノイド，(61)β-カロテン，(62)ビタミンA，(63)レチノイド，(64)ビタミンE，(65)ビタミンK

Ⓘ ヒト体内での脂質の存在形：リポタンパク質

(66)アルブミン，(67)リポタンパク質，(68)アポタンパク質，(69)LDL，(70)HDL

図7-1 ⓐエイコサノイド，ⓑリポ，ⓒ胆汁酸，ⓓロウ，ⓔ生体膜，ⓕトリグリセリド，ⓖステロイド，ⓗA

図7-2 ⓐカルボキシ，ⓑアシル，ⓒ*cis*，ⓓ*trans*

図7-3 ⓐ脂溶性，ⓑ固まり

図7-4 ⓐグリセロール，ⓑエステル，ⓒ $-\overset{\displaystyle O}{\overset{\|}{C}}-R_3$ ⓓR_X $-OH$，ⓔH_2O

図7-5 ⓐホスファチジン酸，ⓑスフィンゴリン脂質，ⓒセラミド

図7-6 ⓐ親水性，ⓑ非極性部分

図7-7 ⓐヒドロキシ基

図7-8 ⓐキロミクロン，ⓑHDL

学習確認テスト

問1

Ⓐ 脂質とは

①（✕）脂質は水に溶けにくく，クロロホルムやエーテルといった有機溶媒によく溶ける．

②（✕）結合脂質という用語はない．正しくは誘導脂質．中性脂肪が加水分解されたかたちの脂肪酸や，メバロン酸などを前駆体としてできるコレステロールなどが誘導脂質にあたる（**第8章**，p.88参照）．

③（○）異化により，糖代謝でもつくられるアセチルCoAが産生され（**第8章**，p.83参照），それがクエン酸回路に入ってエネルギー産生にあずかる．脂質は動物では脂肪組織，植物では種子などに蓄えられ，必要に応じてエネルギー代謝に利用される．

Ⓑ 脂肪酸とその分類法

①（✕）分子の末端に結合する酸の性質を示す基はカルボキシ基である．

②（✕）DHAやEPAはそれぞれ炭素数20と22の長鎖脂肪酸であり，体脂肪がつきにくいといわれているのは中鎖脂肪酸である．

③（○）天然の脂質にはごく少量しか含まれていないが，加工・変質によって増えるといわれている．心臓病などのリスクとの関連が指摘されている．

④（✕）しぼると大量の油脂が出るのは間違いないが，それは脂肪酸ではなく，脂肪酸がグリセロールと結合した中性脂肪である．

⑤（○）1個でも二重結合があるものを不飽和脂肪酸という．

⑥（✕）ステアリン酸は体内で合成されるので必須脂肪酸ではない．

⑦（✕）冷蔵庫で固まる，つまり，融解温度が高いことは飽和脂肪酸の特徴で，不飽和脂肪酸は融点が低く，低温でも固体になりにくい．

⑧（◯）n系列は不飽和脂肪酸の分類方法で，n-3系列，n-6系列，n-9系列がある．
⑨（✗）カルボキシ基ではなく，二重結合の数が複数あるものをいう．

C エイコサノイド
①（✗）エイコサノイドはアラキドン酸の誘導体である．
②（◯）プロスタグランジンは子宮収縮剤，血圧降下剤などに使われ，ロイコトリエンは喘息発症を引き起こすので，抗ロイコトリエン剤は抗喘息薬となる．

D 中性脂肪
①（✗）カルボン酸（基本的に酸）とグリセロールのエステルで，電気的に中性の（酸の性質を失った）物質を中性脂肪という．
②（◯）カルボン酸（1個以上のカルボキシ基をもつ有機酸）から−OHを除いたものをアシル基という．脂肪酸の場合，炭素数2はアセチル基，炭素数3はプロピオニル基という．
③（✗）中性脂肪とはアシル基をもつグリセロールを指し，その主要なものはアシル基を3個もつトリグリセリドである．
④（✗）消化酵素はリパーゼである．
⑤（✗）高級アルコールと高級脂肪酸のエステルがロウである．

E リン脂質
①（◯）正しい．
②（✗）ホスファチジルエタノールアミンやレシチンといったリン脂質は，リン酸基とそれに続く部分で確かに親水性を示すが，脂質二重層を形成する場合は，疎水性部分を内側に向き合い，親水基は外側（周囲の水分子側）を向く．
③（◯）正しい．
④（✗）スフィンゴミエリンは神経系にあるリン脂質である．皮膚の保湿にかかわるのは，スフィンゴシンにアシル基のついたセラミドである．

F 糖脂質
①（✗）ヒトに多いのはスフィンゴ糖脂質で，グリセロ糖脂質は細菌や植物に多い．
②（◯）ガングリオシドは，スフィンゴ糖脂質の糖部分にアミノ酸と糖の一種のシアル酸がついている．

G ステロイド
①（✗）脂肪族の置換基はステロイド核の17位にある．
②（✗）細胞膜中のコレステロールは，膜に柔軟性を与える．
③（◯）デオキシコール酸などの二次胆汁酸はタウリンやグリシンなどが結合した抱合型となり，部分的に親水性をもつ（**第8章**, p.88参照）．
④（◯）脂質が分散すると牛乳のような状態（乳化という）になり，消化酵素が作用しやすくなる．
⑤（✗）エルゴステロールは菌類やきのこ類に豊富に存在する．俗に，シイタケはビタミンDが豊富といわれる理由である．
⑥（◯）アルドステロンはミネラルコルチコイドの1つ，コルチゾールはグルココルチコイドの1つである．
⑦（✗）テストステロンは男性ホルモン，エストラジオールは女性ホルモン（卵胞ホルモン，濾胞ホルモンともいう）である．
⑧（✗）コレステロールは種々のステロイドの生合成のもとになるが，肝臓でも生合成される．むしろ，食事で摂取する量より合成される量の方が多い．

H テルペノイド
①（✗）テルペノイドはイソプレンが複数結合したものである．
②（✗）これらの脂溶性ビタミンは広い意味のテルペノイドで，レチノイドとはテルペノイドのあるグループであり，ビタミンA類が含まれる．
③（◯）β-カロテンは卵などからも摂取できるが，そもそも卵のβ-カロテンはニワトリが植物から摂取したものがもとである．

Ⅰ ヒト体内での脂質の存在形：リポタンパク質

① (✗) 血中に存在する脂肪酸はタンパク質（おもにアルブミン）と結合している．
② (✗) 最も比重の高いリポタンパク質はHDL（高密度リポタンパク質）で，俗に善玉コレステロールとよばれている．

問2

A→5, B→13, C→9, D→4, E→11, F→8, G→3, H→12, I→10, J→1, K→7, L→6, M→2, N→14

8 脂質の代謝 (p.81～p.93)

空欄解答

A トリグリセリドの分解とアシルCoAの生成

❶ トリグリセリド，❷ 解糖系，❸ ミトコンドリア，❹ カルニチン

B アシルCoAの分解：β酸化

❺ アシルCoA，❻ α，❼ β，❽ アセチルCoA，❾ 2，❿ β酸化，⓫ 8，⓬ クエン酸回路，⓭ 27，⓮ ペルオキシソーム

C ケトン体の生成

⓯ ケトン体，⓰ 脳，⓱ 糖尿病，⓲ ケトン症，⓳ ケトアシドーシス

D 脂肪酸の合成過程

⓴ アセチルCoA，㉑ 肥満，㉒ 細胞質，㉓ クエン酸，㉔ NADPH，㉕ アセチル基シャトル，㉖ アセチルCoA，㉗ マロニルCoA，㉘ アシルキャリアタンパク質，㉙ パントテン酸，㉚ ペントースリン酸回路，㉛ 小胞体，㉜ デサチュラーゼ，㉝ 多価

E トリグリセリド，グリセロリン脂質，エイコサノイドの合成

㉞ トリグリセリド，㉟ ジヒドロキシアセトンリン酸，㊱ ホスファチジン酸，㊲ ホスホリパーゼ，㊳ シクロオキシゲナーゼ，㊴ リポキシゲナーゼ，㊵ アラキドン酸カスケード，㊶ 非ステロイド

F コレステロール，ステロイドホルモン，胆汁酸の合成

㊷ アセチルCoA，㊸ メバロン酸，㊹ HMG-CoA還元酵素，㊺ プレグネノロン，㊻ プロゲステロン，㊼ ミネラルコルチコイド，㊽ アンドロゲン，㊾ エストロゲン，㊿ コレステロール，51 タウリン，52 デオキシコール酸，53 リトコール酸

G 消化・吸収された脂質のその後

54 キロミクロン，55 肝臓，56 VLDL，57 LDL，58 悪玉コレステロール，59 善玉コレステロール

H 脂質代謝の異常が原因で起こる疾患

60 脂質異常症，61 トリグリセリド，62 コレステロール，63 LDL，64 脂質蓄積症，65 リソソーム，66 スフィンゴリン脂質，67 スフィンゴ糖脂質

図8-1 ⓐリパーゼ，ⓑアセチルCoA，ⓒクエン酸回路，ⓓジヒドロキシアセトンリン酸，ⓔ解糖系

図8-2 ⓐATP，ⓑ $R-\overset{O}{\overset{\|}{C}}-S-CoA$，ⓒカルニチン，ⓓCoA

図8-3 ⓐβ，ⓑα，ⓒアセチルCoA，ⓓ2，ⓔ8，ⓕ7，ⓖ8，ⓗ7

図8-4 ⓐアセト酢酸，ⓑケトン症，ⓒケトアシドーシス

図8-5 ⓐクエン酸，ⓑNADPH

図8-6 ⓐCH_2，ⓑアセトアセチル，ⓒアセチル，ⓓマロニル

図8-7 ⓐα-リノレン酸，ⓑリノール酸，ⓒDHA，ⓓアラキドン酸

図8-8 ⓐホスホリパーゼ，ⓑアラキドン酸，ⓒリポキシゲナーゼ，ⓓシクロオキシゲナーゼ

図8-9 ⓐアセチルCoA，ⓑHMG-CoA還元酵素，ⓒプレグネノロン，ⓓエストロゲン，ⓔプロゲステロン，ⓕデオキシコール酸，ⓖ抱合，ⓗ一次胆汁酸，ⓘ二次胆汁酸

図8-10 ⓐキロミクロン，ⓑHDL，ⓒLDL

学習確認テスト

問1

A トリグリセリドの分解とアシルCoAの生成

① (〇) グリセロールは，リン酸化，脱水素反応のあとジヒドロキシアセトンリン酸になり，その後，グルコースの異化である解糖系で代謝される．

② (✗) 脂肪酸の異化はミトコンドリアの内部（マトリックス）で起こる．アシルCoAはカルニチンに運ばれてマトリックスに入る．

B アシルCoAの分解：β酸化

① (〇) ATP存在下で脂肪酸にCoAが結合し，それがミトコンドリアに入る．アシル基のα位とβ位の炭素間で切断されるβ酸化では，α位の炭素はアセチルCoAとなって放出される．

② (✗) β酸化により，CoA（そこには炭素が1個ある）とアシル基のα位の炭素が（メチル基として）がまとめてとれるので，都合，炭素が2個結合したCoA（アセチルCoA）として外れる．その結果，アシル基の炭素は2個少なくなる．

③ (〇) 8回目のβ酸化で最後に残るのはアセチルCoAなので，できるアセチルCoAの数は8（酸化の回数）+ 1 = 9となる．

④ (✗) ミトコンドリア以外でβ酸化が起こる場所はペルオキシソームである．そこでは酸化的リン酸化（ATP合成）は起こらず，取り出されたエネルギーは熱となって放出される．

C ケトン体の生成

① (✗) 糖不足の状態になると代償的に脂質の利用効率が上がるので，アセチルCoAが蓄積し，副産物としてケトン体ができる．また，ケトン体はとりわけエネルギーが高いわけではない．

② (〇) ケトン体が肝臓で利用されないのは，肝臓にケトン体をアセチルCoAに戻す酵素がないためである．ほかの臓器にはある．

③ (✗) ケトアシドーシスは血液が酸性になった状態である．

D 脂肪酸の合成過程

① (〇) 脂肪酸と糖の代謝は互いに関連しており，互換性のある場合が多い．

② (✗) 脂肪酸合成は細胞質で起こる．このため，ミトコンドリア内の脂肪酸異化で生じたアセチルCoAがミトコンドリア外に出る必要がある．

③ (✗) アセチルCoAのアセチル基が循環する仕組みはあるが，そこで産生されるのはNADHではなくNADPHである．

④ (✗) 脂肪酸合成において鎖伸長の原料となる単位はアセチルCoAではなく，炭素数3のマロニルCoAである．マロニル基がアシル基に付加されるとき炭素が1つ除かれるので，その結果，アセチル基となって結合し，炭素が2個増えたかたちになる．

⑤ (〇) ビオチンはマロニルCoAができるとき，パントテン酸はそれがアシル基に付加されるときにかかわる．

⑥ (✗) 天然の不飽和脂肪酸の二重結合は$trans$型でなくcis型である．

⑦ (✗) 動物は一価の不飽和脂肪酸はつくるが，いくつかの多価不飽和脂肪酸合成には欠陥がある．必須脂肪酸は多価不飽和脂肪酸である．

⑧ (✗) 脂肪酸合成はACP（アシルキャリアタンパク質）を土台として進む．

⑨ (〇) NADPHはペントースリン酸回路やアセチル基シャトルから脂肪酸合成に供給される．

E トリグリセリド，グリセロリン脂質，エイコサノイドの合成

① (✗) 中性脂肪合成の際は，まずグリセロールがリン酸化され（グリセロール3-リン酸），その後，アシルCoAが2個結合してホスファチジン酸となり，リン酸が外れたあとでアシルCoAからアシル基が供給されてトリグリセリドとなる．

② (〇) トリグリセリドの合成は，すでに述べたように，ホスファチジン酸が中間体となるが，グリセロリン脂質もホスファチジン酸がもとになり，リン酸部分にコリンやエタノールアミンが付加される．

③（✗）エイコサノイド合成にはアラキドン酸がかかわるので，アラキドン酸カスケードという．

④（✗）非ステロイド系抗炎症薬はエイコサノイド合成系中のシクロオキシゲナーゼ系物質（例：プロスタグランジンやトロンボキサン）の鍵となる酵素のシクロオキシゲナーゼを阻害する．

F コレステロール，ステロイドホルモン，胆汁酸の合成

①（○）アセチルCoAを出発物質とし，HMG-CoA還元酵素が関与してメバロン酸となり，これがスクアレンなどの物質を経てコレステロールとなる．

②（✗）高コレステロール血症の治療薬は，コレステロール合成系の鍵となるHMG-CoA還元酵素を阻害し，メバロン酸の合成を抑える．

③（○）プレグネノロンからプロゲステロンを経てグルココルチコイドやミネラルコルチコイドができ，アンドロゲンを経てエストロゲンができる．

④（✗）デオキシコール酸は二次胆汁酸であり，可溶化のために抱合しているのはタウリンのほか，グリシンである．

G 消化・吸収された脂質のその後

①（✗）この場合のリポタンパク質は，比重は小さいが粒子径の大きいキロミクロンである．

②（○）このため，コレステロール値を高くするLDL（いわゆる悪玉コレステロール）に対し，低くするHDLは善玉コレステロールといわれる．

H 脂質代謝の異常が原因で起こる疾患

①（✗）高脂血症は，正しくは脂質異常症という．

②（✗）これらスフィンゴ脂質が蓄積する場所はリソソームである．

問2

A→8, B→3, C→1, D→9, E→2, F→4, G→5, H→6, I→7, J→10

9 アミノ酸とタンパク質
(p.94〜p.101)

空欄解答

A アミノ酸
❶アミノ酸，❷アミノ基，❸神経伝達物質，❹尿素回路（あるいはオルニチン回路），❺タンパク質，❻20，❼α炭素，❽側鎖，❾不斉，❿グリシン，⓫L，⓬D，⓭チロシン，⓮フェニルアラニン，⓯トリプトファン，⓰280，⓱メチオニン，⓲システイン，⓳両性，⓴等電点，㉑リシン，㉒アルギニン，㉓アスパラギン酸

B ペプチド
㉔オリゴペプチド，㉕ポリペプチド，㉖カルボキシ基，㉗アミノ末端

C タンパク質
㉘高次構造，㉙一次，㉚変性，㉛αらせん，㉜β構造，㉝βシート，㉞シャペロン，㉟ジスルフィド結合，㊱繊維状タンパク質，㊲サブユニット構造，㊳単純タンパク質，㊴複合タンパク質，㊵金属タンパク質，㊶ヘムタンパク質，㊷糖タンパク質，㊸リポタンパク質，㊹防御タンパク質，㊺輸送タンパク質，㊻運動タンパク質，㊼調節タンパク質

図9-1 ⓐL，ⓑD，ⓒ側鎖

図9-2 ⓐ低，ⓑ両性イオン型，ⓒ高

図9-3 ⓐH_2O

図9-4 ⓐ三次構造，ⓑジスルフィド結合，ⓒαらせん，ⓓ二次構造

表9-1 ⓐH，ⓑOH，ⓒSH，ⓓAsn，ⓔN，ⓕGln，ⓖQ，ⓗ芳香族，ⓘF，ⓙ⬡，ⓚY，ⓛW，ⓜAsp，ⓝD，ⓞCOO^-，ⓟGlu，ⓠE，ⓡ塩基性，ⓢK

表9-2 ⓐ酵素，ⓑ構造タンパク質，ⓒ運動タンパク質，ⓓ防御タンパク質，ⓔ調節タンパク質，ⓕ輸送タンパク質

学習確認テスト

問1

A アミノ酸
①（✗）炭素に結合したアミノ基とカルボキシ基を

独立にもつものがアミノ酸である.
② (✘) アミノ酸のおもな用途はタンパク質合成の材料であり，それ以外に窒素化合物の合成前駆体になったり，その他の目的で使われたりする.
③ (○) 正しい.
④ (✘) グリシンは確かに異質であるが，それはほかとは異なり α 炭素が不斉でないことである．このため D 型や L 型といった異性体は存在しない.
⑤ (✘) アラニンは芳香族アミノ酸ではない．芳香族アミノ酸としてはその他にフェニルアラニンとトリプトファンがある．吸収極大を示す紫外線の波長は 280 nm である.
⑥ (✘) 硫黄の大部分はシステインとメチオニンの2種類のアミノ酸に存在する.
⑦ (○) これが等電点の定義である.
⑧ (✘) 塩基性アミノ酸はリシン，アルギニン，ヒスチジンの3種類で，グルタミンとアスパラギンは中性アミノ酸に分類される.
⑨ (○) 正しい.

B ペプチド

① (○) 合成されたもの以外に，加水分解で生じた断片もサイズが合えばペプチドという.
② (○) −C(=O)−N(H)− という構造．炭素と酸素の二重結合が遷移的に炭素と窒素に移動する共鳴という現象が起こるので，鎖にゆるい二重結合が生まれる．このため，ペプチド鎖のねじれや回転の自由度はかなり制限される（DNA と大きく異なる点）.
③ (✘) ポリペプチド鎖は末端にアミノ基とカルボキシ基を1個ずつもつが，中間部の多数の側鎖のなかでも電離は起こるので，両解離基の数は必ずしも同数とはならない.
④ (✘) ペプチド鎖は N 末端から C 末端に向かって合成される.

C タンパク質

① (✘) 一次構造はアミノ酸配列で，高次構造の1つではない.
② (✘) ペプチド鎖が波打つような二次構造は β 構造（β シートも含む）である.
③ (✘) SH 基も三次構造形成の要因であるが，酸化的環境で形成される（水素が奪われる反応は還元というため）.
④ (✘) タンパク質の折りたたみを補助するタンパク質はシャペロンである.
⑤ (✘) 異質・同質にかかわらず，複数のタンパク質からなる.
⑥ (✘) カタラーゼやトランスフェリンにヘムは存在しない．単なる金属タンパク質である.
⑦ (○) 正しい.
⑧ (✘) 変性とはタンパク質の高次構造が破壊されることである.
⑨ (✘) 熱変性は基本的に非可逆的で，再生しない.
⑩ (○) 構造の決定には原子やイオン間の電気的相互作用のほか，アミノ酸の側鎖の水溶性も関係する．疎水性アミノ酸はタンパク質の芯の部分に集まる傾向がある.

問2

A→4， B→6， C→12， D→1， E→10， F→3，
G→11， H→8， I→9， J→5， K→2， L→7

10 アミノ酸の代謝
(p.102〜p.112)

空欄解答

A 窒素代謝におけるアミノ酸の意義

❶タンパク質，❷アミノ酸プール，❸窒素平衡，❹窒素同化，❺アミノ酸

B アミノ酸の分解

❻アンモニア，❼炭素骨格，❽トランスアミナーゼ，❾2-オキソグルタル酸，❿グルタミン酸，⓫酸化的脱アミノ反応，⓬肝臓，⓭尿素回路，⓮オルニチン回路，⓯オルニチン，⓰シトルリン，⓱アルギニン，⓲フマル酸，⓳アセトアセチル CoA，⓴糖原性，㉑オキサロ酢酸，㉒ケト原性，㉓リシン，㉔ロイシン

C 窒素の同化とアミノ酸の合成

㉕アンモニア，㉖硝酸，㉗グルタミン酸，㉘グルタミンシンテターゼ，㉙脳，㉚解糖系，㉛クエン

酸回路, ㉜ペントースリン酸回路, ㉝ロイシン, ㉞フェニルアラニン, ㉟必須アミノ酸

Ⓓ アミノ酸からつくられる含窒素化合物
㊱クレアチン, ㊲クレアチニン, ㊳フェニルアラニン, ㊴ドーパ, ㊵アドレナリン, ㊶メラニン, ㊷チロキシン, ㊸S-アデノシルメチオニン, ㊹モノアミン, ㊺ヒスタミン, ㊻セロトニン, ㊼γ-アミノ酪酸, ㊽アルギニン

Ⓔ アミノ酸代謝異常症
㊾アミノ酸代謝異常症, ㊿フェニルケトン尿症, ㈤アルカプトン尿症

図10-1 ⓐトランスアミナーゼ, ⓑピリドキサールリン酸, ⓒ2-オキソグルタル酸, ⓓ2-オキソ酸

図10-2 ⓐシトルリン, ⓑフマル酸, ⓒアルギニン, ⓓO＝C

図10-3 ⓐリシン, ⓑアセトアセチルCoA, ⓒケトン体, ⓓ糖, ⓔケト

図10-4 ⓐ2-オキソグルタル酸, ⓑグルタミンシンテターゼ

図10-5 ⓐグルタミン酸, ⓑチロシン, ⓒペントースリン酸回路

図10-6 ⓐクレアチン, ⓑチロシン, ⓒアルカプトン尿症, ⓓヒスタミン, ⓔセロトニン

学習確認テスト
問1

Ⓐ 窒素代謝におけるアミノ酸の意義
① (○) このような理由により, 生体はアミノ酸プールを一定に維持している.
② (✗) 窒素量はほかの主要元素と異なり, 一定値に維持される. これを窒素平衡という.
③ (✗) 気体窒素をアンモニアにすることが窒素固定, 無機窒素を有機物に組み込むことが窒素同化である.
④ (✗) 生体で窒素ダイナミクスの基本となる物質はアミノ酸である. アンモニアは毒性が強くなりえない.

Ⓑ アミノ酸の分解
① (○) 完全分解の基本プロセスは文章の通り.
② (○) 外れたアミノ酸は2-オキソグルタル酸に移されてグルタミン酸を生じる.
③ (✗) 酸化的脱アミノ反応はグルタミン酸のアミノ基がアンモニアとして外れる反応. 書かれている反応はアミノ酸の直接酸化である.
④ (✗) 確かに, 1回の回路が進むと3 molのATPが消費されるが, 副産物として生じたフマル酸がクエン酸回路で利用されてATPを生成するなど(ミトコンドリア内にADPもできるので), エネルギー的には3 molのATPをつくれる計算になり, エネルギーロスはない.
⑤ (○) アルギニンが尿素回路で生成するため, 必須アミノ酸にはならない.
⑥ (✗) 糖原性アミノ酸であっても, 糖骨格部分がアセトアセチルCoAになるとそのままケトン体合成にまわり, この代謝ではケト原性として振る舞う.
⑦ (○) 糖質制限状態では脂質が異化されてアセチルCoAがたまり, ケトン体合成が高まる. 一方, ピルビン酸やクエン酸回路の基質は少なくなったグルコースを補充するために糖新生を高める.
⑧ (✗) もっぱらケト原性としての挙動を示すアミノ酸はロイシンとリシンである.

Ⓒ 窒素の同化とアミノ酸の合成
① (✗) タンパク質合成に使われるアミノ酸の多くは食事で摂取したタンパク質, あるいは生体中タンパク質が加水分解されたものである.
② (○) 正しい.
③ (○) 同じ酵素が合成と分解の反応を推進する.
④ (○) このグルタミンシンテターゼによる反応は, とくに筋肉や脳で重要である.
⑤ (✗) 9種類の必須アミノ酸とは合成できないアミノ酸, あるいは, 制限的にしか合成できないアミノ酸をいう.
⑥ (✗) 根瘤細菌は養分を植物から得る一方, 自身は窒素ガスから植物の養分となるアンモニアをつくり植物に与えている. 両者は共生関係にある.

Ⓓ アミノ酸からつくられる含窒素化合物

①（✗）クレアチン生成に関する記述は正しいが，クレアチニンはクレアチンがリン酸化されたクレアチンリン酸の分解産物（老廃物の一種）である．
②（✗）ドーパはチロシンからできる．
③（✗）メラニンはチロシンからドーパを経由して生成する．
④（✗）S-アデノシルメチオニンは，基質にメチル基を供与するための物質である．
⑤（◯）ヒスタミンはヒスチジンから脱炭酸されてできるモノアミンである．
⑥（✗）γ-アミノ酢酸でなく，γ-アミノ酪酸(GABA)である．
⑦（✗）アルギニンからつくられる生理活性をもつ含窒素気体は一酸化窒素である．

Ⓔ アミノ酸代謝異常症

①（✗）アミノ酸代謝異常症は，特定アミノ酸の分解・異化が進まず，アミノ酸や異化中間体が体内に蓄積し，その毒性によって起こる疾患で，基本的にそのアミノ酸を制限する必要がある．
②（✗）アルカプトン尿症ではチロシンの異化産物であるホモゲンチジン酸が蓄積する．
③（✗）フェニルケトン尿症の新生児患者で制限する必要のあるアミノ酸はフェニルアラニンである．

問2
A→7, B→4, C→1, D→11, E→6, F→14, G→13, H→2, I→16, J→9, K→8, L→15, M→12, N→5, O→10, P→3

11 ヌクレオチドとポルフィリン
(p.113～p.122)

空欄解答

Ⓐ ヌクレオチドの構造

❶ヌクレオチド，❷ヌクレオシド，❸5′，❹プリン，❺アデニン，❻ピリミジン，❼シトシン，❽α, β, γ，❾ATP，❿チミン，⓫ヒポキサンチン

Ⓑ ヌクレオチドの新生合成

⓬ペントースリン酸回路，⓭PRPP，⓮イノシン酸（あるいはイノシン一リン酸），⓯オロト酸，⓰オロチジル酸，⓱dTTP，⓲チミジル酸シンテターゼ，⓳アミノプテリン，⓴メトトレキサート

Ⓒ ヌクレオチドの分解と再利用，および関連する疾患

㉑加リン酸分解，㉒キサンチン，㉓尿酸，㉔チミジンキナーゼ，㉕グアニン，㉖ヒポキサンチン，㉗HGPRT，㉘アデニン，㉙アデノシンデアミナーゼ，㉚痛風，㉛酢酸，㉜レッシュ・ナイハン症候群

Ⓓ ヘムの合成

㉝ポルフィリン，㉞クロロフィル，㉟マグネシウム，㊱ヘモグロビン，㊲5-アミノレブリン酸，㊳β-グロビン

Ⓔ ヘムの分解とビリルビンの代謝

㊴脾臓，㊵ビリルビン，㊶グルクロン酸抱合，㊷ウロビリノーゲン，㊸ウロビリン，㊹腸管循環，㊺黄疸，㊻ヘモグロビン，㊼鉄運搬タンパク質，㊽ミオグロビン

図11-1 ⓐヌクレオシド，ⓑヌクレオチド，ⓒグアニン，ⓓチミン，ⓔウラシル
図11-2 ⓐ $P-P$，ⓑGMP，ⓒAMP，ⓓオロト酸，ⓔPRPP，ⓕアミノプテリン
図11-3 ⓐIMP，ⓑ加リン酸分解，ⓒ尿酸，ⓓHGPRT
図11-4 ⓐ NH_3，ⓑチミジンキナーゼ
図11-5 ⓐスクシニルCoA，ⓑヘム，ⓒグロビン，ⓓビリルビン，ⓔウロビリン，ⓕウロビリノーゲン
表11-1 ⓐアデノシン，ⓑグアニル酸，ⓒイノシン，ⓓシチジン，ⓔウリジン，ⓕチミジン（あるいはデオキシチミジン），ⓖデオキシシチジン二リン酸

学習確認テスト

問1

Ⓐ ヌクレオチドの構造

①（✗）塩基とデオキシリボース（あるいはリボー

② (○) 正しい．
③ (✗) デオキシリボースにシトシンが結合したヌクレオシドはシチジンではなく，デオキシシチジンという．同様に，アデニン，グアニン，チミンはそれぞれ，デオキシアデノシン，デオキシグアノシン，デオキシチミジン（あるいは，単にチミジン）という．
④ (✗) 正しくは糖の5′位に結合する．塩基に結合しているので，「′」をつける．
⑤ (✗) リン酸末端からは，γ, β, αである．
⑥ (✗) 同じものである．
⑦ (✗) IMPはヌクレオチド代謝の途中で出現する．

B ヌクレオチドの新生合成

① (✗) リボース5-リン酸はペントースリン酸回路から供給される．
② (○) 1位には連続して2個，5位には1個のリン酸がついている．
③ (✗) アンモニアではなくアミノ酸．グルタミンとアスパラギン酸は共通に使われ，プリン塩基ではこれらに加えてグリシンがかかわる．
④ (✗) プリンヌクレオチドはIMP，ピリミジンヌクレオチドはオロチジル酸である．
⑤ (✗) アミノプテリンはプリンヌクレオチド合成をもとから阻害し，ピリミジンヌクレオチドではdTTP合成過程で葉酸がかかわる部分を阻害する．ヒポキサンチンをともに加えると再利用系を利用してIMPがつくられるため，前者は回復されるが，後者には無効である．後者も回復させようとする場合は，チミジンを加えて細胞内のチミジンキナーゼでdTMPとし，その後のdTTP合成を活性化させる必要がある．アミノプテリン，チミジン，ヒポキサンチンの入った培養液（培地）をHAT培地といい，チミジンキナーゼをもたない細胞を殺し，野生型細胞を増やすのに使われる．
⑥ (✗) PRPPと種々の物質からはピリミジン環をもつオロチジル酸ができるが，オロチジル酸はカルボキシ基をもつため酸の性質を示す．

C ヌクレオチドの分解と再利用，および関連する疾患

① (○) 基本はこの経路．
② (✗) 塩基はいったんキサンチンに集約され，その窒素部分は尿酸に代謝される．尿酸は腎臓で尿として直接排泄される．アンモニアは経ない．
③ (✗) 再利用系の方が経済的なので，こちらが積極的に利用される．
④ (✗) プリン塩基の再利用では，アデノシンはアデニンとなってそこからAMPとなるか，アデノシンがアデノシンデアミナーゼ（ADA）の作用でイノシンとなり，塩基のヒポキサンチンが外れる．グアノシンはグアニンが外れる．ヒポキサンチンとグアニンの再利用は書かれている通り．
⑤ (✗) ヌクレオチド代謝異常症はほとんどがプリン塩基に関するものである．
⑥ (○) 核酸の多い食品では単純にプリン塩基が異化で増えるため尿酸が増える．アルコール摂取ではアセチルCoAが増えるためAMPも増える．AMPの異化が進むと尿酸が増える．
⑦ (✗) 塩基の化学構造がまったく異なるので，このような互換利用は起こらない．
⑧ (○) ピリミジンヌクレオチドの分解（異化）では，窒素はアンモニアまで分解されるが，アンモニアは肝臓の尿素回路で毒性の低い尿素に変換される．

D ヘムの合成

① (✗) 金属は全体で1個と結合する．そこに酸素が1個結合する．
② (○) 正しい．
③ (○) 骨髄中の幼若な赤血球や肝臓でつくられ，ヘモグロビンに組み立てられる．

E ヘムの分解とビリルビンの代謝

① (✗) 赤血球が脾臓などで壊されるとき，内部のヘモグロビンやその成分のヘムも分解（異化）される．
② (○) 正しい．
③ (○) 正しい．

問2
A→4, B→8, C→1, D→10, E→12, F→5, G→7, H→9, I→3, J→13, K→2, L→6, M→11, N→14

12 ホルモンとビタミン
(p.123～p.136)

空欄解答

A 生理機能を調節する因子：ホルモンとビタミン
❶ホルモン, ❷ビタミン, ❸内分泌, ❹タンパク質

B それぞれの器官から分泌されるホルモン
❺視床下部, ❻ソマトスタチン, ❼放出ホルモン, ❽下垂体, ❾成長ホルモン, ❿性腺刺激ホルモン, ⓫ソマトメジン, ⓬バソプレッシン, ⓭オキシトシン, ⓮甲状腺, ⓯チロキシン, ⓰トリヨードチロニン, ⓱カルシトニン, ⓲パラトルモン, ⓳ランゲルハンス島, ⓴グルカゴン, ㉑インスリン, ㉒ステロイド, ㉓副腎皮質ホルモン, ㉔副腎髄質ホルモン, ㉕ミネラルコルチコイド, ㉖グルココルチコイド, ㉗カテコールアミン, ㉘アドレナリン, ㉙卵胞ホルモン, ㉚黄体ホルモン, ㉛アンドロゲン, ㉜ガストリン, ㉝コレシストキニン, ㉞脳-消化管ホルモン, ㉟心房性ナトリウム利尿ペプチド, ㊱ヒト絨毛性性腺刺激ホルモン（ヒト絨毛性ゴナドトロピン）

C ホルモンによる個体内環境の統御
㊲フィードバック, ㊳恒常性の維持, ㊴グルコース, ㊵グルカゴン, ㊶成長ホルモン, ㊷解糖, ㊸インスリン, ㊹バソプレッシン, ㊺水の再吸収, ㊻アンジオテンシンⅡ, ㊼心房性ナトリウム利尿ペプチド, ㊽Ca^{2+}, ㊾アルドステロン, ㊿上げる, ○51カリクレイン-キニン系, ○52パラトルモン, ○53ビタミンD, ○54カルシトニン

D ホルモンに関連する疾患
○55副腎皮質刺激ホルモン, ○56バセドウ病, ○57低血糖症, ○58糖尿病, ○59インスリン感受性

E オータコイドとサイトカイン
○60オータコイド, ○61プロスタグランジン, ○62一酸化窒素, ○63レプチン, ○64サイトカイン, ○65インターフェロン, ○66ケモカイン, ○67エリスロポエチン, ○68リンホカイン, ○69インターロイキン

F 水溶性ビタミン
○70ビタミンC, ○71B群ビタミン, ○72ニコチン酸, ○73FMN, ○74CoA, ○75ビタミンB_1, ○76ペラグラ症候群, ○77抗酸化, ○78コラーゲン

G 脂溶性ビタミン
○79ビタミンA, ○80カロテン, ○81夜盲症, ○82コレカルシフェロール, ○83くる病, ○84遺伝子発現, ○85ビタミンE

図12-1 ⓐグルカゴン, ⓑアドレナリン, ⓒコルチゾール

図12-2 ⓐバソプレッシン, ⓑレニン-アンジオテンシン, ⓒアルドステロン, ⓓ心房性ナトリウム利尿ペプチド

図12-3 ⓐカルシウム, ⓑ交感神経, ⓒ副交感神経, ⓓカリクレイン-キニン

図12-4 ⓐパラトルモン, ⓑビタミンD, ⓒエストロゲン, ⓓカルシトニン

表12-1 ⓐ甲状腺刺激ホルモン放出, ⓑ成長ホルモン, ⓒバソプレッシン, ⓓチロキシン, ⓔパラトルモン, ⓕインスリン, ⓖグルカゴン

表12-2 ⓐアンドロゲン, ⓑプロゲステロン, ⓒガストリン

表12-3 ⓐ巨人症, ⓑクッシング病, ⓒバセドウ病, ⓓ糖尿病, ⓔ低血糖症

表12-4 ⓐパントテン酸, ⓑビタミンB_6, ⓒビタミンB_{12}, ⓓ脚気, ⓔペラグラ症候群

学習確認テスト

問1

A 生理機能を調節する因子：ホルモンとビタミン
①（✗）ビタミンは体内でつくられないか，十分には合成できない有機物．

②（✗）ホルモンは血液に運ばれて体内の標的組織に作用し，その分泌方式は内分泌という．

③（✗）ホルモンの多くはタンパク質あるいはペプチドである．

Ⓑ それぞれの器官から分泌されるホルモン

①（○）視床下部からの放出ホルモンが下垂体前葉からの下位の刺激ホルモンの分泌を正や負に制御し，刺激ホルモンは最終標的からの種々のホルモンの分泌を促すという，ホルモン制御の階層性がある．

②（✗）ソマトスタチンは下垂体前葉の成長ホルモンの合成・分泌を抑えるホルモンである．

③（○）メラトニンは睡眠や日周リズムの調節に働くため，利用されることがある．

④（✗）最も多くのホルモンが合成・放出される部分は前葉である．

⑤（○）下垂体後葉から分泌されるオキシトシンやバソプレッシンは視床下部のホルモン分泌細胞でつくられ，後葉に移送されたあとで分泌される．

⑥（✗）バソプレッシンは利尿に対抗する抗利尿ホルモンである．腎臓での水の再吸収が高まると尿は減り，血液が増える．利尿とは尿が出ること．

⑦（✗）トリヨードチロニンはヨウ素3個，チロキシンはヨウ素4個を含む．最初につくられる甲状腺ホルモンはチロキシンであり，それが末端で，より活性が高いトリヨードチロニンに変換される．

⑧（✗）心臓もホルモン産生器官であり，心房性ナトリウム利尿ペプチドが分泌される．

⑨（✗）膵臓は消化腺であると同時に内分泌器官であるが，ガストリンやセクレチンは膵臓ではなく，それぞれ胃や腸で産生される．

⑩（○）正しい．

⑪（○）正しい．

⑫（✗）いずれも同じ卵胞ホルモンの別名で，代表的なものとしてはエストラジオールやエストロンがある．

⑬（○）正しい．

⑭（○）プロゲステロンは黄体から分泌される黄体ホルモンである．

⑮（✗）絨毛性性腺刺激ホルモンはタンパク質ホルモンである．

Ⓒ ホルモンによる個体内環境の統御

①（✗）定常性の維持ではなく恒常性の維持．

②（✗）血糖量は約0.1％に維持されている．さらに，インスリンの作用は血糖上昇ホルモン作用に対する対抗作用ではなく，血中から細胞へのグルコースの取り込みである．

③（○）正しい．

④（✗）アルドステロンは血圧を上げ，心房性ナトリウム利尿ペプチドは血圧を下げる．

⑤（✗）甲状腺から放出されるCa^{2+}濃度を上げるホルモンはカルシトニンである．

⑥（○）正しい．

Ⓓ ホルモンに関連する疾患

①（○）バソプレッシンは抗利尿ホルモン（水を原尿から血液に戻し，尿を減らす作用をもつホルモン）であるため，このような症状となる．

②（✗）クッシング病は副腎皮質ホルモンが過剰になって起こる．

③（✗）バセドウ病は女性に多い，甲状腺ホルモン過剰によって起こる疾患である．

④（✗）血糖量上昇ホルモンの過剰で糖尿病が起こることは知られていない．

⑤（○）副腎髄質ホルモンは血管を収縮するので，血圧は上昇する．

Ⓔ オータコイドとサイトカイン

①（✗）オータコイドは，通常の組織や器官から産生されるホルモン様物質である．

②（○）オータコイドの一種であるアンジオテンシンⅡは，飲水行動の誘引，バソプレッシン分泌，アルドステロン分泌を通じて，水の再吸収の増加，Na^+再吸収の増加を引き起こし，血液量や血圧を上昇させる．

③（○）正しい．

④（✗）オータコイドとなる気体として知られているものは一酸化窒素である．

⑤（✗）リンホカインはリンパ球，インターロイキンは白血球で産生される．

Ⓕ 水溶性ビタミン

①（✗）水溶性ビタミンにはB群ビタミンとビタミ

ンCが含まれるが，補酵素となるものはB群ビタミンのみである．
② (〇) 正しい．
③ (✗) 酸化作用ではなく，酸化を防止する抗酸化作用である．

G 脂溶性ビタミン
① (✗) 夜盲症は欠乏症の場合に起こる（ビタミンAが視物質の成分として必要なため）．一方，過剰摂取すると（作用が遺伝子発現調節のため）遺伝子発現が異常になり，胎児奇形を発生させる場合がある．
② (✗) 脂溶性物質ゆえに食品を油で処理し，その油ごとビタミンを栄養として吸収させた方がよい．ホウレンソウの油炒めは理にかなっている．
③ (✗) ヒトにとくに重要なものは，動物に多いビタミンD_3（コレカルシフェノール）である．
④ (〇) 正しい．
⑤ (✗) ビタミンEには抗酸化作用があり，脂質を酸化から防ぐという効果を考えて加えられていると思われる．
⑥ (〇) 正しい．
⑦ (✗) ビタミンKは腸内細菌が産生するので欠乏症になりにくい．水溶性ビタミンのビオチンも腸内細菌によって産生される．

問2

A→10， B→15， C→1， D→5， E→9， F→12，
G→19， H→3， I→20， J→7， K→18， L→4，
M→16， N→8， O→14， P→11， Q→2， R→17，
S→6， T→13

13 血液と生体防御
(p.137〜p.147)

空欄解答

A 血液の成分と役割
❶血管系，❷血漿，❸赤血球，❹血小板，❺リンパ球，❻顆粒球，❼マクロファージ，❽リポタンパク質，❾アルブミン，❿血餅，⓫血清

B 血液によるガス交換
⓬ガス交換，⓭外呼吸，⓮ヘモグロビン，⓯弱く，⓰毛細血管

C 血液凝固
⓱血液凝固，⓲血小板，⓳トロンビン，⓴フィブリン，㉑血友病，㉒Ca^{2+}，㉓ヘパリン，㉔線溶系，㉕プラスミノーゲンアクチベーター

D 免疫系と免疫応答
㉖免疫，㉗自然免疫，㉘獲得免疫，㉙貪食作用，㉚NK細胞，㉛補体，㉜ケモカイン，㉝インターフェロン，㉞炎症，㉟免疫記憶，㊱抗原，㊲樹状細胞，㊳T細胞，㊴細胞傷害性T細胞，㊵細胞性免疫，㊶ヘルパーT細胞，㊷形質細胞，㊸抗体，㊹抗原抗体反応

E 抗体とその多様性
㊺重鎖，㊻定常部，㊼クラススイッチ，㊽T細胞受容体，㊾クローン選択

F 病的免疫反応
㊿アレルギー，51 IgE，52 アナフィラキシー，53 自己免疫疾患，54 免疫不全症，55 エイズ

G 血液型と輸血・移植
56 血液型，57 ABO，58 複対立遺伝，59 抗体，60 HLA，61 主要組織適合抗原複合体，62 拒絶反応

図13-1 ⓐ血漿，ⓑ血清，ⓒフィブリン，ⓓ血小板，ⓔ樹状細胞，ⓕ顆粒球
図13-2 ⓐ赤血球が組織へ運ぶことができる酸素量
図13-3 ⓐフィブリノーゲン，ⓑプロトロンビン
図13-4 ⓐリンパ球，ⓑ形質細胞，ⓒ貪食，ⓓ好中球，ⓔ単球，ⓕ肥満細胞
図13-5 ⓐ自然，ⓑ獲得，ⓒ形質細胞
図13-6 ⓐ可変部

学習確認テスト

問1

A 血液の成分と役割
① (〇) 血液は凝固し，その上澄みは血清という．

凝固阻止剤を入れた場合の液体部分は血漿という．
② (✗) ヒトの血球のうち，核をもっているものは白血球のみである．
③ (✗) 顆粒球は，好酸球，好塩基球，好中球を一括した名称．
④ (○) 正しい．
⑤ (○) 正しい．
⑥ (○) アルブミンは肝臓でつくられる．

Ⓑ 血液によるガス交換
① (✗) 二酸化炭素はアルブミンなどが運ぶ．
② (✗) 酸素が結合するのはα-グロビンとβ-グロビンからなるヘモグロビン．
③ (○) この機構が毛細血管で酸素が赤血球から組織へ優先的に移行する理由である．

Ⓒ 血液凝固
① (○) 血液凝固が血小板の主要な役割．
② (✗) ヘパリンは血液凝固を防ぐために加える．血液検査では液体成分をそのままの状態で分析するため凝固させない．
③ (✗) フィブリンはタンパク質分解酵素ではない．凝血の繊維成分になる．
④ (✗) 血栓は線溶系（例：プラスミノーゲンアクチベーター．塞栓症の治療に使われる）がうまく機能しない場合に生じやすい．血友病は抗血友病因子が遺伝的に欠損していて血液凝固が正常に進まない疾患．
⑤ (○) ④の解説参照．

Ⓓ 免疫系と免疫応答
① (✗) 獲得免疫は自然免疫に遅れて生じる．自然免疫がなくなるわけではない．
② (○) T細胞，B細胞といったリンパ球は獲得免疫特異的に働く．免疫記憶ができる理由は書かれている通り．
③ (○) これも自然免疫という．
④ (○) 樹状細胞は獲得免疫に重要な要素だが，自然免疫にもかかわるといわれる．
⑤ (○) 正しい．
⑥ (✗) 細胞性免疫にはT細胞，体液性免疫にはB細胞がかかわる．
⑦ (✗) ヘルパーT細胞の重要な役割は，B細胞の増殖・分化を高めて抗体の産生を促すことである．
⑧ (✗) 述べられている因子は自然免疫に効く因子．体液性免疫では抗体が効く．

Ⓔ 抗体とその多様性
① (✗) 抗体はグロブリンのうちγグロブリン画分に含まれるタンパク質．定常領域は不変ではなく，クラススイッチが起こると変化する．
② (✗) 順番は，IgMやIgD→IgG→IgAやIgEである．
③ (✗) 1種類のB細胞（あるいは形質細胞）は1種類の抗体しか産生しない．血中抗体濃度の増減はおもにリンパ球の増殖の水準に依存する．

Ⓕ 病的免疫反応
① (○) 正しい．
② (✗) アナフィラキシーは全身に起こる強いアレルギー反応．
③ (○) 局所的な自己免疫病は意外に多い．

Ⓖ 血液型と輸血・移植
① (○) O型は赤血球に抗原がないので輸血後に凝固しない．輸血により抗体は入るが希釈されるので，影響はあまり大きくなく，緊急時には行われる（入れた血球が凝集することがとくに注意を要する）．赤血球表面のA抗原・B抗原を酵素処理で除いてから輸血に使用する試みもある．
② (✗) Rh^-の妊婦がRh^+の胎児を妊娠するだけでは問題はない．しかし，通常，出産時には出血があり，それによって母体に抗Rh抗体が生じる．第二子およびそれ以降の妊娠時に母体にできた抗体が胎児を攻撃するので危険である．
③ (○) 移植免疫（拒絶反応の原因となる）は細胞性免疫によるが，この活性を抑えられれば拒絶反応が起こらない（起こっても弱い）ことになり，可能である．実際の医療において行われており，免疫抑制剤が移植医療を推進したといわれている．

問2

A→4, B→7, C→10, D→11, E→2, F→14,
G→6, H→5, I→13, J→8, K→1, L→9,
M→3, N→12

14 栄養素の消化・吸収
(p.148〜p.157)

空欄解答

A 栄養の摂取
❶吸収, ❷消化, ❸糖質, ❹脂質, ❺タンパク質, ❻単糖, ❼グリセロール, ❽アミノ酸, ❾消化系, ❿胃, ⓫消化管, ⓬消化腺, ⓭肝臓, ⓮膵臓, ⓯外分泌腺, ⓰蠕動, ⓱細胞外消化

B 消化器官の働き
⓲唾液腺, ⓳アミラーゼ, ⓴リゾチーム, ㉑噴門, ㉒塩酸（あるいは胃酸）, ㉓ペプシン, ㉔ガストリン, ㉕幽門, ㉖キモトリプシノーゲン, ㉗トリプシノーゲン, ㉘リパーゼ, ㉙門脈, ㉚ビリルビン, ㉛小腸, ㉜十二指腸, ㉝空腸, ㉞回腸, ㉟セクレチン, ㊱コレシストキニン, ㊲絨毛, ㊳刷子縁, ㊴毛細血管, ㊵毛細リンパ管, ㊶盲腸, ㊷結腸, ㊸水分, ㊹腸内細菌

C それぞれの栄養素の消化と吸収
㊺デンプン, ㊻マルトース, ㊼膵アミラーゼ, ㊽マルターゼ, ㊾トリグリセリド, ㊿膵リパーゼ, 51胆汁酸, 52ホスホリパーゼ, 53キロミクロン, 54乳び管, 55エンドペプチダーゼ, 56エキソペプチダーゼ, 57カルボキシペプチダーゼ, 58アミノ酸, 59プロ酵素, 60ヌクレオチド, 61脂溶性ビタミン, 62Ca^{2+}

図14-1 ⓐ咽頭, ⓑ唾液腺, ⓒ胆嚢, ⓓ十二指腸, ⓔ膵臓, ⓕ盲腸, ⓖ直腸

図14-2 ⓐ肝臓, ⓑキロミクロン, ⓒ乳び管

表14-1 ⓐトリプシノーゲン, ⓑキモトリプシノーゲン, ⓒエラスターゼ, ⓓオリゴペプチド, ⓔエキソペプチダーゼ

表14-2 ⓐトリグリセリド, ⓑアミラーゼ, ⓒヌクレオチド, ⓓDNA, ⓔリン脂質

表14-3 ⓐアミラーゼ, ⓑマルターゼ, ⓒスクラーゼ, ⓓラクターゼ, ⓔ胆汁酸, ⓕペプシン, ⓖ短鎖ペプチド, ⓗアミノ酸

学習確認テスト

問1

A 栄養の摂取
① (✕) 三大栄養素とは，糖質，脂質，タンパク質の3種類である.
② (◯) 正しい.
③ (✕) ヒトなどの動物の消化は，消化液が細胞外に出て行われる細胞外消化である.
④ (✕) 消化の目的は高分子の栄養素を低分子化することであるが，通常，分子量は数百以下になる.

B 消化器官の働き
① (✕) リゾチームはデンプンの消化酵素ではなく，細菌などの細胞壁を分解する酵素で，自然免疫にかかわる.
② (✕) 唾液腺は，耳下腺，舌下腺，顎下腺の3箇所.
③ (✕) 胃に食物が入る部位は噴門，食物が出る部位は幽門.
④ (✕) ホルモンのガストリンはその通りであるが，産生される消化酵素はトリプシンではなくペプシン.
⑤ (✕) 胃液の酸の成分は塩酸.
⑥ (✕) 合成されるのはトリプシノーゲンやキモトリプシノーゲン. これらはほかの消化酵素による限定分解で成熟型となる. 胃から十二指腸に出たばかりの内容物は酸性だが，膵液がアルカリ性であるため，速やかに中和される.
⑦ (✕) 中性脂肪を分散・乳化して，リパーゼを効きやすくするのは胆汁中の胆汁酸.
⑧ (◯) 肝臓はアルブミンやコレステロールなどをつくる.
⑨ (✕) 胆汁酸の原料は，赤血球に含まれるヘモグロビン中のヘム.
⑩ (✕) 上流から，十二指腸，空腸，回腸の順で，消化はおもに十二指腸で行われる.
⑪ (✕) コレシストキニンは腸運動の抑制，セクレチンは腸運動の促進にかかわる.
⑫ (✕) 水の吸収は含まれない. 水の吸収は大腸の働きである.

⑬（✗）大腸で食物繊維を消化するのは腸内細菌自身である．

C それぞれの栄養素の消化と吸収
①（✗）スクラーゼではなく，マルターゼ（マルトース分解酵素）．
②（✗）唾液アミラーゼは胃の酸性環境で失活する．つまり，唾液アミラーゼは実質的には消化にはあまり寄与しない．
③（✗）トリグリセリドは膵リパーゼにより脂肪酸とおもにモノアシルグリセロールに分解され，吸収された刷子縁細胞でトリグリセリドに再構成され，ほかの脂質やタンパク質との複合体（リポタンパク質）となり，毛細リンパ管に入る．
④（✗）胆汁酸の作用は界面活性剤で，脂質を微粒子として包み（乳化し），水によくふれるようにすることで，酵素が効きやすいようにすることにある．
⑤（○）正しい．
⑥（✗）タンパク質を最初に消化する酵素は胃液中のペプシンである．
⑦（✗）トリプシン，キモトリプシン，エラスチン，ペプシンはエンドペプチダーゼ．
⑧（○）正しい．
⑨（✗）ヌクレオチドがさらに，糖，リン酸，塩基に分解されてから吸収される．
⑩（✗）ビタミンDがCa^{2+}の吸収を促進する．

問2
A→3, B→5, C→12, D→9, E→2, F→13,
G→7, H→14, I→11, J→1, K→8, L→6,
M→4, N→10

15 遺伝子の生化学
(p.158〜p.171)

空欄解答

A 核酸：DNAとRNA
❶デオキシリボ核酸, ❷リボ核酸, ❸ヌクレオチド, ❹塩基, ❺ウラシル, ❻リン酸ジエステル結合, ❼5′, ❽3′, ❾DNA, ❿塩基対, ⓫相補性, ⓬二重らせん, ⓭変性, ⓮ハイブリダイゼーション, ⓯T_m, ⓰RNA

B DNA複製と複製酵素
⓱半保存的複製, ⓲プライマー, ⓳RNAプライマー, ⓴三リン酸型デオキシリボヌクレオチド, ㉑複製起点, ㉒複製のフォーク, ㉓リーディング, ㉔ラギング, ㉕岡崎断片, ㉖不連続複製, ㉗DNAポリメラーゼ, ㉘校正機構, ㉙逆転写酵素, ㉚テロメア, ㉛テロメラーゼ, ㉜PCR, ㉝ジデオキシ法, ㉞サンガー法, ㉟2′, 3′-ジデオキシヌクレオチド

C 突然変異，組換え，損傷，修復
㊱突然変異, ㊲点変異, ㊳組換え, ㊴相同組換え, ㊵DNA損傷, ㊶チミン二量体, ㊷紫外線, ㊸260, ㊹ウラシル, ㊺DNA修復, ㊻除去修復

D 遺伝子の転写：RNA合成
㊼転写, ㊽コード, ㊾プロモーター, ㊿基本転写因子, 51RNAポリメラーゼ, 52エンハンサー, 53転写調節因子, 54オペロン, 55オペレーター, 56リプレッサー, 57ポリA鎖, 58キャップ構造, 59スプライシング, 60イントロン, 61エキソン, 62選択的スプライシング

E タンパク質合成
63翻訳, 64リボソーム, 65コドン, 66メチオニン, 67終止コドン, 68コドンの縮重, 69tRNA, 70アンチコドン, 71コドンのゆらぎ, 72読み枠, 73SD配列, 74ミスセンス変異, 75ナンセンス変異, 76RNA干渉

F 真核生物のゲノムとクロマチン
77ゲノム, 78クロマチン, 79ヒストン, 80ヌクレオソーム, 81ヘテロクロマチン

G 遺伝子組換え実験
82制限酵素, 83DNAリガーゼ, 84ベクター, 85遺伝子組換え実験, 86cDNA

図15-1 ⓐ5′, ⓑ3′, ⓒ10, ⓓ右
図15-2 ⓐプライマー, ⓑ鋳型DNA, ⓒdCTP, ⓓα, ⓔOH

図15-3　ⓐ岡崎断片，ⓑDNAリガーゼ，ⓒラギング鎖
図15-4　ⓐ点変異（あるいは点突然変異），ⓑ挿入変異
図15-5　ⓐrRNA，ⓑmRNA，ⓒtRNA，ⓓU，ⓔG
図15-6　ⓐエンハンサー，ⓑプロモーター
図15-7　ⓐリプレッサー，ⓑオペレーター
図15-8　ⓐイントロン，ⓑ転写
図15-9　ⓐミスセンス，ⓑナンセンス
図15-10　ⓐヌクレオソーム，ⓑヒストン，ⓒ30

学習確認テスト

Ⓐ 核酸：DNAとRNA
① (✗) DNAでは塩基とデオキシリボース，そして，1個のリン酸をもつ（デオキシリボ）ヌクレオチドが単位となる．
② (✗) 5′末端と3′末端にはそれぞれリン酸基とヒドロキシ基がある．
③ (✗) AT塩基対が多いDNAほど二本鎖は不安定になる．
④ (✗) 相補鎖は3′-TCACG（あるいは5′-GCACT）である．
⑤ (○) 正電荷をもつNa^+がリン酸の負の電荷を中和し，DNA鎖どうしの反発力を弱めるため，二本鎖は安定化し，反応は促進される．
⑥ (○) 正しい．

Ⓑ DNA複製と複製酵素
① (✗) 半保存的に複製されるため，もとのDNA二本鎖はそのまま残らず，新生DNAに1本ずつ入る．
② (✗) 遊離リン酸はない．プライマーに連結するので，1個だけリン酸が残る．
③ (✗) 5′→3′の方向にDNAを伸ばす．RNA合成も同じ．
④ (✗) 岡崎断片はラギング鎖のDNA合成で最初にできる短いDNAである．
⑤ (○) RNAはDNA合成の鋳型として使われる．
⑥ (○) 正しい．
⑦ (✗) ジデオキシ法（サンガー法）はDNA合成を利用した塩基配列解析法である．化学分解による分析法はマクサム−ギルバート法．

Ⓒ 突然変異，組換え，損傷，修復
① (○) 体細胞遺伝（例：ほくろ，がん）は生殖細胞の変異でないため子孫に遺伝しない．
② (○) 相同組換えは真核生物では生殖細胞をつくる減数分裂時に高頻度に起こる．
③ (✗) プリン二量体ではなく，ピリミジン二量体．
④ (✗) この修復は除去修復という．
⑤ (✗) シトシンが損傷的に脱メチル化されるとウラシルになる．

Ⓓ 遺伝子の転写：RNA合成
① (✗) 原核生物ではこの現象がみられるが，真核生物には複数の縦列した遺伝子を一気に転写するポリシストロニック転写はない．
② (✗) 転写にはプライマーは不要である．
③ (✗) 基本転写因子が必要なのは，真核生物のRNAポリメラーゼである．
④ (✗) プロモーターにはRNAポリメラーゼが（真核生物では基本転写因子も）結合する．
⑤ (✗) オペロンは原核生物ゲノム中に縦列に連続して存在する関連遺伝子群を，1つのプロモーターから一息に転写するシステム．
⑥ (✗) みられるRNAは真核生物のmRNA．
⑦ (✗) この例はスプライシングではない．スプライシングで残る部分がエキソン，除かれる部分がイントロンである．

Ⓔ タンパク質合成
① (○) rRNAはリボソームに含まれる．
② (○) 3個の終止コドンが存在する．
③ (✗) コドンの3番目の塩基の塩基対結合があいまいなために起こる現象である．
④ (○) 正しい．
⑤ (✗) ナンセンス突然変異は翻訳停止を起こすので，通常はタンパク質ができないか，有意に小さなタンパク質が生成するかのどちらかである（後者の例は少ない）．
⑥ (✗) 基本的に共通．そのため，原核細胞内で真核生物のタンパク質をつくることができる．

Ⓕ 真核生物のゲノムとクロマチン
① (✗) ゲノムサイズを遺伝子数で割った値は，原核生物は真核生物より小さく，単細胞生物

は多細胞生物より小さい．
- ②（〇）ヒトでは50％弱を占める．
- ③（✕）ヒストンには，4種類のコアヒストンと，複数のリンカーヒストンがある．
- ④（✕）ヌクレオソームはコアヒストン八量体にDNAが巻きついた直径が約10 nmの数珠状の構造である．
- ⑤（✕）遺伝子が発現しているのはおもに真正クロマチンである．

Ⓖ 遺伝子組換え実験
- ①（✕）制限酵素で切断したDNAが簡単に付着するのは，切断DNA末端に塩基対結合でDNAが付着できる一本鎖部分をもつためである．
- ②（〇）正しい．
- ③（〇）逆転写酵素でRNAの塩基配列をDNA（cDNA）に変換する必要がある．
- ④（✕）真核生物で遺伝子はスプライシングされて成熟mRNAとなり，大腸菌ではスプライシングは起こらず，タンパク質はできない．

問2
A→4, B→13, C→16, D→2, E→18, F→9, G→26, H→5, I→14, J→23, K→22, L→11, M→6, N→20, O→8, P→25, Q→12, R→17, S→7, T→1, U→24, V→10, W→19, X→3, Y→21, Z→15

16 がんの生化学
(p.172〜p.178)

空欄解答

Ⓐ がんとがん細胞
❶がん，❷体細胞変異，❸不死化，❹接触阻害，❺足場依存性，❻トランスフォーム

Ⓑ がん化の原因
❼発がん要因，❽電離放射線，❾ピロリ，❿発がんイニシエーター，⓫発がんプロモーター，⓬アポトーシス，⓭シグナル伝達，⓮転写調節

Ⓒ がんウイルス
⓯がんウイルス，⓰ヒトパピローマウイルス，⓱B型肝炎ウイルス，⓲逆転写酵素，⓳HIV-1

Ⓓ がん遺伝子，がん抑制遺伝子
⓴がん遺伝子，㉑がん原遺伝子（あるいは原がん遺伝子），㉒がん抑制遺伝子，㉓$p53$，㉔Rb，㉕多段階発がん

図16-1　ⓐ足場依存性，ⓑ接触阻害
図16-2　ⓐ発がんイニシエーター，ⓑ発がんプロモーター
図16-3　ⓐがん原遺伝子
表16-1　ⓐ↑，ⓑ↓，ⓒ↓，ⓓ↑，ⓔ↓，ⓕ↑，ⓖ↑，ⓗ↑
表16-2　ⓐヒトパピローマウイルス，ⓑB型肝炎ウイルス，ⓒヒトT細胞白血病ウイルス，ⓓC型肝炎ウイルス

学習確認テスト

問1

Ⓐ がんとがん細胞
- ①（〇）がんは体細胞変異であるので遺伝しないが，がんのなかには家族性がんや遺伝性がんというものもある．がんのなりやすさ（体質）にも，ある程度，遺伝的な要素があると考えられる．
- ②（✕）がん細胞が正常細胞と本質的に異なる点は，不死化していることと，トランスフォームしていることである．
- ③（✕）正常細胞は浮遊培養では増えることはできないが，がん細胞は浮遊状態でも，ほかの細胞や基質に寄り添わなくとも増えることができる．
- ④（✕）トランスフォーム状態はがん細胞の本質であるが，細胞増殖速度が速いことや細胞分裂回数が多く不死化していることもがんの本質的な性質である．

Ⓑ がん化の原因
- ①（✕）発がん性細菌の例はピロリ菌である．
- ②（✕）発がん性電離放射線（イオン化能のある電磁波）にはγ線とX線がある．

③（✘）ピロリ菌は細菌の一種で，胃がんの原因となる．
④（〇）正しい．
⑤（✘）DNA損傷を生じさせるのは発がんイニシエーターである．

Ⓒ がんウイルス
①（✘）がんウイルスは細胞増殖性を高め，細胞も殺さない．ウイルスでがん化した細胞からは，多くの場合，ウイルスは出ず，原発性のがん細胞の増殖によってがん組織が増大する．
②（✘）肝臓に関するDNA型がんウイルスはB型肝炎ウイルスである．
③（✘）DNA型がんウイルスのがん遺伝子産物は，細胞内のがん抑制遺伝子産物を不活化・無力化する活性をもつ．
④（〇）レトロウイルス科のがんウイルスは逆転写酵素をもつ．

Ⓓ がん遺伝子，がん抑制遺伝子
①（✘）RNA型がんウイルスのがんにかかわる遺伝子をがん遺伝子というが，これは細胞内のもとの遺伝子であるがん原遺伝子が活性化型に変異してウイルスゲノムに入ったものである．
②（〇）正しい．
③（✘）$p53$は代表的ながん抑制遺伝子で，動物細胞のゲノム内に存在する．
④（✘）がんは多段階で成立し，そこには個々のがん関連遺伝子の変異（活性化や不活化）や発現変化がかかわる．がんとしての悪性度はこれら変化した遺伝子の種類と数の総和で決まる．

問2
A→8，B→4，C→6，D→12，E→9，F→5，G→2，H→11，I→3，J→7，K→1，L→10